经典实例学设计——Creo 3.0 从入门到精通

庄依杰　谢龙汉　等编著

机械工业出版社

本书以 Creo 3.0 中文版软件为基础，全书共分 9 章，分别介绍了 Creo 软件的操作基础、二维草图的绘制、三维实体的创建、曲面造型的设计、装配体的设计、动画的制作、工程图的绘制、钣金设计以及案例的设计等内容。

本书首先通过若干个案例操作引出知识点，然后对 Creo 的基础知识、功能及命令进行全面的讲解。在讲解中结合大量的工程实例，力求紧扣实例操作、避免冗长的解释说明，使读者能够快速了解 Creo 3.0 软件的使用方法并掌握具体的三维设计的具体操作。

本书实例详实、语言简洁、知识点讲解全面。书中配有全程操作动画，包括详细的功能操作讲解和实例操作过程讲解，读者可以通过观看动画进行学习。

本书适合 Creo 的初、中级用户阅读，可作为各理工科院校相关专业的学生用书及 CAD 培训机构的案例教材，也可供从事相关领域的技术人员参考使用。

图书在版编目（CIP）数据

Creo 3.0 从入门到精通 / 庄依杰等编著. —北京：机械工业出版社，2015.1（2020.8 重印）
（经典实例学设计）
ISBN 978-7-111-48835-4

Ⅰ. ①C…　Ⅱ. ①庄…　Ⅲ. ①计算机辅助设计-应用软件　Ⅳ. ①TP391.72

中国版本图书馆 CIP 数据核字（2014）第 290198 号

机械工业出版社（北京市百万庄大街 22 号　邮政编码 100037）
责任编辑：尚　晨　李馨馨　　责任校对：张艳霞
责任印制：常天培
北京虎彩文化传播有限公司印刷
2020 年 8 月第 1 版·第 3 次印刷
184mm×260mm　·　30.5 印张　·　749 千字
4001—4500 册
标准书号：ISBN 978-7-111-48835-4
　　　　　ISBN 978-7-89405-660-3（光盘）
定价：79.90 元（含 1DVD）

前　言

Creo 是美国 PTC 公司推出的 CAD/CAM/CAE 设计软件，Creo 1.0 于 2011 年推出，2014 年 6 月，PTC 公司宣布 Creo 3.0 上市，本书将介绍 Creo 3.0 的有关操作中的一个模块——Creo Parametric 3.0。

Creo Parametric 3.0 拥有灵活的工作流和顺畅的用户界面，用户可利用自由的设计功能加快概念设计的速度，利用更高效灵活的 3D 设计功能提高工作效率，轻松处理复杂的曲面设计要求，可快速开发优质和新颖的产品。本书结合大量经典工程案例，辅以视频教学对 Creo 进行全方位教学。

本书特色

本书除第 1 章外，其他章节以"实例·知识点→要点·应用→能力·提高→习题·巩固"为叙述方式，详细介绍了 Creo 的常用建模命令。全书语言简洁、表述连贯，使用户能快速理解掌握 Creo 的操作步骤。

本书在每个章节都通过经典的工程案例讲解 Creo 的基本功能，同时结合本书的视频教学文件，帮助用户加深建模操作的印象。本书的视频文件可通过 Windows Media Player 等常用播放器观看。

本书内容

本书共分 9 章，第 1～5 章为基础操作，第 6～9 章为综合提高，每章附有详细操作图片及教学视频，方便用户自学。

1）第 1 章主要介绍了 Creo 的工作界面和基本操作。通过本章的学习，用户可初步了解 Creo 的工作环境和工作目录的设置以及工作界面的定制等基本操作。

2）第 2 章主要介绍了 Creo 的二维草图绘制方法。通过本章的学习，用户可熟练地绘制二维草图，为后续章节的学习打下坚实基础。

3）第 3 章主要介绍了 Creo 的三维实体建模方法。通过本章的学习，用户可掌握基础实体建模的方法和技巧，并接触一些高级建模方法。

4）第 4 章主要介绍了 Creo 的常用曲面特征的创建方法。通过本章的学习，用户可自行设计一些复杂的曲面造型。

5）第 5 章主要介绍了 Creo 的常用装配设计命令。通过本章的学习，用户可熟练掌握装配体的装配技巧。

6）第 6 章主要介绍了 Creo 的动画制作方法。通过本章的学习，用户可自行设计一些基本的动画。

7）第 7 章主要介绍了 Creo 的工程图的设计方法。通过本章的学习，用户可熟练创建三维零件和装配体的工程图。

8）第 8 章主要介绍了 Creo 的钣金设计技巧。通过本章的学习，用户可掌握常用钣金设计命令。

9）第 9 章主要介绍了三个经典综合实例的建模过程。通过本章的学习，用户可系统地应用前面所学过的知识进行创建二维草图、三维零件建模、设计装配体、创建工程图，在以后的设计应用中可熟练应用 Creo 来进行辅助设计。

本书读者对象

本书适合 Creo 的初、中级用户，可作为各理工科院校相关专业的学生用书及 CAD 培训机构的培训教材，也可供从事相关领域的技术人员参考。

学习建议

本书第 1～5 章是基础部分，建议用户按次序学习。第 6～9 章为提高部分，用户可根据需求选择性学习。在学习过程中，建议读者先自行练习，遇到不懂的地方再观看视频学习操作。

本书主要由庄依杰完成，参与本书编写和光盘开发的人员还有谢龙汉、林伟、魏艳光、林木议、林树财、郑晓、苏杰汶、蔡明京、余健文、刘建东、刘晓然等。由于作者水平有限，书中难免存在疏漏或错误之处，望各位读者提出宝贵意见。作者电子邮件：tenlongbook@163.com。

作 者

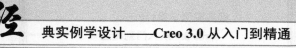
经典实例学设计——Creo 3.0 从入门到精通

目　录

第 1 章 Creo 3.0 操作基础

Creo 是美国 PTC 公司推出的 CAD/CAM/CAE 软件，它整合了 Pro/Engineer 的参数化技术、CoCreate 的直接建模技术和 ProductView 的三维可视化技术。本章主要介绍 Creo 3.0 的启动与退出、设置工作环境和工作目录、工作界面等内容，为用户对后续章节的学习打下基础。

 本讲内容

- ➷ Creo 简介
- ➷ 启动与退出
- ➷ 设置工作环境
- ➷ 设置工作目录
- ➷ Creo 3.0 工作界面

1.1 Creo 简介

1985 年，PTC 公司成立于美国波士顿，开始参数化建模软件的研究。PTC 以产品开发系统（PDS），使客户可以在一个整合的平台上进行产品研发设计。其五大产品线包括 Pro/ENGINEER、Windchill、Arbortext、MathCAD、Cocreate，配合世界级的技术支持和服务。如今 PTC 已是全球 CAID/CAD/CAE/CAM/PDM 领域最具代表性的软件公司，在全球有超过 50000 个客户。

Creo 1.0 于 2011 年推出，2012 年 3 月 PTC 公司宣布 Creo 2.0 上市，2014 年 6 月 Creo 3.0 发布，本书将介绍 Creo 3.0 其中的一个模块 Creo Parametric 3.0。

Creo Parametric 是 PTC 公司的新一代 3D 参数化建模系统，它使用了已在 Pro/ENGINEER、CoCreate 和 ProductView 软件中验证过的技术，另外还包含了数百项新功能，能全面释放设计潜力。使用 Creo Parametric 的 3DCAD、CAID、CAM 和 CAE 集成工具来开发产品能够提高效率，而且这些工具可带给用户经过简化的直观用户体验。Creo Parametric 提供了迄今为止最好的设计灵活性、最强的功能和最快的速度。

Creo Parametric 3.0 利用具有关联性的 CAD、CAM 和 CAE 应用程序（范围从概念设计到 NC 刀具路径生成），可在所有工程中创建无缝的数字化产品信息。此外，Creo Parametric 在多 CAD 环境中表现出色并且向下兼容早期 Pro/ENGINEER 版本的数据。Creo Parametric 3.0 拥有灵活的工作流和顺畅的用户界面，利用自由的设计功能可加快概念设计的速度，利用更高效灵活的 3D 设计功能以提高工作效率，轻松处理复杂的曲面设计要求，可快速开发优质和新颖的产品。Creo Parametric 3.0 新功能概述如下。

● 命令搜索

在工作界面中单击右上角的"搜索图标 🔍"，将打开一个搜索域，输入命令关键字，出现一个不断更新用户的命令的动态列表，当看到需要的命令时只需点击它即可执行，此功能非常方便。

● 实体预览

当一个新的特征创建后，可看到实体预览而不是简单的黄色加亮预览。新创建特征的曲面以橘黄色显示，而参照以绿色显示。此功能有利于辨别被激活的特征以及它的参照。

● 模型带边着色

用户使模型带边着色显示后，相切边会以黑色的线条显示，可让用户很容易辨别每个曲面的边界，当光标移至某个曲面或者特征上面的时候，则以淡绿色加亮显示。

● 带锥度拉伸

拉伸特征增加一个新的选项"添加锥度"，这个命令和拔模命令相似，此功能有助于提高设计师效率和减少模型特征数量。

● 新的编辑功能

当某个特征被编辑时，会出现以下特征：被编辑的特征以橙色加亮显示；特征尺寸或拖动手柄被显示出来；基于草绘的特征，其草绘线也会被显示出来；拖到手柄可以改变特征的形状和位置尺寸，并且可以实时预览并同时编辑多个特征。

● 螺旋扫描特征可实时预览

螺旋扫描特征增加了操作面板，可实现实时预览并利用动态编辑功能进行修改。

● 恒定截面扫描和变截面扫描合并

之前版本的恒定截面扫描和变截面扫描已经合并成一个命令，新版本可提供非常强大的功能，可处理两者的建模情况。

● 新的 3D 拖动器

新的 3D 拖动器用于拖动和旋转几何体，可通过拉动三个指标的箭头来移动几何体，也可拖动图形使几何体绕原点旋转。

● 动态剖切

动态剖切功能可对零件、组件进行多方向剖切，在产品设计时方便用户对产品细部进行检查。

● 扫描混合

扫描混合是扫描和混合两者的结合，故扫描混合需要一条轨迹，又因其有混合的功能，故需要多基准点才能进行截面的绘制。

● 柔性建模

柔性建模可在不使用零件基础特征的基础上对零件进行编辑、移除等动作，主要应用于 IGS、STP 等格式的文件。

● 钣金平面折弯

钣金平面折弯细分为角度和扎削两种形式，区别是前者以角度控制折弯，后者以圆角控制折弯。

● 相同组件的重复装配

此功能可提高用户在装配时的效率，比如螺钉、螺母、垫片等部件的装配。可分为两种：装配条件有一种相同和装配条件都不相同两种。

Creo Parametric 3.0 构建在 Windows 用户界面基础上，用户可立即上手，而且可扩展这些标准以应对 3D 产品设计的挑战。

1.2 启动与退出

双击桌面图标" "，进入 Creo Parametric 3.0 启动界面，其界面如图 1-1 所示。

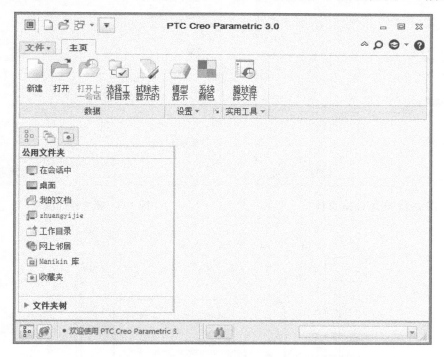

图 1-1 启动界面

单击工具栏上的图标" "或者单击菜单栏中的"文件"→"新建"，弹出如图 1-2 所示的对话框。

由于一般使用国际单位毫米（mm）作为尺寸单位，所以单击一下图 1-2 中"使用默认模板"前面的" "取消勾选该选项，再单击"确定"按钮，弹出如图 1-3 所示的对话框。

模板选择"mmns_part_solid"，单击"确定"按钮，新建一个零件文件。

绘制完图形后或者在绘图过程中需要保存文件，则单击图标" "或者单击菜单栏中的"文件"→"保存"，即可保存文件。用户还可以根据需要把文件另存为和 Creo 标准格式不同的格式，其操作为：单击菜单栏中的"文件"→"另存为"→"保持副本"，再选择需要保存的文件类型即可。在这里，Creo 提供了目前几乎所有 CAD 软件的输入输出格式。

Creo Parametric 是基于内存的系统，这意味着当用户处理文件时，文件存储在 RAM 中。每次保存模型时，版本号就增加一个，使用户能及时保存每次操作的文件，避免出现由于断电等其他原因而导致模型文件损失的情况。

操作拭除内存（RAM）时，单击"文件"→"管理会话"，可选择"拭除当前"或"拭除未显示的"，如图 1-4 所示。"拭除当前"是指从此会话中移除活动窗口中的对象，"拭除未显示的"是指从此会话中移除不在窗口中的所有对象。

图 1-2　新建 Creo 文件　　　　　　　　　　　图 1-3　新文件选项

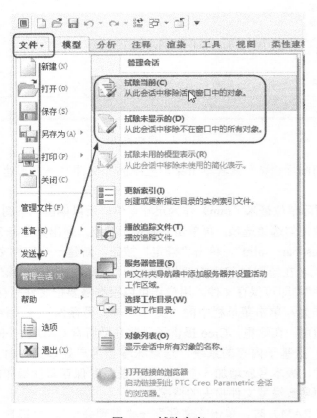

图 1-4　拭除内存

删除模型时，单击"文件"→"管理文件"，可选择"删除旧版本"或"删除所有版本"，如图 1-5 所示。"删除旧版本"是指删除指定对象除最高版本号以外的所有版本，"删除所有版本"是指从磁盘删除指定对象的所有版本。

重命名模型时，单击"文件"→"管理文件"→"重命名"，弹出如图 1-6 所示的对话框，可选择"在磁盘上和会话中重命名"或"在会话中重命名"。

图 1-5　删除模型

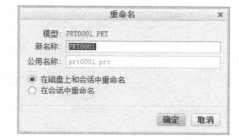

图 1-6　重命名文件

绘制完图形，保存好文件后，单击图标""或者单击菜单栏中的"文件"→"退出"，就可以退出 Creo 软件。

1.3　设置工作环境

在工作环境中，用户可以定制很多标准设置，如定制菜单、公差显示模式、尺寸单位、系统颜色、图元显示、工程图控制等。一般在企业或公司把它定制为标准文件，作为大家共同的工作环境，以便在应用产品数据管理（PDM）和协同设计过程中进行交流和数据共享。对于个体用户来说，设置工作环境能使软件更加符合自己的使用习惯，更加人性化。

打开软件后，单击菜单栏中的"文件"→"选项"，弹出如图 1-7 所示的对话框。

单击"配置编辑器"，右击某个选项，从快捷菜单中选取"添加到收藏夹"，如图 1-8 所示。通过收藏夹，用户可以把自己经常要用到的选项放进去，方便自己的快捷修改。

单击"系统颜色"，用户可以将系统的颜色修改为适合的颜色，如图 1-9 所示，建议不要更改默认设置。

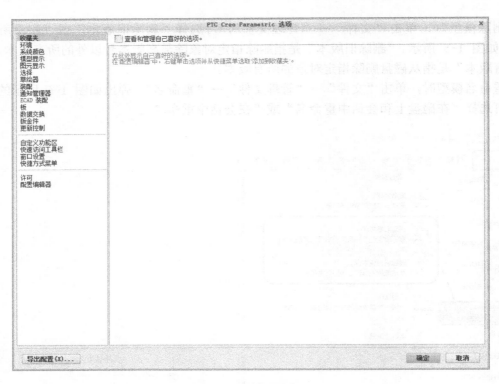

图 1-7　环境配置选项

图 1-8　编辑收藏夹

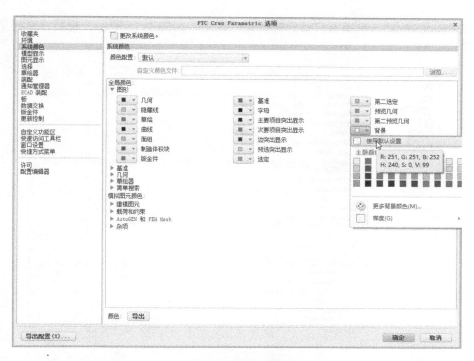

图 1-9　编辑系统颜色

单击"模型显示"，可根据自己的需要进行设定，如图 1-10 所示，需要注意矩形框中选项的设置。

图 1-10　编辑模型显示

单击"图元显示",可根据自己的需要进行设定,如图 1-11 所示,需要注意矩形框中选项的设置。

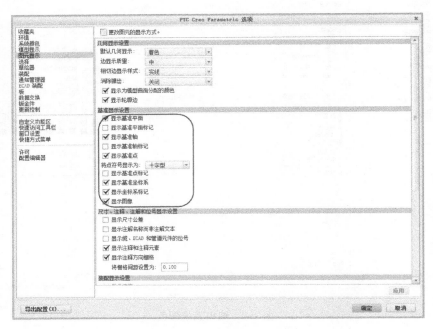

图 1-11　编辑图元显示

单击"草绘器",可根据自己的需要进行设定,如图 1-12 所示,需要注意矩形框中选项的设置。

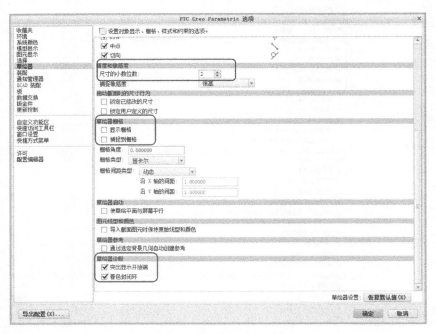

图 1-12　编辑草绘器

单击"装配"，相对旧版本来说，此处提供了更多的可选项，可根据自己的需要设定，使用户的装配更具有灵活性，如图 1-13 所示。

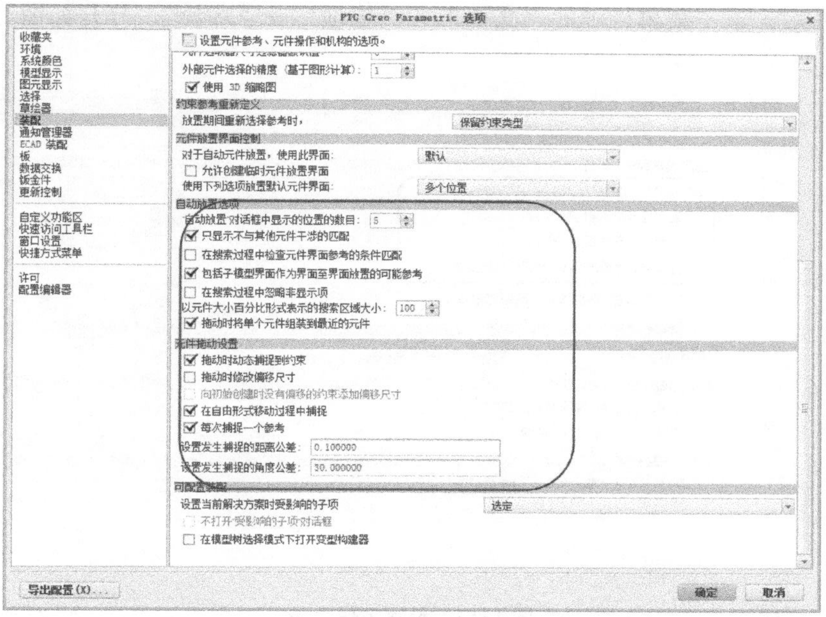

图 1-13　编辑装配

单击"数据交换"，数据交换选项的配置变得更为直观，可根据自己的需要设定输入和输出文件，如图 1-14 所示。

图 1-14　编辑数据交换

1.4　设置工作目录

打开软件后，单击菜单栏中的"文件"→"选项"→"环境"，打开如图 1-15 所示的对话框。

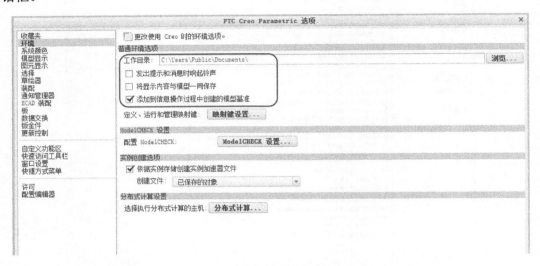

图 1-15　设置工作目录

单击"浏览"按钮，弹出如图 1-16 所示的对话框，用户可根据自己的意愿选择一个文件夹作为工作目录。或者在打开软件后，直接在启动界面的功能区单击"选择工作目录"，也可弹出如图 1-16 所示的对话框。

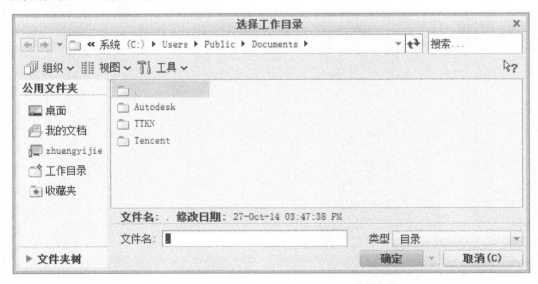

图 1-16　选择工作目录

在打开软件后，直接在启动界面的模型树中单击"工作目录"，弹出如图 1-17 所示的对话框，在这里用户也可根据自己的意愿选择一个文件夹作为工作目录。

图 1-17　模型树设置工作目录

1.5　Creo 3.0 工作界面

1.5.1　工作界面简介

Creo 3.0 工作界面如图 1-18 所示，主要包括以下几部分：快速访问工具栏、功能区选项卡、图形工具栏、模型树、图形窗口、消息区、导航器等。

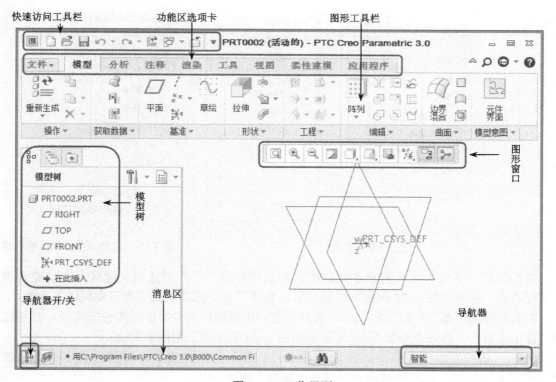

图 1-18　工作界面

1.5.2　工作界面的定制

用户可以使用多种方法自定义功能区、快速访问工具栏与"图形中"工具栏，使其个人化设置为符合用户的工作风格，同时可以将任何图标拖动至快速访问工具栏，也可以自定义"图形中"工具栏中的命令。

针对功能区，可以进行如下操作：重新排序选项卡；选择最多三个要包含在选项卡中的组；创建自定义选项卡。

针对选项卡，可以进行如下操作：创建自定义组；折叠组中的第一个图标会显示为具有下拉菜单的大图标；自定义折叠优先级，由于 Creo 窗口变窄，因此组开始根据设置的优先级进行折叠。

针对组，可以进行如下操作：指定小图标或大图标；指定是否显示图标图像；指定是否显示命令标签。

新建一个零件，进入工作界面，右键单击"〔图标〕"，出现如图 1-19 所示的复选框。

选中"平面显示"、"轴显示"、"点显示"和"坐标系显示"复选框，即"〔图标〕"。单击"重置为默认值"即可恢复默认值。

同理，单击快速访问工具栏"〔图标〕"中的"▼"，出现如图 1-20 所示的复选框，选择其中某个命令，即可定制工具栏的显示内容。

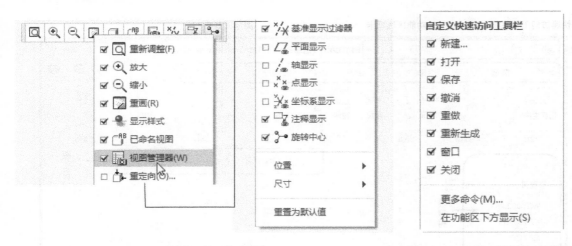

图 1-19　复选框　　　　　　　　　　　　图 1-20　定制工具栏的显示内容

在功能区，单击"︿"可最小化功能区，再次单击"︿"可还原功能区，在功能区单击鼠标右键，出现如图 1-21 所示的快捷菜单，选择"最小化功能区"也可实现以上功能。

在功能区的"基准"组名称上单击鼠标右键，出现如图 1-22 所示的快捷菜单。分别选择"最小化组"、"隐藏命令标签"，可显示如图 1-23 所示的三幅图的对比。

单击"基准"组下拉菜单，出现如图 1-24 所示的快捷菜单，可选择其中一个，如"参考"，向上拖动，即可使该命令显示在"基准"组中。

右键单击功能区，出现如图 1-21 所示的快捷菜单，选择"自定义功能区"，弹出如

图 1-25 所示的对话框。

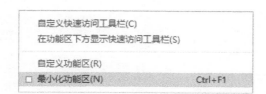

图 1-21　功能区

图 1-22　组编辑

图 1-23　原图、"最小化组"图和"隐藏命令标签"图

图 1-24　"基准"组拉下菜单

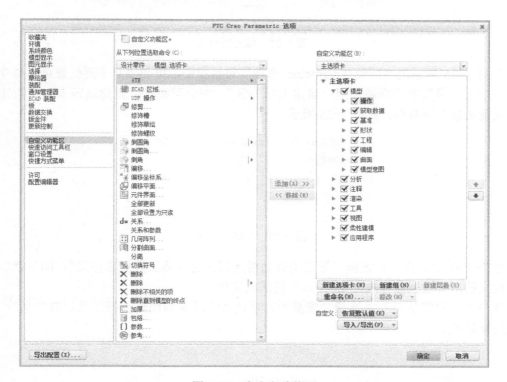

图 1-25　自定义功能区

在功能区，右键单击"平面 "，弹出如图 1-26 所示的快捷菜单，可选择"小按钮"、"小按钮-无图标"、"大按钮"、"隐藏命令标签"。

图 1-26 定制样式

在功能区，单击"分析"选项卡并将其拖动至"模型选项卡"之前，效果如图 1-27 所示。

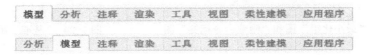

图 1-27 拖动对比图

在图 1-25 所示的"Creo Parametric 选项"对话框中，可在"从下列位置选取命令"下拉列表中选择需要的图标添加至"自定义功能区"。在此可执行"新建选项卡"、"新建组"与"新建层叠"等命令，如图 1-28 所示。

图 1-28 自定义选项

单击"导入/导出"并选择"导出所有功能区和快速访问工具栏自定义"，即可把以上进行自定义的所有设置保存成一个"*.ui"格式的文件。

单击"恢复默认值"并选择"恢复所有功能区选项卡和快速访问工具栏自定义"，即可恢复为默认值。

第 2 章　绘制二维草图

　　二维草图是三维建模的基础，Creo 的建模思想是先在二维平面绘制截面，再执行特征行为，最后生成三维实体模型。本章主要介绍草绘环境、草图编辑、草图标注及草图的几何约束等的作用和使用方法。

　　针对每个知识点先以典型实例引出对常用绘图命令的讲解，接着分别介绍各个命令的创建方法，最后选取若干实例进行要点的应用、提高和巩固。

 ## 本讲内容

- ➥ 实例·知识点——电源插座
- ➥ 实例·知识点——底座零件
- ➥ 实例·知识点——铁片
- ➥ 实例·知识点——支撑体
- ➥ 实例·知识点——孔件
- ➥ 要点·应用
- ➥ 能力·提高
- ➥ 习题·巩固

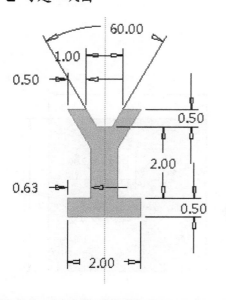

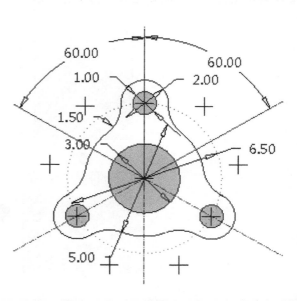

2.1 实例·知识点——电源插座

本节以图 2-1 所示的电源插座草图作为例子来讲解绘制二维草图的方法。

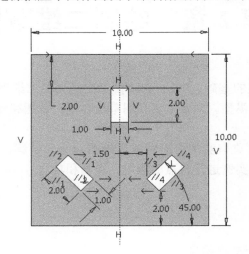

图 2-1 电源插座草图

思路·点拨

图 2-1 所示的电源插座草图主要由矩形、斜矩形、中心线等构成，绘制过程如下：第一步绘制中心线，第二步绘制大矩形，第三步绘制两个斜矩形和一个矩形，第四步添加几何约束和编辑几何尺寸。绘制流程如图 2-2 所示。

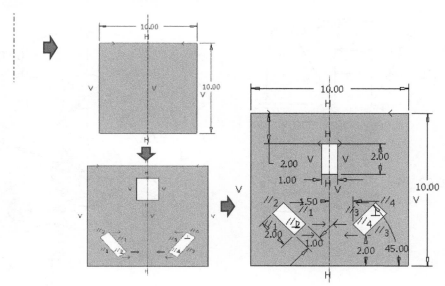

图 2-2 绘制流程

【光盘文件】

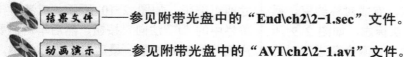

结果文件 ——参见附带光盘中的"End\ch2\2-1.sec"文件。

动画演示 ——参见附带光盘中的"AVI\ch2\2-1.avi"文件。

【操作步骤】

（1）设置工作目录。单击"主页"→"选择工作目录"，系统弹出"选择工作目录"对话框，选择"G:\End\ch2"，单击"确定"按钮即可，如图2-3所示。

图2-3　工作目录

（2）单击菜单栏中的"文件"→"新建"，或者在快速访问工具栏中单击"🗋"图标，弹出新建窗口，选择"草绘"类型，单击"确定"按钮进入草绘环境，如图 2-4所示。

图2-4　新建文件

（3）单击菜单栏中的"┇ 中心线"按钮，在工作界面中绘制竖直中心线，如图2-5所示。

图2-5　绘制中心线

（4）单击菜单栏中的"□ 矩形 ▼"按钮，在工作界面中绘制矩形，系统自动让矩形关于中心线对称，同时双击长宽尺寸将其修改为10，如图2-6所示。

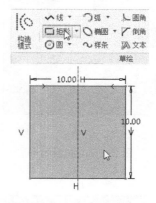

图2-6　绘制大矩形

（5）单击菜单栏中的"□ 矩形 ▼"按钮，在大矩形内部的中上方绘制一个小矩形，如图2-7所示。

（6）单击菜单栏中的"◇ 矩形 ▼"按钮，在大矩形内部的下方左右两侧绘制两个斜矩形，如图2-8所示。

（7）添加几何约束，使两个斜矩形相对于中心线对称。单击菜单栏中的"╬ 对称"按钮，首先单击左边斜矩形的一个角，然后相对应地，单击右边斜矩形的一个角，最后单击中心线上任意一点，完成对称约束，系统显示两个相对称的箭头标志，如图 2-9 所示。同理，对斜矩形的另外两个角进行对称约束。

（8）编辑几何尺寸。操作时只要双击尺寸即可编辑，如图 2-10 所示。或者单击菜单栏中的"↦法向"按钮，然后单击需要标注尺寸的两处线条，最后单击鼠标中键，输入尺寸，再次单击中键完成命令，如图 2-11 所示。

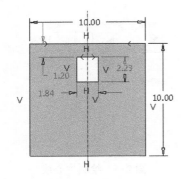

图 2-7　绘制小矩形

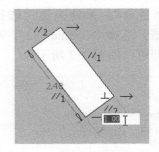

图 2-10　双击编辑尺寸

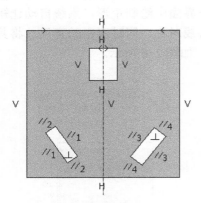

图 2-8　绘制斜矩形

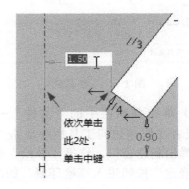

图 2-11　单击按钮编辑尺寸

完成编辑后的效果如图 2-12 所示。

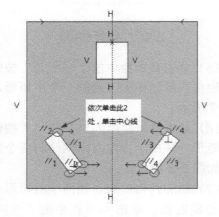

图 2-9　完成几何约束后的图形

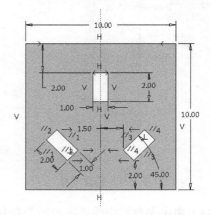

图 2-12　完成编辑几何尺寸后的图形

应用·技巧

　　鼠标在绘图过程中使用最频繁，左键代表选取图元、命令操作，中键代表取消选取图元、结束命令和移动草图操作，右键代表快捷菜单和重复命令操作。

2.1.1　草绘环境的常用术语

- 图元：截面上任何元素，如直线、点、圆弧和坐标系等。
- 参照：草绘截面或者创建轨迹时的基准，如基准点、基准轴和基准面等。
- 尺寸：各图元之间位置的度量或图元大小、形状的度量。
- 弱尺寸：指绘制图元时系统自动标注的尺寸，灰色显示。当用户增加尺寸时，系统自动删除弱尺寸。
- 强尺寸：指用户创建的尺寸，系统不能自动删除，以深颜色显示。当有几个尺寸有冲突时，系统则提示删除重复尺寸。
- 约束：指图元之间的关系或者图元与参照之间的关系，系统会自动在约束旁边标注相应的约束符号，如"T"表示相切。
- 弱约束：指绘制草图时系统自动产生的约束，灰色显示，和其他约束产生冲突时，自动删除。
- 强约束：指用约束工具产生的约束，深颜色显示，和其他约束产生冲突时，系统弹出对话框，提示删除重复的尺寸或约束。
- 参数：草绘中的辅助元素，可以改变大小。
- 关系：指相互关联的尺寸或者参数的等式。如一个圆的直径可设置为一条直线长度的1/2。
- 冲突：指强尺寸或者强约束产生的矛盾或者多余条件。

2.1.2　进入草绘环境

　　单击菜单栏中的"文件"→"新建"，或者在快速访问工具栏中单击"⬜"图标，如图 2-13 所示，或者按下快捷键〈Ctrl+N〉后，屏幕出现如图 2-13 所示的"新建"对话框。

应用·技巧

　　选择"类型"→"草绘"，在"名称"中输入草绘的名称，然后单击"确定"按钮，系统进入草绘环境。

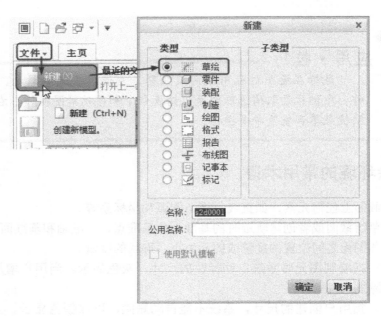

图 2-13 "新建"对话框

2.1.3 草绘按钮简介

当系统进入草绘环境后，工作界面如图 2-14 所示。

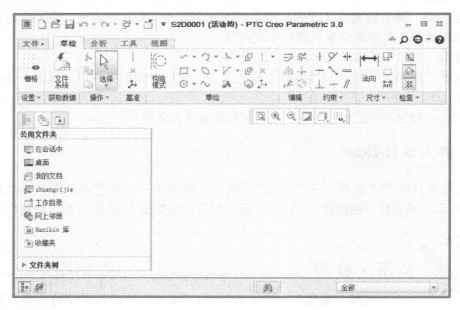

图 2-14 工作界面

在草图绘制环境中，可以看到如图 2-15 所示的草图绘制工具栏，它包含了各种草图绘制的工具，表 2-1 给出了各种草图绘制工具的详细说明。

图 2-15 草绘工具栏

应用·技巧

各工具功能见表 2-1，如果工具栏的某一项后面有 " ▾ "，则表示该选项后还有下级选项。

表 2-1 草图绘制工具的功能说明

按　　钮	功　能　说　明
▶	图形选择与图形绘制切换按钮，按下状态为选择模式，一次选取一个项目，按下〈Ctrl〉键一次可选取多个项目
┊ 中心线	用于创建中心线
✕ 点	用于创建点
⊿ 坐标系	用于创建参照坐标系
∿ 线 ▾	用于创建一链两点线或与两个图元相切的线
▭ 矩形 ▾	用于创建拐角矩形、斜矩形、中心矩形或平行四边形
◎ 圆 ▾	用于创建各类圆，可通过中心和点绘圆、绘同心圆、三点绘圆或与三个图元相切绘圆
⌒ 弧 ▾	通过三点创建弧、创建一条在端点与图元相切的弧、通过选取圆心和端点创建弧、创建一条与三个图元相切的弧、创建同心弧、创建锥形弧
◯ 椭圆 ▾	通过定义椭圆某个主轴的端点创建椭圆、通过定义椭圆的中心和某个主轴的端点创建椭圆
∿ 样条	创建样条曲线
⌐ 圆角 ▾	使用构造线使圆角成圆形
⫽ 倒角 ▾	在两个图元之间创建倒角并创建构造线延伸
⒜ 文本	创建文本，作为截面一部分
⌸ 偏移	通过偏移一条边或草绘图元创建图元
⌸ 加厚	通过在两侧偏移边或草绘图元创建图元
◎ 调色板	将数据从调色板导入到活动对象中
⊿ 修改	修改尺寸值、样式几何或文本图元
✂ 删除段	动态修剪截面图元
┼ 拐角	将图元修剪（剪切或延伸）到其他图元或几何

（续）

按　　钮	功　能　说　明
分割	在选择点的位置分割图元
竖直	使线竖直并创建竖直约束或使两个顶点沿垂直方向对齐并创建垂直对齐约束
水平	使线水平并创建水平约束或使两个顶点沿水平方向对齐并创建水平对齐约束
垂直	使两个图元垂直并创建垂直约束
相切	使两个图元相切并创建相切约束
中点	将点放置在线或弧中间，然后创建中点约束
重合	创建相同点、图元上的点或共线约束
对称	使两个点或顶点关于中心线对称并创建对称约束
相等	创建等长、等半径、相同尺寸或相同曲率约束
平行	使线平行并创建平行约束

此外，在工作界面中还有图形工具栏，如图 2-16 所示，用户可以通过选择其中的按钮，快捷地完成一些操作，表 2-2 是关于图形工具栏的各项功能说明。

表 2-2　图形工具栏功能说明

工具栏按钮	功　能　说　明
	调整草绘视图，使图形完全显示于绘图窗口
	放大草绘视图
	缩小草绘视图
	重绘当前视图
	显示图样
	切换网格的显示状况

应用·技巧

图 2-17 中的字母 H 表示水平约束，系统自动标上，如需关闭显示约束，可在工作界面上的图形工具栏单击过滤器"▦"中的下拉菜单"⼚"，同理，单击"▦"可显示尺寸。

2.1.4　直线段

进入草绘环境后，只需指定起点和终点，即可绘制一条直线。单击草绘菜单中的"入线·"按钮，在工作界面中单击起始点，并移动鼠标到合适位置，单击终点即可完成直线的绘制，最后单击鼠标中键结束直线命令，如图 2-18 所示。

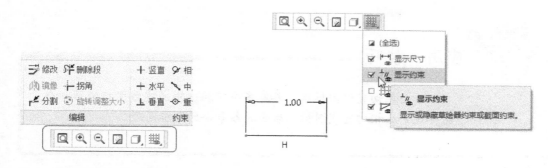

图 2-16　图形工具栏

图 2-17　过滤器

图 2-18　绘制直线

2.1.5　相切直线

单击草绘菜单中的"✕线▾"，在下拉菜单中选择"✕"绘制相切直线，可创建与两段圆弧、圆或样条曲线相切的直线，依次在两段圆弧、圆或样条曲线选择开始位置和结束位置，即可完成相切直线的绘制，最后单击鼠标中键结束相切直线命令，如图 2-19 所示。

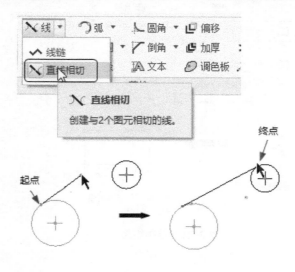

图 2-19　绘制相切直线

应用·技巧

单击相切直线图标后，具有多个下拉选项的直线图标的第一个图标就变成相切直线图标，后面的各命令的图标同理。

2.1.6 中心线

中心线的绘制只要选定两个点即可完成，单击草绘菜单中的"中心线"按钮，消息区会提示选取起始点与终止点，在工作界面中单击起始点，并拖动鼠标，在合适位置单击终止点即可完成，最后单击鼠标中键结束中心线命令，如图 2-20 所示。

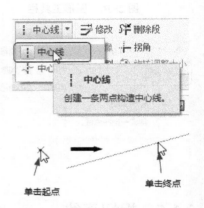

图 2-20　绘制中心线

2.1.7 矩形

单击草绘菜单中的"矩形"按钮，用鼠标在工作界面中选取不在一条直线上的两点，即对角线上的两点，绘制一个矩形，单击鼠标中键结束矩形命令，如图 2-21 所示。

图 2-21　绘制矩形

2.1.8 斜矩形

单击草绘菜单中"矩形"的下拉菜单，选择"◇"按钮，在工作界面单击两点绘制矩形的一边，移动鼠标至适当位置后单击即可绘制斜矩形，单击鼠标中键结束斜矩形命令，如图 2-22 所示。

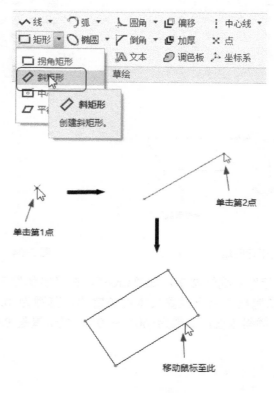

图 2-22　绘制斜矩形

2.1.9　平行四边形

单击草绘菜单中"口矩形 ▾"的下拉菜单，选择" ▱ "按钮，在工作界面中单击两点绘制四边形的一边，移动鼠标至适当位置后单击即可绘制平行四边形，单击鼠标中键结束平行四边形命令，如图 2-23 所示。

2.1.10　创建坐标系

单击草绘菜单栏中" ⊹坐标系 "按钮，消息区提示选取坐标系位置，用户可在工作界面适当位置单击左键，即可生成坐标系，单击鼠标中键结束坐标系命令，如图 2-24 所示。

2.1.11　创建文本

单击草绘菜单栏中" ⒜文本 "按钮，消息区提示选择行的起点，选择文本的高度和方向。在工作界面单击一点，系统提示用户选择行的第二点，当用户再选取一点后，系统将绘制一条双点画线，同时弹出如图 2-25 所示对话框，双点画线的长度就是文本的高度，第一点位置是文本的底部，第二点是文本的顶边。

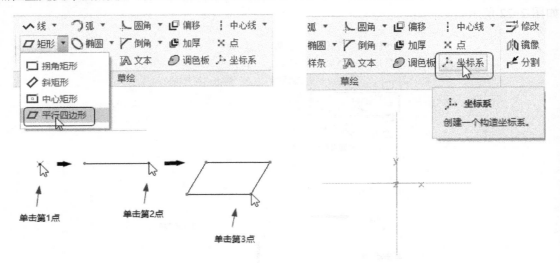

图 2-23　绘制平行四边形　　　　　　　　　图 2-24　创建坐标系

　　用户可以在"文本行"中编辑文字，如"Creo"。在"字体"下拉菜单中选择字体，默认字体是"font3d"。"长宽比"用于设置文本的长宽比，范围为 0.10～10，默认值是 1.0。"斜角"用于设置文本的倾斜角度，范围为-60°～60°，默认值是 0.00°。如图 2-26 所示为编辑文字的实例。

图 2-25　创建文本　　　　　　　　　　　图 2-26　编辑文字

2.2　实例·知识点——底座零件

本节以图 2-27 所示的底座零件草图作为例子来讲解绘制二维草图的方法。

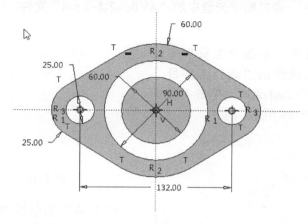

图 2-27　底座零件草图

思路·点拨

图 2-27 所示的底座零件草图主要由两个同心圆、两个对称圆孔、圆弧、切线构成，绘制过程如下：第一步绘制中心线，第二步绘制两个同心圆和两个对称圆孔，第三步绘制圆弧和切线，第四步添加几何约束和编辑几何尺寸。绘制流程如图 2-28 所示。

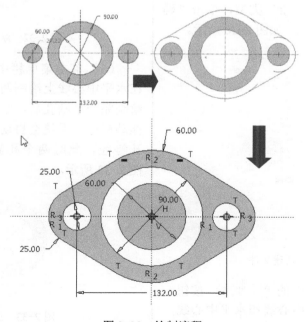

图 2-28　绘制流程

【光盘文件】

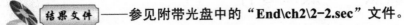——参见附带光盘中的"End\ch2\2-2.sec"文件。

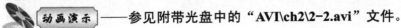——参见附带光盘中的"AVI\ch2\2-2.avi"文件。

【操作步骤】

（1）设置工作目录。单击"主页"→"选择工作目录"，系统弹出"选择工作目录"对话框，选择"G:\End\ch2"，单击"确定"按钮即可，如图 2-29 所示。

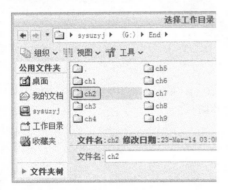

图 2-29　设置工作目录

（2）单击菜单栏"文件"→"新建"，或者在快速访问工具栏中单击"□"按钮。弹出新建窗口，选择"草绘"类型，单击"确定"按钮进入草绘环境，如图 2-30 所示。

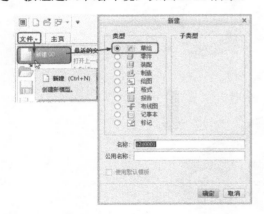

图 2-30　新建文件

（3）单击菜单栏中的"┊中心线"按钮，在工作界面绘制竖直中心线和水平中心线，如图 2-31 所示。

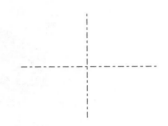

图 2-31　绘制中心线

（4）单击菜单栏中的"○圆▼"按钮，依次点击中心线的交点，即可在工作界面绘制两个同心圆，然后分别双击两个尺寸，将其修改为 60、90，如图 2-32 所示。

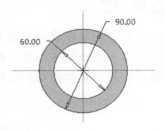

图 2-32　绘制同心圆

（5）单击菜单栏中的"○圆▼"按钮，在水平中心线上绘制两个等径圆孔，在用户绘制完一个圆孔后，绘制另外一个圆孔时，拖动鼠标，系统会自动约束使之与前一个圆孔等径，此时两个孔显示"R_1"字样，如图 2-33 所示。

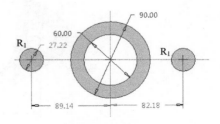

图 2-33　绘制圆孔

（6）单击菜单栏中的"﹢对称"按钮，依次单击竖直中心线和两个孔的中心点，两个圆孔即可实现对称，单击菜单栏中的"↔法向"按钮，双击两个圆孔的中心线即可编辑两圆孔的距离，输入 132，双击圆孔直径，输入 25，如图 2-34 所示。

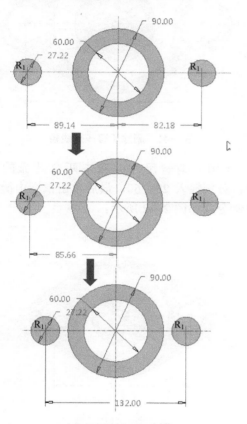

图 2-34　绘制斜矩形

（7）单击草绘菜单中"⌒弧▾"下拉菜单的"⌒弧▾"按钮，首先单击左边圆孔的圆心，然后绘制一定程度的圆弧，系统自动使圆弧关于水平中心线对称，如图 2-35 所示。

同理，对另外一个圆孔和同心圆绘制圆弧，如图 2-36 所示。

（8）单击菜单栏中的"╲线▾"按钮，操作时只要依次单击所需相切的两个圆弧即可，单击鼠标中键结束命令，同理绘制 4 条

切线，如图 2-37 所示。

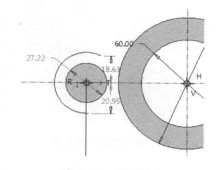

图 2-35　绘制圆弧

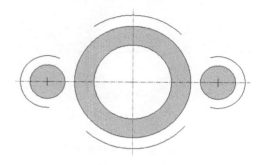

图 2-36　绘制 4 个圆弧

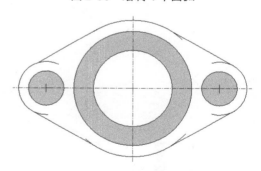

图 2-37　绘制切线

（9）单击菜单栏中的"相切"按钮，然后依次单击切线和圆弧，使两者相切，此时出现相切字样"T"，如图 2-38 所示。

同理，对所有的切线和圆弧添加相切约束，如图 2-39 所示。

然后，删除多余的线条，单击菜单栏中的"删除段"按钮，依次点击需要删除的线条，最后单击鼠标中键结束命令，如图 2-40 所示。

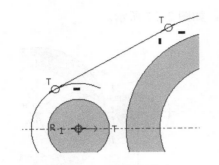

图 2-38　添加相切约束

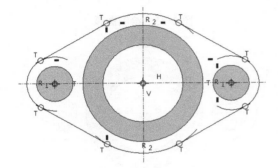

图 2-39　添加所有相切约束

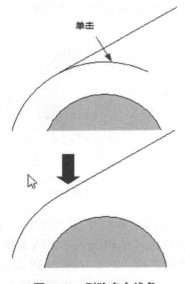

图 2-40　删除多余线条

同理，删除所有的多余线条，如图 2-41 所示。

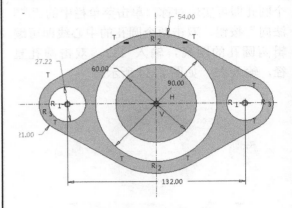

图 2-41　删除所有多余线条

（10）编辑尺寸，双击两个圆弧的半径，分别输入 25、60，最后单击鼠标中键结束命令，如图 2-42 所示。

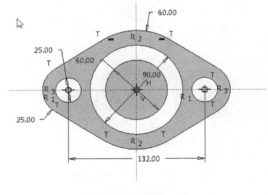

图 2-42　编辑尺寸

2.2.1　圆

单击草绘菜单栏中"　圆　"按钮，在工作界面中选取一点作为圆心，然后再选择一点作为圆轮廓的一点即可绘制一个圆，用户移动鼠标到适合位置确定半径大小，单击鼠标中键结束圆命令，如图 2-43 所示。

单击草绘菜单中"◎圆 ▾"下拉菜单中的"◎"按钮，再单击前面画的圆，即可绘制与之同心的圆，用户移动鼠标到适合位置确定半径大小，单击鼠标中键结束同心圆命令，如图 2-44 所示。

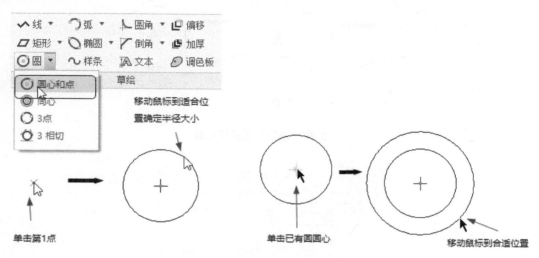

图 2-43　绘制圆　　　　　　　　　　　图 2-44　绘制同心圆

单击草绘菜单中的"◎圆 ▾"下拉菜单中的"○"按钮，在工作界面中连续选择三个不同的点，即可绘制一个经过这三个点的圆，双击圆的直径尺寸即可编辑直径的数值，单击鼠标中键结束圆命令，如图 2-45 所示。

图 2-45　三点绘制圆

单击草绘菜单中"◎圆 ▾"下拉菜单的"○"按钮，在工作界面中选择三条不同的直线，即可绘制一个与这三条线相切的圆，双击圆的直径尺寸即可编辑直径的数值，单击鼠标中键结束圆命令，如图 2-46 所示。

2.2.2　椭圆

单击草绘菜单中的"○椭圆 ▾"按钮，通过定义某个主轴的端点来创建椭圆，在工作界面选择一个点，再选择一个点使两点确立一条轴，然后拉动鼠标来建立椭圆的另一个与上一轴垂直的轴，即可建立椭圆。双击两个轴的长度即可编辑各自的长度，单击鼠标中键结束椭圆命令，如图 2-47 所示。

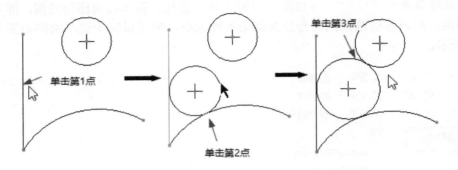

图 2-46　绘制与线相切的圆

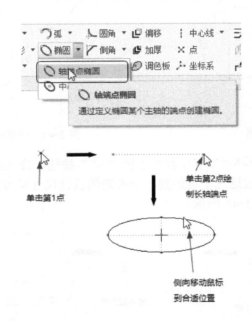

图 2-47　绘制轴端点椭圆

单击草绘菜单中"⬭ 椭圆 ▾"下拉菜单中的"⬭"按钮，只需要确定椭圆的中心和某个主轴的端点即可创建椭圆。先在工作界面选择一个中心点，再选择另一个点使两点确定一条轴，然后拉动鼠标来建立椭圆的另一个与上一轴垂直的轴，即可建立椭圆。双击两个轴的长度即可编辑各自的长度，单击鼠标中键结束椭圆命令，如图 2-48 所示。

2.2.3　圆弧

单击草绘菜单中的"⌒ 弧 ▾"按钮，首先在工作界面选定两点作为圆弧的两个端点，接着再移动鼠标确定圆弧，单击鼠标中键结束圆弧命令，如图 2-49 所示。

单击草绘菜单中"⌒ 弧 ▾"下拉菜单的"◝"按钮，在工作界面中选定一点作为圆弧的中心点，接着指定一点作为圆弧的端点，最后确定圆弧的另一个端点，单击鼠标中键结束圆弧命令，如图 2-50 所示。

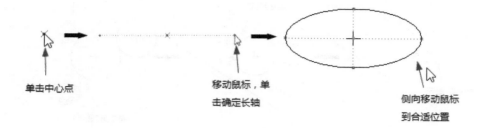

图 2-48　绘制中心与轴椭圆

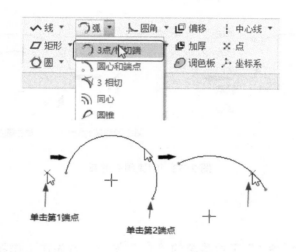

图 2-49　通过 3 点相切端创建圆弧

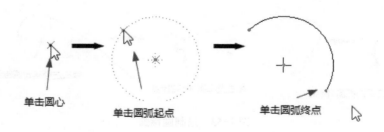

图 2-50　通过中心点与两端创建圆弧

　　单击草绘菜单中"🌙弧▾"下拉菜单的"🍩"按钮，在工作界面中依次选定三个图元，即可绘制与这三者相切的圆弧，单击鼠标中键结束圆弧命令，如图 2-51 所示。

　　单击草绘菜单中"🌙弧▾"下拉菜单的"🔊"按钮，在工作界面中选定一个圆弧或圆，接着选定两个端点，即可完成与之同心的圆弧的绘制，单击鼠标中键结束圆弧命令，如

图 2-52 所示。

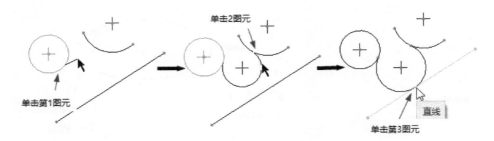

图 2-51　绘制与 3 个图元相切的圆弧

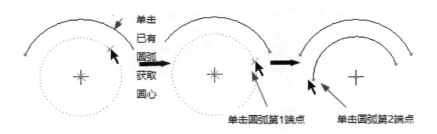

图 2-52　创建同心圆弧

2.2.4　圆锥弧

单击草绘菜单中"⌒弧 ▾"下拉菜单的"⌒"按钮，首先在工作界面中选定两点作为圆弧的两个端点，最后移动鼠标调整圆锥弧的形状和大小，确定圆锥弧的肩点，单击鼠标中键结束圆弧命令，如图 2-53 所示。

图 2-53　绘制圆锥弧

2.2.5　圆角

单击草绘菜单中的"⌐圆角 ▾"按钮，单击鼠标左键选择两个图元，系统自动绘制圆角，单击鼠标中键结束圆角命令，如图 2-54 所示。

应用·技巧

以上两个图元需要满足相交或者其延长线相交的条件，系统才能自动绘制圆角，圆角的半径可以通过双击鼠标编辑，半径默认是第一点到两个图元交点的距离。

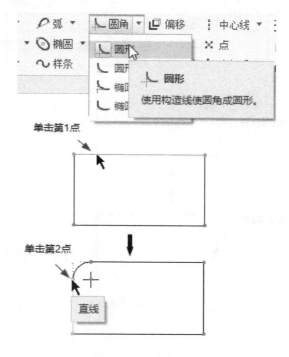

图 2-54　绘制圆角

2.2.6　椭圆形圆角

单击草绘菜单中"⌐ 圆角 ▼"下拉菜单中的"⌐"按钮，单击鼠标左键选择两个图元，系统自动绘制椭圆形圆角，单击鼠标中键结束椭圆形圆角命令，如图 2-55 所示。

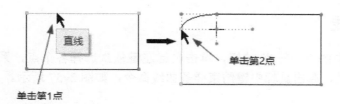

图 2-55　绘制椭圆形圆角

2.2.7　倒角

　　单击草绘菜单中"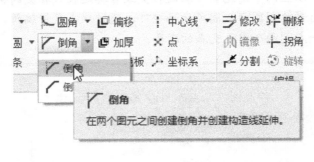倒角 ▼"按钮，单击鼠标左键选择两个图元，系统自动绘制倒角，单击鼠标中键结束倒角命令，如图 2-56 所示。

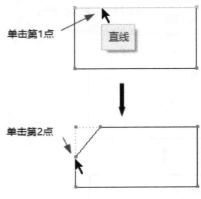

图 2-56　绘制倒角

应用·技巧

　　倒角命令绘制的是非等边倒角，如需使之等边，可利用相等约束或者直接双击鼠标左键编辑相同的尺寸。

2.2.8　样条曲线

　　单击草绘菜单中的"∿样条"按钮，单击鼠标左键依次选择各个点，系统自动绘制一条经过数点的样条曲线，单击鼠标中键结束样条曲线命令，如图 2-57 所示。

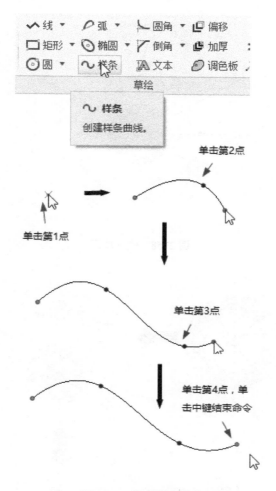

图 2-57　绘制样条曲线

2.3　实例·知识点——铁片

本节以图 2-58 所示的铁片草图作为例子来讲解绘制二维草图的方法。

思路·点拨

图 2-58 所示的铁片草图主要由同心圆、圆弧、中心线等构成，绘制过程如下：第一步绘制同心圆，第二步绘制小圆及圆弧，第三步绘制两条斜辅助线和添加镜像约束，第四步修剪多余线条。绘制流程如图 2-59 所示。

【光盘文件】

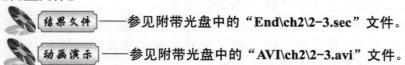

结果文件——参见附带光盘中的"End\ch2\2-3.sec"文件。

动画演示——参见附带光盘中的"AVI\ch2\2-3.avi"文件。

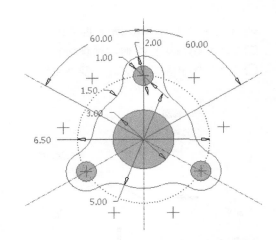

图 2-58　铁片草图

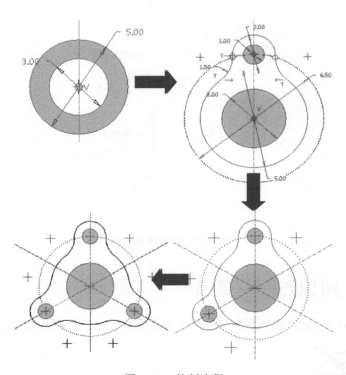

图 2-59　绘制流程

【操作步骤】

（1）设置工作目录。单击"主页"→"选择工作目录"，系统弹出"选择工作目录"对话框，选择"G:\End\ch2"，单击"确定"按钮即可，如图 2-60 所示。

（2）单击菜单栏中的"文件"→"新建"命令，或者在快速访问工具栏中单击

"□"按钮。弹出新建窗口，选择"草绘"类型，单击"确定"按钮进入草绘环境，如图 2-61 所示。

（3）单击菜单栏中的" ┆中心线 "按钮，在工作界面绘制竖直中心线，如图 2-62 所示。

图 2-60　设置工作目录

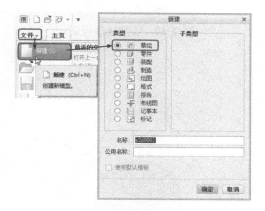

图 2-61　新建文件

图 2-62　绘制中心线

（4）绘制同心圆。单击菜单栏中的
"⊙圆▼"按钮，以中心线的一点为圆心，绘制
一个大圆，双击尺寸输入 5；同理，绘制一个
小圆，双击尺寸输入 3，如图 2-63 所示。

（5）先进入构造模式，绘制构造圆。单
击菜单栏中的"构造模式"按钮，再单击
菜单栏中的"⊙圆▼"按钮，以同心圆圆心
为中心绘制一个圆，双击尺寸输入 6.5，如

图 2-64 所示。

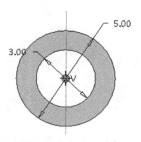

图 2-63　绘制同心圆

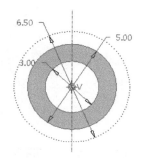

图 2-64　绘制辅助圆

然后单击菜单栏中的"构造模式"按
钮，退出构造模式，单击菜单栏中的
"⊙圆▼"按钮，以辅助圆与中心线交点为圆
心绘制小圆，双击输入 1，如图 2-65 所示。

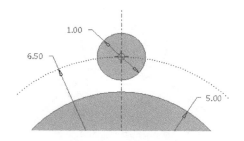

图 2-65　绘制小圆

（6）单击菜单栏中的"⊙圆▼"按钮，
绘制小圆的同心圆，输入半径 2，如图 2-66
所示。

（7）绘制相切圆弧。单击菜单栏中的
"⌒弧▼"按钮，首先单击直径为 2 的圆，然
后单击直径为 5 的圆，使圆心在外，如
图 2-67 所示。

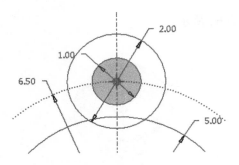

图 2-66　绘制小圆的同心圆

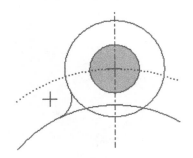

图 2-67　绘制相切圆弧

单击菜单栏中的"⊘相切"按钮，单击圆弧与直径为 2 的圆，然后单击圆弧与直径为 5 的圆，即可实现圆弧与以上两个圆相切，双击圆弧半径，输入 1.5，如图 2-68 所示。

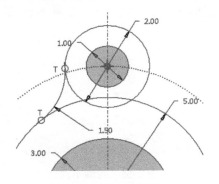

图 2-68　添加相切约束

（8）添加镜像约束。先单击上一步骤中的圆弧，再单击菜单栏中的"ⓜ镜像"按钮，然后单击中心线，即可绘制对称的圆弧，如图 2-69 所示。

（9）删除多余线条。单击菜单栏中的"⊄删除段"按钮，依次选择直径为 2 和直径

为 5 的圆的多余线条，即可删除这些多余的线条，如图 2-70 所示。

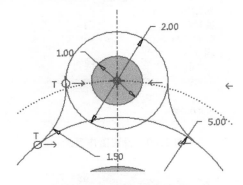

图 2-69　添加镜像约束

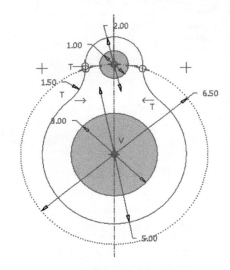

图 2-70　删除多余线条

（10）绘制辅助中心线。单击菜单栏中的"⫶中心线"按钮，然后单击大圆圆心绘制两条相交中心线，双击角度均输入 60，再次单击中键完成命令，如图 2-71 所示。

（11）添加镜像约束。按住〈Ctrl〉键依次选择半径为 1.5 的圆弧、直径为 2 的圆弧、直径为 1 的圆弧，再单击菜单栏中的"ⓜ镜像"按钮，然后单击其中一条斜中心线，即可绘制对称的圆弧，如图 2-72 所示。

同理，可绘制关于另一条斜中心线对称的圆弧，如图 2-73 所示。

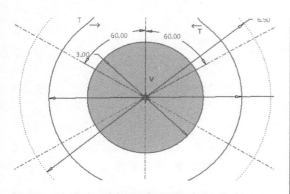

图 2-71　绘制辅助中心线

图 2-74 所示。

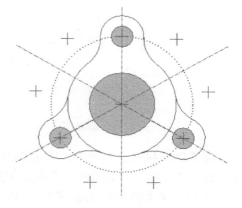

图 2-73　添加镜像约束

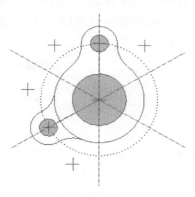

图 2-72　添加镜像约束

（12）删除多余线条。单击菜单栏中的
" <!-- 删除段 --> 删除段 " 按钮，依次选择直径为 5 的圆的
多余线条，即可删除这些多余的线条，如

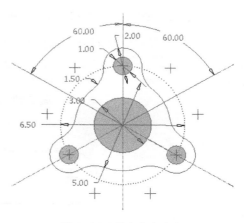

图 2-74　删除多余线条

2.3.1　删除图元

当需要删除图元时，只需选中图元，然后按〈Delete〉键即可将其删除，如图 2-75
所示。

2.3.2　平移、旋转和缩放图元

当需要平移图元时，只需选中图元，按住鼠标中键不放，同时移动鼠标即可平移图元，
工作界面出现两点一线，表示移动的路径，左键单击一次即可完成平移命令，如图 2-76
所示。

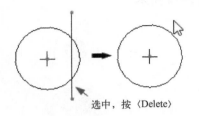

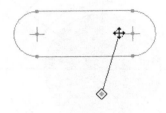

图 2-75　删除图元　　　　　　　　图 2-76　平移图元

当需要旋转和缩放图元时，只需选中图元，单击菜单栏中的"⟨旋转调整大小⟩"按钮，系统出现如图 2-77 所示的菜单栏，并在工作界面出现旋转标志、缩放标志和旋转中心，在对话框中的"∠"文本框中输入旋转角度 45°，在"⬚"文本框中输入放大倍数 1.3，之后的图元如图 2-78 所示，单击"✔"按钮完成旋转和缩放命令。

图 2-77　旋转和缩放菜单栏

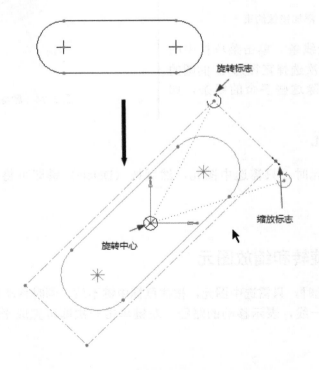

图 2-78　旋转和缩放图元

2.3.3 复制图元

当需要复制图元时，只需选中图元，单击菜单栏中的"🖺复制"按钮，然后单击菜单栏中的"🖺粘贴"按钮，之后在工作界面中任意一处单击，出现如图 2-79 所示的旋转调整大小菜单栏，用户可以进行编辑旋转角度、缩放系数等操作，同时系统产生一个副本，并在工作界面出现旋转标志、缩放标志和旋转中心，其操作方法与"旋转和缩放图元"一样，如图 2-80 所示。

图 2-79　旋转调整大小菜单栏

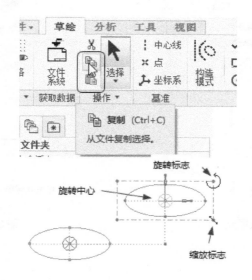

图 2-80　复制图元

应用·技巧

当用户需要选取多个图元时，可以按住〈Ctrl〉键不放，然后单击鼠标左键选取各个图元；或者以矩形框的形式选取，即在屏幕左上角按住左键不放，移动鼠标到右下角，则所有的图元将都被该矩形框选中。

2.3.4 镜像图元

当需要镜像图元时，只需选中图元，单击菜单栏中的"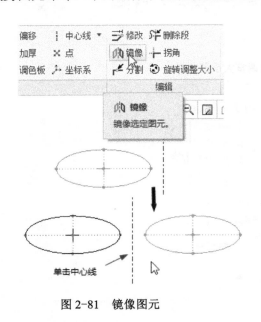镜像"按钮，然后选取镜像中心线，系统将自动在中心线另一侧复制出选中的图元，单击鼠标中键结束镜像图元命令，如图 2-81 所示。

2.3.5 裁剪图元

当需要裁剪图元时，单击菜单栏中的"删除段"按钮，只需单击选中图元，即可完成动态裁剪图元命令，单击鼠标中键结束裁剪图元命令，如图 2-82 所示。

图 2-81　镜像图元

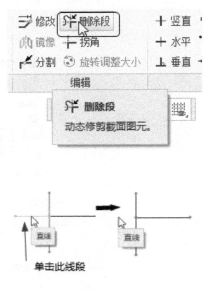

图 2-82　裁剪图元

2.3.6 创建拐角

当需要创建拐角时，单击菜单栏中的"拐角"按钮，只需依次单击选中图元，即可创建拐角，单击鼠标中键结束创建拐角命令，如图 2-83 所示。

 应用·技巧

当进行删除段操作时，鼠标单击的是需要删除的部分；当进行创建拐角操作时，鼠标单击的是需要保留的部分。

2.3.7　分割图元

当需要分割图元时，单击菜单栏中的"▞分割"按钮，只需单击选中图元，即可执行分割图元命令，单击鼠标中键结束分割图元命令，如图 2-84 所示。

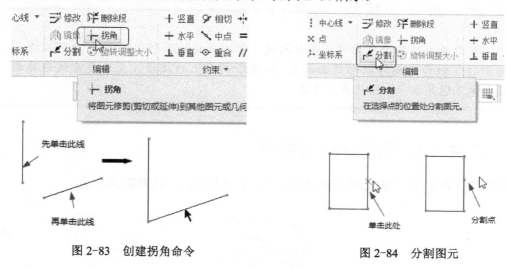

图 2-83　创建拐角命令　　　　　　图 2-84　分割图元

2.3.8　诊断二维草图

在草绘模式里有几个专门检查草绘线条的命令，单击"▨着色封闭环"按钮，可检测通过用预定义颜色填充由图元包围的区域而形成封闭环的图元；单击"▨突出显示开放端"按钮，可检测并加亮与其他图元的端点重合的图元端点；单击"▨重叠几何"按钮，可检测并加亮重叠的图元。

单击工具栏中的"▨"按钮，封闭环显示为以默认颜色着色。在"着色的封闭环"诊断模式中，所有的现有封闭环均显示为着色。如果用封闭环创建新图元，则封闭环自动着色显示如图 2-85 所示。

单击工具栏中的"▨"按钮，图形中的开放端点将加亮显示，如图 2-86 所示。

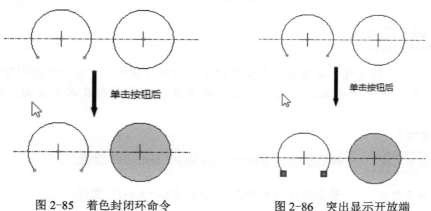

图 2-85　着色封闭环命令　　　　　　图 2-86　突出显示开放端

单击工具栏中的"▨"按钮，图形中的重叠图元将加亮显示，其中加亮的重叠几何工具不保持活动状态。

应用·技巧

草绘轮廓的整个剖面可以是封闭的（拉伸或旋转后形成实体），也可以是不封闭的（拉伸或旋转后形成曲面）。但草绘剖面上的线段（无论是直线还是曲线）绝不能是断开、错位或交叉的。

2.4 实例·知识点——支撑体

本节以图 2-87 所示的支撑体草图作为例子来讲解绘制二维草图的方法。

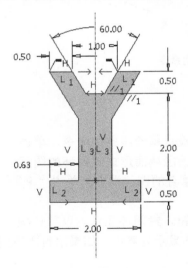

图 2-87　支撑体草图

思路·点拨

图 2-87 所示的支撑体草图主要由直线构成，绘制过程如下：第一步绘制外形，第二步添加对称约束，第三步添加几何尺寸，分别是夹角、竖直方向及水平方向。绘制流程如图 2-88 所示。

【光盘文件】

结果文件——参见附带光盘中的"End\ch2\2-4.sec"文件。

动画演示——参见附带光盘中的"AVI\ch2\2-4.avi"文件。

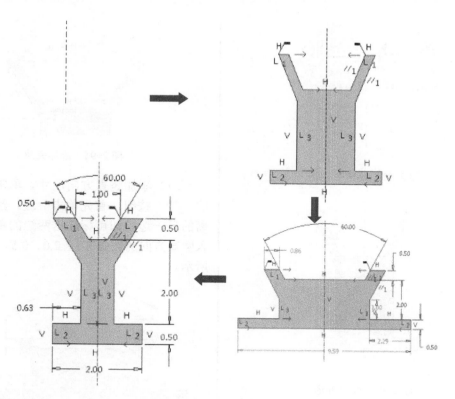

图 2-88　绘制流程

【操作步骤】

（1）设置工作目录。单击"主页"→"选择工作目录"，系统弹出"选择工作目录"对话框，选择"G:\End\ch2"，单击"确定"按钮即可，如图 2-89 所示。

（2）单击菜单栏中的"文件"→"新建"，或者在快速访问工具栏中单击"⬜"按钮。弹出新建窗口，选择"草绘"类型，单击"确定"按钮进入草绘环境，如图 2-90 所示。

图 2-89　设置工作目录

（3）单击菜单栏中的"⋮中心线"按钮，在工作界面绘制竖直中心线，如图 2-91 所示。

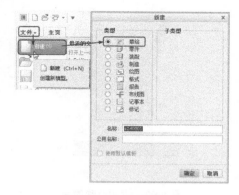

图 2-90　新建文件

（4）绘制外形。单击菜单栏中的"⌇线▾"按钮，绘制外形，系统自动捕捉平行约束、等高约束，此时图中将出现标志"//"，字母"V"、"H"，如图 2-92 所示。

图 2-91　绘制中心线

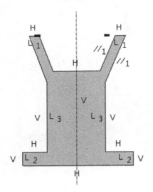

图 2-92　绘制外形

（5）添加对称约束。单击菜单栏中的"　对称"按钮，依次选择左右两顶点和中心线，即可实现对外形的对称约束，此时图中将出现对称箭头标志，如图 2-93 所示。

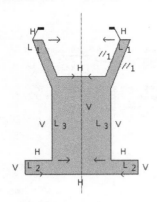

图 2-93　添加对称约束

（6）添加夹角。单击菜单栏中的"　"按钮，绘制上端两斜边的夹角，分别单击左斜边和右斜边，在两边中间单击鼠标中键，输入 60，如图 2-94 所示。

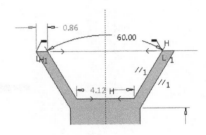

图 2-94　添加夹角

（7）添加竖直方向尺寸。单击菜单栏中的"　"按钮，首先单击一边，然后单击距离的另一边，即可标注这两边的距离，并输入竖直方向的数值 0.5、2.0、0.5，如图 2-95 所示。

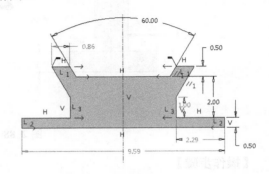

图 2-95　添加竖直方向尺寸

（8）添加水平方向尺寸。单击菜单栏中的"　"按钮，首先单击一边，然后单击距离的另一边，即可标注这两边的距离，并输入水平方向的数值 0.5、1.0、0.63、2.0，如图 2-96 所示。

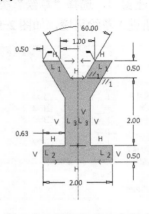

图 2-96　添加水平方向尺寸

2.4.1　标注线段长度

当需要标注线段长度时，单击菜单栏中的"|↔|"按钮，选中线段，单击鼠标中键指定参数的放置位置，即可完成标注线段长度命令，如图 2-97 所示。

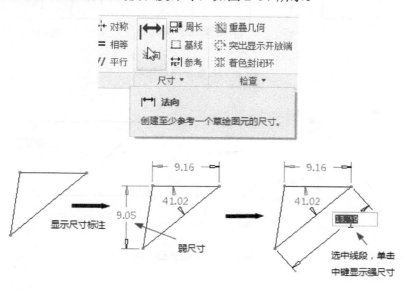

图 2-97　标注线段长度

应用·技巧

当用户完成草绘后，系统将自动完成尺寸标注，这些弱尺寸将以灰色显示，当用户修改尺寸后则变成强尺寸，以高亮度显示。

2.4.2　标注两线距离

当需要标注两条线段之间距离时，单击菜单栏中的"|↔|"按钮，只需单击选中两条线，单击鼠标中键指定参数的放置位置，即可完成标注两线距离的命令，如图 2-98 所示。

2.4.3　标注点线距离

当需要标注点线之间的距离时，单击菜单栏中的"|↔|"按钮，然后选中一个点和一条线，单击鼠标中键指定参数的放置位置，即可完成标注点线距离的命令，如图 2-99 所示。

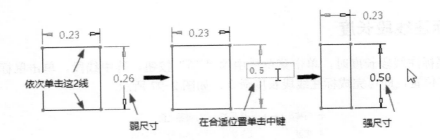

图 2-98　标注两线距离

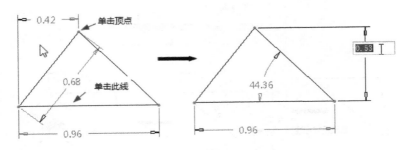

图 2-99　标注点线距离

2.4.4　标注两点距离

当需要标注两点之间的距离时，单击菜单栏中的"|↔|"按钮，然后选中两个点，单击鼠标中键指定参数的放置位置，即可完成标注两点距离的命令，如图 2-100 所示。

2.4.5　标注半径

当需要标注圆或圆弧的半径时，单击菜单栏中的"|↔|"按钮，然后选中圆或圆弧，单击鼠标中键指定参数的放置位置，即可完成标注半径的命令，如图 2-101 所示。

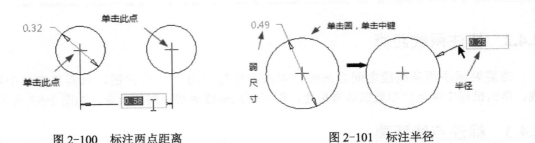

图 2-100　标注两点距离　　　　　　图 2-101　标注半径

2.4.6　标注直径

当需要标注圆或圆弧的直径时，单击菜单栏中的"|↔|"按钮，然后选中圆或圆弧，单

击鼠标中键指定参数的放置位置，即可完成标注直径的命令，如图 2-102 所示。

2.4.7 标注对称尺寸

当需要标注对称尺寸时，单击菜单栏中的"⊢↔⊣"按钮，只需先单击对称剖面的边线，再单击中心线，接着再次单击对称剖面的边线，最后单击鼠标中键指定参数的放置位置，即可完成标注对称尺寸的命令，如图 2-103 所示。

图 2-102　标注直径

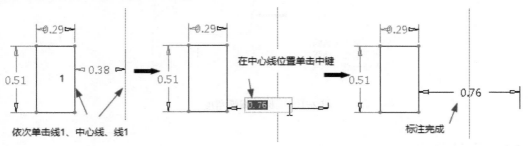

图 2-103　标注对称尺寸

2.4.8 标注两线角度

当需要标注两线角度时，单击菜单栏中的"⊢↔⊣"按钮，选中要标注的两条线，然后单击鼠标中键指定参数的放置位置，即可完成标注两线角度的命令，如图 2-104 所示。

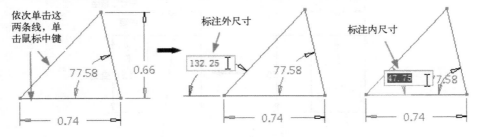

图 2-104　标注两线角度

应用·技巧

系统会根据用户放置参数的位置，对应地标注内尺寸和外尺寸，如图 2-112 所示。

2.4.9　标注圆弧角度

当需要标注圆弧角度时，单击菜单栏中的"├─┤"按钮，只需依次单击选中的圆弧的两端点，再单击圆弧上任意一点，最后单击鼠标中键指定参数的放置位置，即可完成标注圆弧角度的命令，如图 2-105 所示。

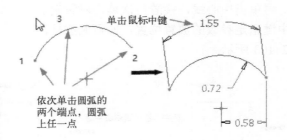

图 2-105　标注圆弧角度

2.4.10　标注周长

当需要标注周长时，单击菜单栏中的"▦"按钮，首先需按〈Ctrl〉键依次单击由周长尺寸控制总尺寸的几何工具，再单击中键表示结束选取，接着再单击由周长尺寸驱动的尺寸即可显示周长尺寸，最后单击鼠标中键即可完成标注周长的命令，如图 2-106 所示。

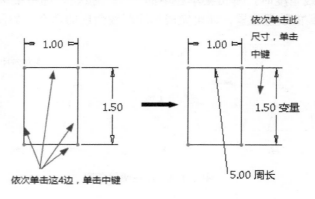

图 2-106　标注周长

2.4.11　修改尺寸标注

当需要修改尺寸标注时，首先按住〈Ctrl〉键的同时依次单击需要修改的尺寸，再单击菜单栏中的"⥱修改"按钮，系统弹出如图 2-107 所示对话框。可以直接在对话框中的"尺寸数值"文本框中输入相应的数值，或者用鼠标按住"调整按钮"图标，左右移动来调整尺寸数值。对话框中的"重新生成"选项代表系统将会在用户修改数值后立即在几何图形中进行变化；"灵敏度"选项代表几何图形再生的显著性。

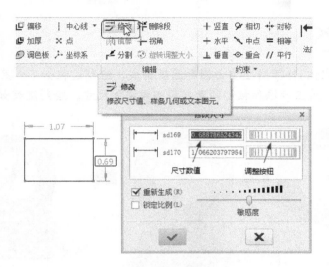

图 2-107　修改尺寸标注

修改尺寸也可以通过双击需要修改的尺寸，标注文本将出现一个文本框，用户可以在其中输入数值，按〈Enter〉键即可完成修改尺寸的命令，如图 2-108 所示。

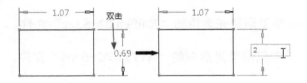

图 2-108　双击修改尺寸

2.5　实例·知识点——孔件

本节以图 2-109 所示的孔件草图作为例子来讲解绘制二维草图的方法。

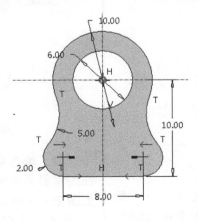

图 2-109　孔件草图

思路·点拨

图 2-109 所示的孔件草图主要由圆和圆弧构成，绘制过程如下：第一步绘制外形，第二步添加对称约束，第三步添加相切约束，第四步添加尺寸。绘制流程如图 2-110 所示。

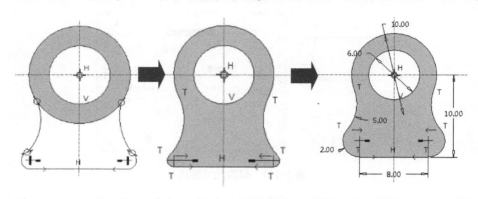

图 2-110　绘制流程

【光盘文件】

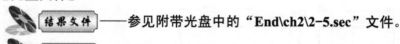

结果文件——参见附带光盘中的"End\ch2\2-5.sec"文件。

动画演示——参见附带光盘中的"AVI\ch2\2-5.avi"文件。

【操作步骤】

（1）设置工作目录。单击"主页"→"选择工作目录"，系统弹出"选择工作目录"对话框，选择"G:\End\ch2"，单击"确定"按钮即可，如图 2-111 所示。

图 2-111　设置工作目录

（2）单击菜单栏中的"文件"→"新建"，或者在快速访问工具栏中单击"□"按钮。弹出"新建"对话框，选择"草绘"类型，单击"确定"按钮进入草绘环境，如

图 2-112 所示。

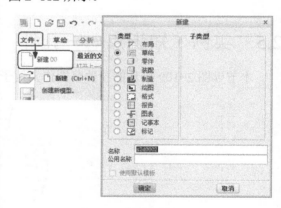

图 2-112　新建文件

（3）单击菜单栏中的" 中心线 "按钮，在工作界面绘制竖直中心线和水平中心线，如图 2-113 所示。

（4）绘制同心圆。单击菜单栏中的" 圆 "按钮，以中心线交点为圆心，绘制一个大圆，双击尺寸输入 10；同理，绘制一个小圆，双击尺寸输入 6，如图 2-114 所示。

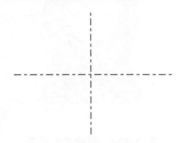

图 2-113 绘制竖直和水平中心线

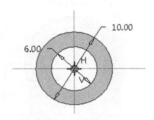

图 2-114 绘制同心圆

（5）绘制底部。单击菜单栏中的"∧线▼"按钮，在同心圆底部绘制一条线，系统自动约束该线关于中心线对称，如图 2-115 所示。

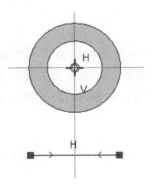

图 2-115 绘制直线

单击菜单栏中的"⌒弧▼"下拉菜单的"⌒弧▼"按钮，在直线上绘制与之相切的左右两个圆弧，先选择圆点，再单击直线的端点，移动鼠标即可完成圆弧的绘制，系统自动捕捉圆点与端点同线、相切约束、两个圆弧等径，如图 2-116 所示。

图 2-116 绘制圆弧

单击菜单栏中的"⌒弧▼"按钮，绘制左右两个圆弧，分别与直径为 10 的圆和下部的圆弧相切，如图 2-117 所示。

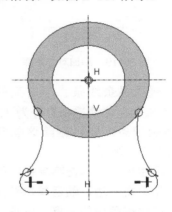

图 2-117 绘制圆弧

（6）添加约束。单击菜单栏中的"⌒相切"按钮，首先单击直径为 10 的圆一边，然后单击圆弧，即可使之相切，同理添加所有相切约束，此时图中将出现字母"T"，如图 2-118 所示。

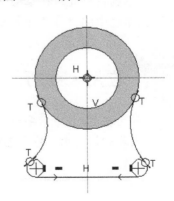

图 2-118 添加相切约束

单击菜单栏中的"⌒对称"按钮，分别选

择两顶点和中心线，即可使之对称，同理添加所有对称约束，如图 2-119 所示。

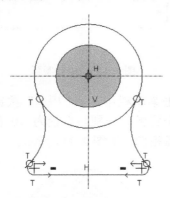

图 2-119　添加对称约束

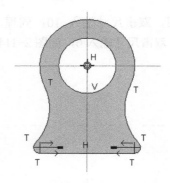

图 2-120　删除多余线条

（7）删除多余线条。单击菜单栏中的"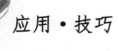"按钮，依次选择直径为 10 的圆和圆弧的多余线条，即可删除这些多余的线条，如图 2-120 所示。

（8）标注尺寸。单击菜单栏中的"↔"按钮，首先单击一边，然后单击距离的另一边，即可标注这两边的距离，同理，标注图中所有的圆弧、线线之间的距离，如图 2-121 所示。

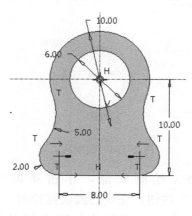

图 2-121　标注尺寸

2.5.1　显示约束

当用户需要显示约束时，单击图形工作栏中的"▦"下拉菜单中的"⅓"按钮，即可在工作界面显示约束，此时在草绘图形旁边出现表示约束的字母；如果要关闭约束的显示，则单击图形工作栏中的"▦"下拉菜单中的"⅓"按钮即可，如图 2-122 所示。

应用·技巧

在 Creo 中，字母 V 代表竖直约束，字母 H 代表水平约束，字母 T 代表相切约束，字母 L1 代表相等约束。

2.5.2　创建约束

一般情况，系统会自动施加约束，用户也可根据自己的设计需求对几何图元施加约束。当用户需要创建约束时，单击菜单栏约束选项中的各种约束，如图 2-123 所示。各约束的功能与符号见表 2-3。

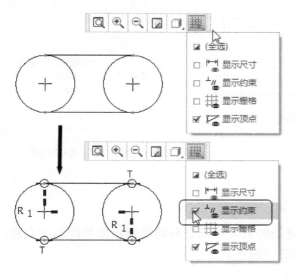

图 2-122　显示约束

图 2-123　约束选项

表 2-3　各约束功能与符号

工具栏按钮	功能说明	符号
＋ 竖直	单击一斜直线使之变为竖直线，或选择两个点，使两点在一条竖直线上	V
＋ 水平	单击一斜直线使之变为水平线，或选择两个点，使两点在一条水平线上	H
⊥ 垂直	单击两条线段，使其相互垂直	⊥
❨ 相切	单击线段和圆弧，使其相切	T
↘ 中点	单击一个点和一条线段，使点位于线段的中点	M
⊙ 重合	使两圆心重合或两点重合	O
↔ 对称	单击中心线和两图元，使之关于中心线对称	→ ←
＝ 相等	单击两图元使之相等	R_1（半径相等）、L_1（线段相等）
∥ 平行	单击两直线使之平行	$\parallel_1$

例如：需要创建竖直约束时，先单击菜单栏中的"＋竖直"按钮，再根据系统消息区的提示，单击需要约束的斜线，即可完成创建竖直约束命令，显示字母 V，如图 2-124 所示。

2.5.3　删除约束

用户需要删除约束时，需右键单击代表约束的字母，并按住数秒，即可出现编辑菜单，选择删除即可完成删除约束命令，如图 2-125 所示。

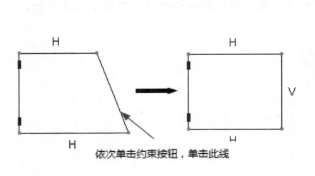

依次单击约束按钮，单击此线

图 2-124　创建竖直约束

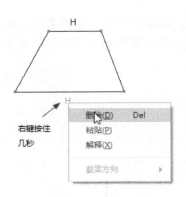

右键按住
几秒

图 2-125　删除约束

2.5.4　解决约束冲突

若用户创建了多余的约束或不合理的约束，系统会自动检测出来并弹出一个窗口提示用户删除多余的约束，以下将以一实例进行演示。

（1）绘制如图 2-126 所示的截面图。

（2）单击菜单栏中的"|↔|"按钮，为左边的线段添加尺寸，如图 2-127 所示。

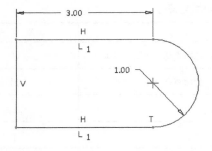

图 2-126　草绘截面

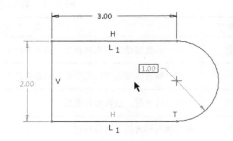

图 2-127　添加尺寸

（3）系统弹出"解决草绘"对话框，如图 2-128 所示，提示加亮的尺寸与添加的尺寸冲突，可在对话框中选择需要删除的尺寸，单击"删除"按钮即可删除一个多余约束，或者单击"撤消"按钮，取消添加尺寸。

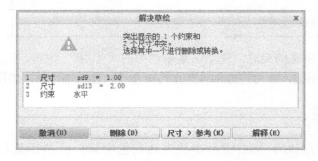

图 2-128　"解决草绘"对话框

2.6 要点·应用

本节将以若干个简单容易上手的案例，演示本章各知识点的应用。

2.6.1 应用 1——底座

本节以图 2-129 所示的底座草图作为例子来讲解绘制二维草图的方法。

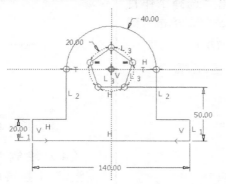

图 2-129　底座草图

思路·点拨

图 2-129 所示的底座草图主要由直线、多边形、圆弧等构成，绘制过程如下：第一步绘制中心线，第二步绘制外轮廓，第三步绘制构造圆的内接正多边形，第四步添加几何约束和编辑几何尺寸。绘制流程如图 2-130 所示。

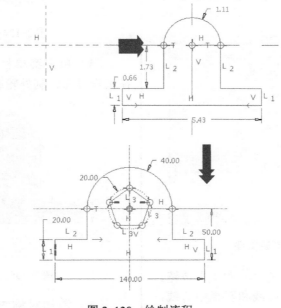

图 2-130　绘制流程

【光盘文件】

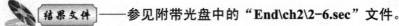

结果文件 ——参见附带光盘中的"End\ch2\2-6.sec"文件。

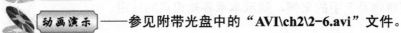

动画演示 ——参见附带光盘中的"AVI\ch2\2-6.avi"文件。

【操作步骤】

（1）设置工作目录。单击"主页"→"选择工作目录"，系统弹出"选择工作目录"对话框，选择"G:\End\ch2"，单击"确定"按钮即可，如图 2-131 所示。

图 2-131　设置工作目录

（2）单击菜单栏中的"文件"→"新建"，或者在快速访问工具栏中单击"□"图标。弹出新建窗口，选择"草绘"类型，单击"确定"按钮进入草绘环境，如图 2-132 所示。

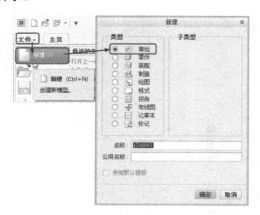

图 2-132　新建文件

（3）单击菜单栏中的"┆中心线"按钮，在工作界面绘制水平中心线和竖直中心线，如图 2-133 所示。

图 2-133　绘制水平和竖直中心线

（4）绘制半圆。单击菜单栏中的"⌒弧▾"下拉菜单的"↘弧▾"按钮，先在中心线的交点处放置圆心，然后在水平中心线上绘制半圆的两端，如图 2-134 所示。

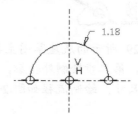

图 2-134　绘制半圆

（5）单击菜单栏中的"⌇线▾"按钮，在工作界面绘制外轮廓，如图 2-135 所示。

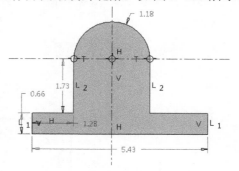

图 2-135　绘制外轮廓

（6）添加对称约束。单击菜单栏中的

" 对称 " 按钮，依次选择竖直中心线和两个顶点使竖直两线对称，如图 2-136 所示。

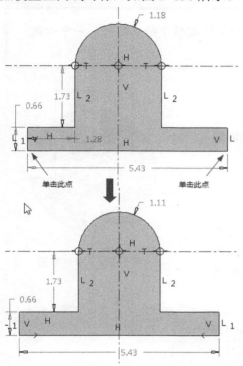

图 2-136　添加对称约束

（7）绘制内多边形。先进入构造模式，绘制构造圆。单击菜单栏中的" 构造模式 "按钮，再单击菜单栏中的" 圆 "按钮，以中心线的交点为中心绘制一个圆，如图 2-137 所示。

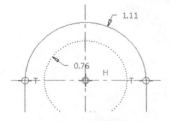

图 2-137　绘制构造圆

再单击菜单栏中的" 构造模式 "按钮，退出构造模式，单击菜单栏中的" 线 "按钮，绘制圆的内接五边形，系统默认五边形关于竖直中心线对称，如图 2-138 所示。

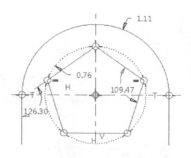

图 2-138　绘制构造圆内接五边形

（8）添加几何约束。单击菜单栏中的" = 相等 "按钮，依次选择五边形的边 1、2、3，即可使之相等，绘制正五边形，如图 2-139 所示。

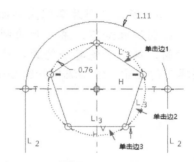

图 2-139　添加几何约束

（9）添加几何尺寸。双击底座的宽度和高度，分别输入 140、20，然后单击菜单栏中的" 法向 "按钮，依次单击中心线交点和座的底线，输入 50，接着修改外轮廓半圆的半径，双击输入 40，编辑内轮廓尺寸。双击构造圆的半径，输入 20，如图 2-140 所示。

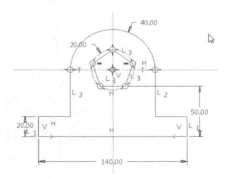

图 2-140　添加几何尺寸

应用·技巧

　　　　构造线以虚线表示，一般作为草绘过程中的参照线，和中心线
　　一样不会形成特征，俗称辅助线。

2.6.2　应用 2——薄片

　　本节以图 2-141 所示的薄片草图作为例子来讲解
绘制二维草图的方法。

思路·点拨

　　图 2-141 所示的薄片草图主要由直线、圆、圆弧
等构成，绘制过程如下：第一步绘制中心线，第二步
绘制同心圆，第三步完善外轮廓，第四步添加几何约
束和编辑几何尺寸。绘制流程如图 2-142 所示。

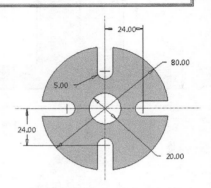

图 2-141　薄片草图

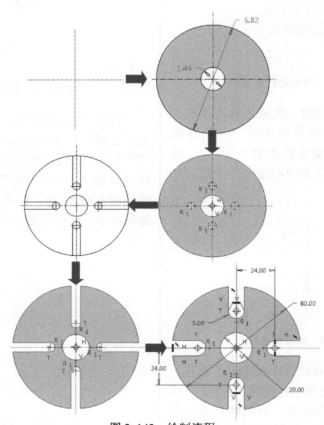

图 2-142　绘制流程

【光盘文件】

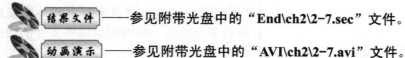

结果文件——参见附带光盘中的"End\ch2\2-7.sec"文件。

动画演示——参见附带光盘中的"AVI\ch2\2-7.avi"文件。

【操作步骤】

（1）设置工作目录。单击"主页"→"选择工作目录"，系统弹出"选择工作目录"对话框，选择"G:\End\ch2"，单击"确定"按钮即可，如图 2-143 所示。

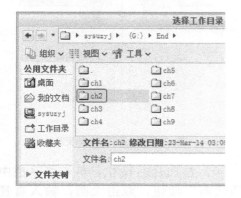

图 2-143　设置工作目录

（2）单击菜单栏"文件"→"新建"，或者在快速访问工具栏中单击"□"按钮。弹出新建窗口，选择"草绘"类型，单击"确定"按钮进入草绘环境，如图 2-144 所示。

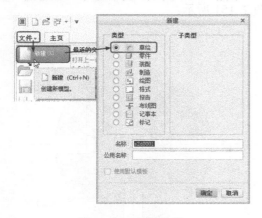

图 2-144　新建文件

（3）单击菜单栏中的"┊中心线"按钮，在工作界面绘制水平中心线和竖直中心线，如图 2-145 所示。

图 2-145　绘制水平和竖直中心线

（4）绘制同心圆。单击菜单栏中的"◎圆▾"按钮，以中心线的交点为圆心，绘制一个大圆，同理，再绘制一个小圆，如图 2-146 所示。

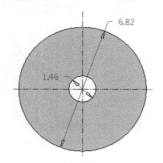

图 2-146　绘制同心圆

（5）绘制 4 个小圆。单击菜单栏中的"◎圆▾"按钮，分别在水平中心线和竖直中心线各自绘制两个小圆，系统自动约束为同一半径，如图 2-147 所示。

（6）单击菜单栏中的"∧线▾"按钮，依次把小半圆的两端连接到大圆，如图 2-148 所示。

（7）添加对称约束。单击菜单栏中的"┽┾对称"按钮，接着依次单击竖直中心线和水平线上的两个圆心，即可实现这两个圆对称，同理实现另两个圆对称，出现标志"箭头"，如图 2-149 所示。

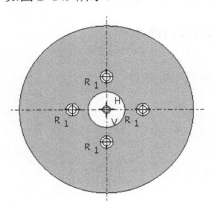

图 2-147　绘制 4 个小半圆

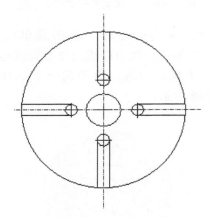

图 2-148　绘制连接线

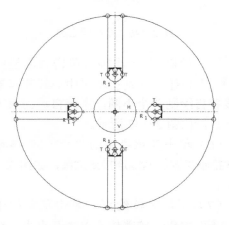

图 2-149　添加对称约束

（8）删除多余线条。单击菜单栏中的 " 删除段 " 按钮，依次选择大圆与连接线之间的多余线条，即可删除这些多余的线条，如图 2-150 所示。

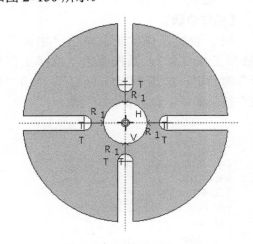

图 2-150　删除多余线条

（9）添加几何尺寸。单击菜单栏中的 " 法向 " 按钮，双击大圆，输入直径值 80；双击同心小圆，输入直径 20；依次单击一个半圆的中心和中心线的交点，输入 24，同理单击另一中心线上的半圆圆心与交点，输入 24；单击半圆，输入半径 5，接着修改外轮廓半圆的半径，双击输入 40，如图 2-151 所示。

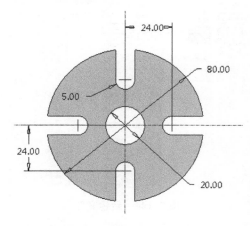

图 2-151　添加几何尺寸

2.7　能力·提高

本节将以若干个复杂的案例，进一步提高运用本章各知识点的技能。

2.7.1　案例 1——箱体

本节以图 2-152 所示的箱体草图作为例子来讲解绘制二维草图的方法。

思路·点拨

图 2-152 所示的箱体草图主要由直线、圆角、圆等构成，绘制过程如下：第一步绘制中心线，第二步绘制外轮廓，第三步绘制圆角，第四步添加几何约束和编辑几何尺寸。绘制流程如图 2-153 所示。

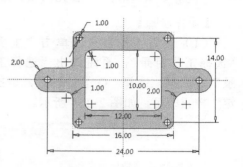

图 2-152　箱体草图

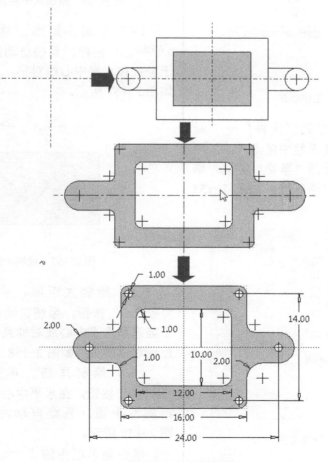

图 2-153　绘制流程

【光盘文件】

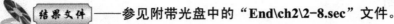

结果文件——参见附带光盘中的"**End\ch2\2-8.sec**"文件。

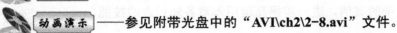

动画演示——参见附带光盘中的"**AVI\ch2\2-8.avi**"文件。

【操作步骤】

（1）设置工作目录。单击"主页"→"选择工作目录"，系统弹出"选择工作目录"对话框，选择"G:\End\ch2"，单击"确定"按钮即可，如图 2-154 所示。

图 2-154　工作目录

（2）单击菜单栏中的"文件"→"新建"，或者在快速访问工具栏中单击"□"图标。弹出新建窗口，选择"草绘"类型，单击"确定"按钮进入草绘环境，如图 2-155 所示。

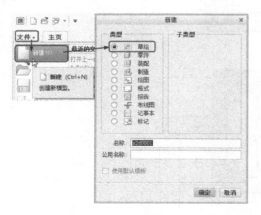

图 2-155　新建文件

（3）单击菜单栏中的"┆中心线"按钮，在工作界面绘制水平中心线和竖直中心线，如图 2-156 所示。

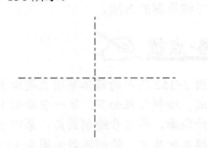

图 2-156　绘制水平和竖直中心线

（4）绘制小矩形。单击菜单栏中的"□矩形▾"按钮，系统自动约束矩形分别关于竖直和水平中心线对称，出现对称箭头，如图 2-157 所示。

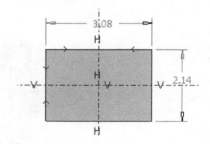

图 2-157　绘制小矩形

（5）绘制大矩形。单击菜单栏中的"□矩形▾"按钮，系统自动约束矩形分别关于竖直和水平中心线对称且平行于小矩形，出现对称箭头，如图 2-158 所示。

（6）绘制耳部。单击菜单栏中的"⊙圆▾"按钮，在水平中心线的大矩形外面绘制两个圆，系统自动约束为等径，如图 2-159 所示。

单击菜单栏中的"∧线▾"按钮，在以上绘制的两个圆中绘制直线与大矩形相交，当鼠标移动到圆的顶点时，系统自动约束直线与圆相切，如图 2-160 所示。

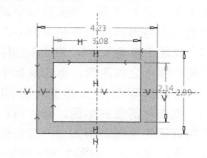

图 2-158　绘制大矩形

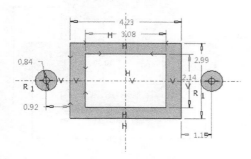

图 2-159　绘制耳部

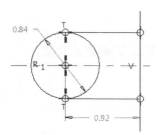

图 2-160　绘制交线

（7）添加对称约束。单击菜单栏中的"┿对称"按钮，依次选择竖直中心线和绘制的两个圆圆心使其关于竖直中心线对称，出现对称箭头；同理，使用"对称约束"使两个矩形都分别关于两个中心线对称，如图 2-161 所示。

（8）删除多余线条。单击菜单栏中的"删除段"按钮，依次选择圆与大矩形之间的多余线条，即可删除这些多余的线条，如

图 2-162 所示。

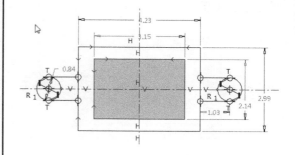

图 2-161　添加对称约束

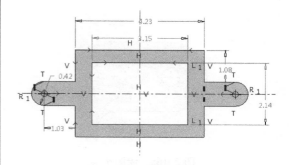

图 2-162　删除多余线条

（9）添加圆角。单击菜单栏中的"圆角▼"按钮，再单击直角的两边，即可绘制圆角，如图 2-163 所示。

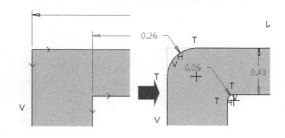

图 2-163　添加圆角

同理，对外轮廓和内轮廓的直角都添加圆角，同时单击菜单栏中的"＝相等"按钮，接着单击外轮廓和内轮廓所有圆角使所有外轮廓圆角相等，如图 2-164 所示。

（10）绘制小圆。单击菜单栏中的"⊙圆▼"按钮，依次在外轮廓与内轮廓之间的圆心处绘制小圆，在竖直中心线上绘制也

绘制两个小圆，系统约束所有小圆等径，如图 2-165 所示。

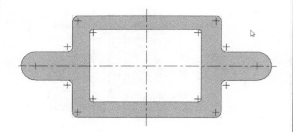

图 2-164 添加相等约束

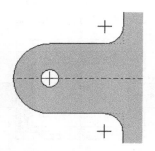

图 2-165 绘制小圆

（11）添加几何尺寸。打开尺寸显示，单击菜单栏中的"↔法向"按钮，依次单击耳部两个圆心之间距离，单击鼠标中键输入 24；依次单击矩形内部上下两个圆心之间距离，单击鼠标中键输入 14；依次单击矩形内部左右两个圆心之间距离，单击鼠标中键输入 16；双击内矩形的长和宽，分别输入 15、10；双击耳部圆的半径，输入 1；双击外、内轮廓圆角半径，输入 1；双击矩形内部小圆直径，输入 1，如图 2-166 所示。

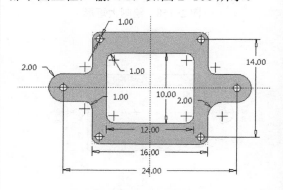

图 2-166 添加几何尺寸

2.7.2 案例 2——多形体

本节以图 2-167 所示的多形体草图作为例子来讲解绘制二维草图的方法。

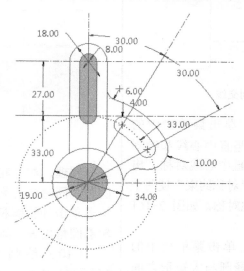

图 2-167 多形体草图

思路·点拨

图 2-167 所示的多形体草图主要由直线、圆角、圆等构成，绘制过程如下：第一步绘制中心线，第二步绘制同心圆，第三步绘制竖直长条圆弧，第四步绘制斜长条圆弧。绘制流程如图 2-168 所示。

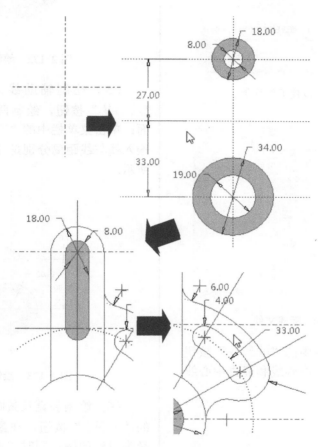

图 2-168　绘制流程

【光盘文件】

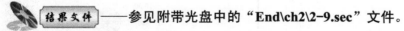 结果文件——参见附带光盘中的"End\ch2\2-9.sec"文件。

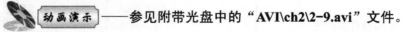 动画演示——参见附带光盘中的"AVI\ch2\2-9.avi"文件。

【操作步骤】

（1）设置工作目录。单击"主页"→"选择工作目录"，系统弹出"选择工作目录"对话框，选择"G:\End\ch2"，单击"确定"按钮即可，如图 2-169 所示。

（2）单击菜单栏中的"文件"→"新建"，或者在快速访问工具栏中单击"🗋"按钮。弹出新建窗口，选择"草绘"类型，单击"确定"按钮进入草绘环境，如图 2-170 所示。

图 2-169　设置工作目录

图 2-170　新建文件

（3）单击菜单栏中的"┊中心线"按钮，在工作界面绘制水平中心线和竖直中心线，如图 2-171 所示。

图 2-171　绘制水平和竖直中心线

（4）绘制同心圆。单击菜单栏中的"⊙圆▼"按钮，以中心线交点为圆心，绘制一个大圆，双击尺寸输入 34；同理，绘制一个小圆，双击尺寸输入 19，如图 2-172 所示。

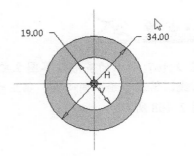

图 2-172　绘制同心圆

（5）绘制辅助线。单击菜单栏中的"┊中心线"按钮，绘制两条中心线在圆的上面；单击菜单栏中的"|↦|法向"按钮，双击输入线与线距离分别是 27、33，如图 2-173 所示。

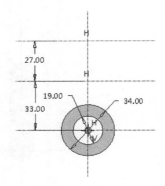

图 2-173　绘制辅助线

（6）绘制竖直长条圆弧。单击菜单栏中的"⊙圆▼"按钮，在最上面的交点绘制直径为 18 的圆，同时在该圆心绘制直径为 8 的同心圆，如图 2-174 所示。

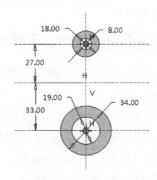

图 2-174　绘制同心圆

单击菜单栏中的"∿线▾"按钮，在以上直径为 18 的圆两边绘制竖直相切直线与直径为 34 的圆相交，当鼠标移动到圆的顶点时，系统自动约束直线与圆相切，如图 2-175 所示。

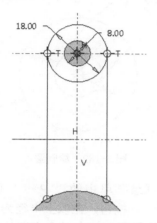

图 2-175　绘制交线

单击菜单栏中的"◎圆▾"按钮，在中心线的中间交点绘制直径为 8 的圆，鼠标移动时系统自动约束直径与 8 相等；单击菜单栏中的"∿线▾"按钮，作相切线连接两个直径为 8 的圆，系统自动约束相切，如图 2-176 所示。

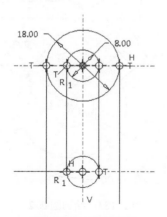

图 2-176　绘制小圆

（7）删除多余线条。单击菜单栏中的"╅删除段"按钮，依次单击直径为 8 与直径为 18 的圆的多余线条，即可删除这些多余的线条，如图 2-177 所示。

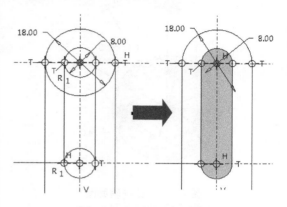

图 2-177　删除多余线条

（8）绘制辅助中心线。单击菜单栏中的"┊中心线"按钮，绘制两条斜中心线，单击菜单栏"↔法向"按钮，双击输入线与线夹角均为30°，如图 2-178 所示。

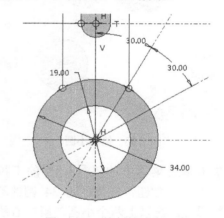

图 2-178　绘制辅助中心线

（9）绘制斜长条圆弧。先进入构造模式，绘制构造圆。单击菜单栏中的"▷构造模式"按钮，单击菜单栏"◎圆▾"按钮，在直径为 34 的圆的圆心处绘制半径为 33 的辅助圆，如图 2-179 所示。

再单击菜单栏中的"▷构造模式"按钮，退出构造模式。单击菜单栏中的"◎圆▾"按钮，在构造圆和斜中心线相交的两点绘制半径为 4 的圆，如图 2-180 所示。

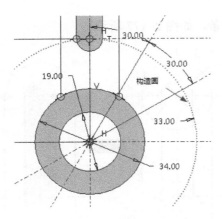

图 2-179 绘制辅助圆

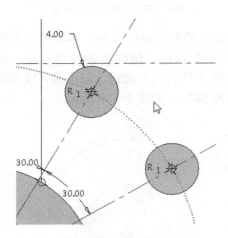

图 2-180 绘制小圆

单击草绘菜单中的"⌒弧▾"的下拉菜单中"◝弧▾"按钮，在直径为 34 圆的圆心处放置圆心，在以上两个小圆与斜中心线交点处绘制圆弧的两端点，如图 2-181 所示。

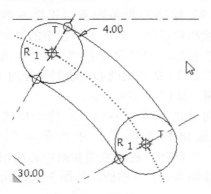

图 2-181 绘制圆弧 1

单击菜单栏中的"◎圆▾"按钮，在小圆圆心处绘制半径为 10 的圆，如图 2-182 所示。

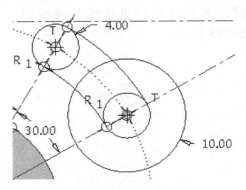

图 2-182 绘制圆

单击草绘菜单中的"⌒弧▾"的下拉菜单中"◝弧▾"按钮，在以上半径为 10 的圆的圆心处放置圆心，在以上小圆与斜中心线交点、与竖直条形圆弧交点绘制圆弧的两端点，系统自动约束为相切，如图 2-183 所示。

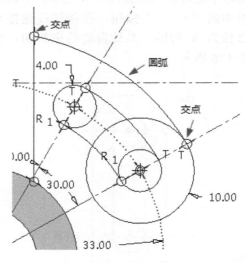

图 2-183 绘制圆弧 2

单击草绘菜单中的"⌒弧▾"按钮，依次点击直径为 34 的圆右端点和半径为 10 的圆；然后单击菜单中的"◝相切"按钮，使圆弧与后者相切，如图 2-184 所示。

（10）删除多余线条。单击菜单栏中的" 删除段 "按钮，依次单击半径为 4、10 的圆的多余线条，即可删除多余的线条，如图 2-185 所示。

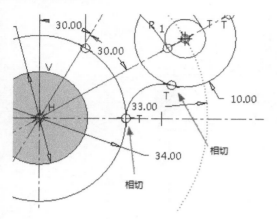

图 2-184　绘制圆弧 3

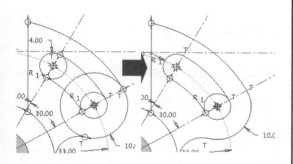

图 2-185　删除多余线条

（11）添加圆角。单击菜单栏中的" 圆角 "按钮，再单击圆弧与竖直长条圆弧的夹角，输入半径 6，即可绘制圆角，如图 2-186 所示。

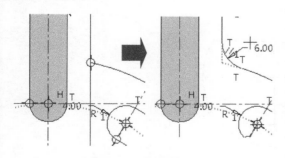

图 2-186　添加圆角

（12）完善草图。单击菜单栏中的" 线 "按钮，延长竖直长条圆弧与直径为 34 的圆的交线，如图 2-187 所示。

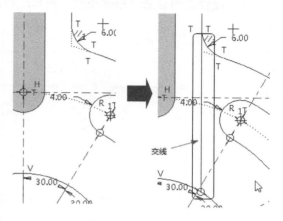

图 2-187　延长交线

最终的草图如图 2-188 所示。

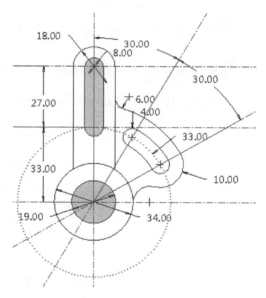

图 2-188　最终草图

2.8　习题·巩固

1. 设置工作目录"End\ch2"，在草绘模式中绘制如图 2-189 所示的零件图。

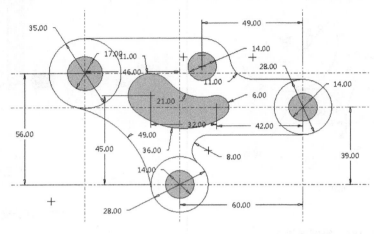

图 2-189　练习 1

结果文件——参见附带光盘中的"End\ch2\2-12.sec"文件。

动画演示——参见附带光盘中的"AVI\ch2\2-12.avi"文件。

2. 设置工作目录"End\ch2"，在草绘模式中绘制如图 2-190 所示的零件图。

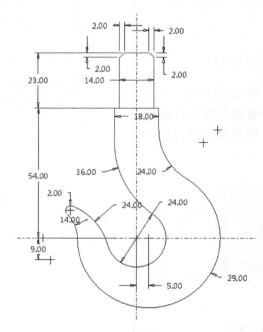

图 2-190　练习 2

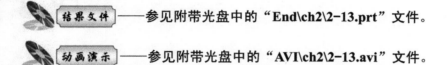

结果文件 ——参见附带光盘中的"End\ch2\2-13.prt"文件。

动画演示 ——参见附带光盘中的"AVI\ch2\2-13.avi"文件。

3．设置工作目录"End\ch2"，在草绘模式中绘制如图 2-191 所示的零件图。

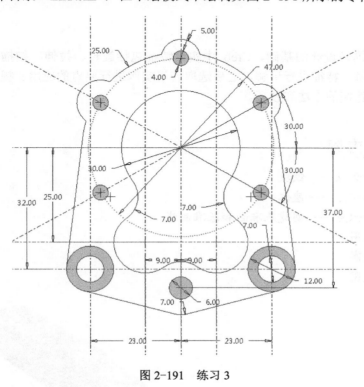

图 2-191 练习 3

结果文件 ——参见附带光盘中的"End\ch2\2-14.prt"文件。

动画演示 ——参见附带光盘中的"AVI\ch2\2-14.avi"文件。

第 3 章　创建三维实体

　　三维实体建模是设计的基础，Creo 中实体特征包括旋转、拉伸、扫描等常用特征。本章将通过实例对每个特征进行讲解，之后选取若干实例进行要点的应用、提高和巩固，使用户掌握基本实体建模的方法和技巧。

　　本讲内容

- ➥ 实例·知识点——铁块
- ➥ 实例·知识点——座体
- ➥ 实例·知识点——创建基准面和基准曲线
- ➥ 要点·应用
- ➥ 能力·提高
- ➥ 习题·巩固

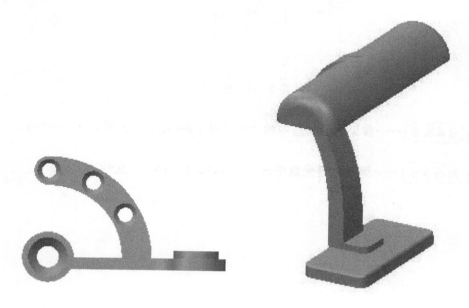

3.1 实例·知识点——铁块

本节以图 3-1 所示的铁块模型作为例子来讲解创建三维实体的方法。

图 3-1　铁块模型

思路·点拨

图 3-1 所示的铁块模型主要由拉伸、孔、基准面、阵列等特征构成，绘制过程如下：第一步拉伸圆体，第二步拉伸座体，第三步拉伸拐体，第四步旋转去除材料和放置孔。绘制流程如图 3-2 所示。

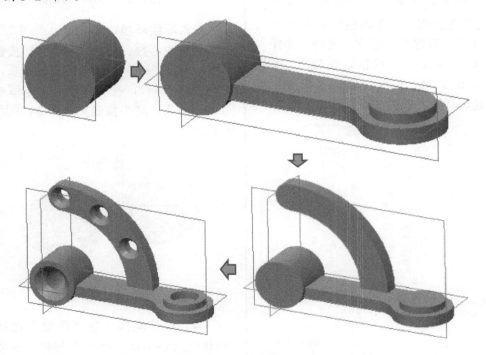

图 3-2　绘制流程

【光盘文件】

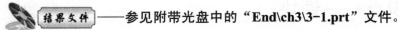——参见附带光盘中的"End\ch3\3-1.prt"文件。

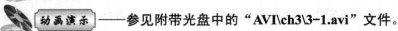——参见附带光盘中的"AVI\ch3\3-1.avi"文件。

【操作步骤】

（1）设置工作目录。单击"主页"→"选择工作目录"，系统弹出"选择工作目录"对话框，选择"G:\End\ch3"，单击"确定"按钮即可，如图3-3所示。

图3-3　设置工作目录

（2）单击菜单栏中的"文件"→"新建"，或者在快速访问工具栏中单击"📄"按钮。弹出"新建"对话框，选择"零件"类型，取消勾选"使用默认模板"，选择"mmns_part_solid"模板，单击"确定"按钮进入建模环境，如图3-4所示。

图3-4　新建文件

（3）拉伸圆体。在"模型"选项卡中的"形状"区域中单击"⬡"按钮，系统弹出操控面板，单击"放置"选项卡中的"草绘定义"，弹出"草绘"对话框，选择 FRONT 面作为草绘平面，如图3-5所示。

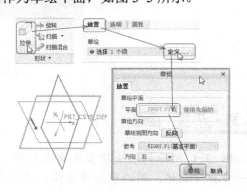

图3-5　"草绘"对话框

进入草绘环境，单击"中心线▼"按钮绘制两条中心线，单击"⊙圆▼"按钮绘制草图，单击"✔"按钮返回操控面板，拉伸类型选择"⫧"，在"深度"文本框中输入30.00，单击"✔"按钮完成命令，如图3-6所示。

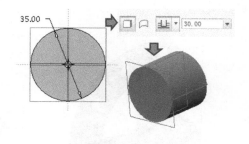

图3-6　拉伸圆体

（4）拉伸座体。在"模型"选项卡的"形状"区域中单击"⬡"按钮，系统弹出操控面板，单击"放置"选项卡中的"草绘定义",弹出"草绘"对话框,选择 TOP 面作为草绘平面,进入草绘环境,单击"中心线▼"按钮绘制两条中心线,单击"线▼"按钮、"圆▼"按钮绘制草图,单击"✔"按钮返回操控面板,拉伸类型选择"▲",在"深度"文本框中输入 8.00,拉伸方向指向 TOP 下面,单击"✔"按钮完成命令,如图 3-7 所示。

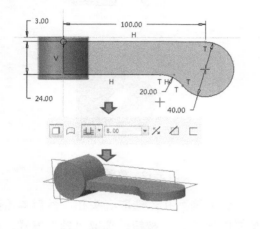

图 3-7　拉伸座体

在"模型"选项卡的"形状"区域中单击"▢"按钮,系统弹出操控面板,单击"放置"选项卡中的"草绘定义",弹出"草绘"对话框,选择 TOP 面作为草绘平面,进入草绘环境,单击"▣"按钮选取参考圆,单击"圆▼"按钮绘制草图,单击"✔"按钮返回操控面板,拉伸类型选择"▲",在"深度"文本框中输入 5.00,拉伸方向指向 TOP 上面,单击"✔"按钮完成命令,如图 3-8 所示。

（5）拉伸拐体。在"模型"功能选项卡中的"形状"区域中单击"▢"按钮,系统弹出操控面板,单击"放置"选项卡中的"草绘定义",弹出"草绘"对话框,选择座体背面作为草绘平面,进入草绘环境,单击"中心线▼"按钮绘制两条中心线,单击"线▼"按钮、"圆▼"按钮绘制草图,单击"✔"按钮返回操控面板,拉伸类型选择

"▲",在"深度"文本框中输入 10.00,单击"✔"按钮完成命令,如图 3-9 所示。

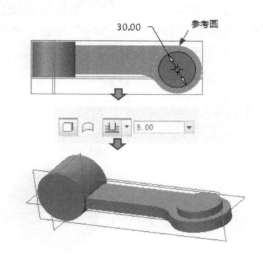

图 3-8　拉伸座体 2

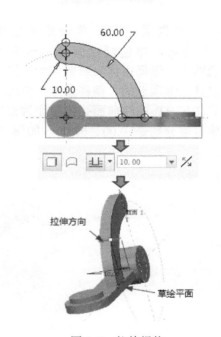

图 3-9　拉伸拐体

（6）旋转创建孔。在"模型"选项卡的"形状"区域中单击"旋转"按钮,系统弹出操控面板,单击"放置"选项卡中的"草绘定义",弹出"草绘"对话框,选择 TOP 面作为草绘平面,进入草绘环境,单击

"中心线▼"按钮绘制一条中心线，单击
"国"按钮选取两条参考线，单击"线▼"
按钮绘制草图，单击"✓"按钮返回操控
板，选择旋转轴，单击"◯"按钮，单击
"✓"按钮完成命令，如图 3-10 所示。

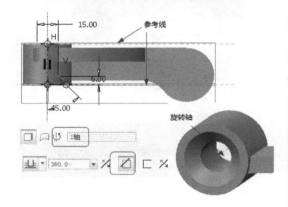

图 3-10　旋转创建孔

（7）放置沉头孔。单击菜单栏中的
"孔"按钮，弹出操控面板，单击"放
置"选项卡，选择拐体的前面作为放置面，
在"放置"选项卡的"偏移参考"中选择坐
标系的 RIGHT 面和前面孔的轴作为偏移参
考，偏移值分别是 0.00、60.00，如图 3-11
所示。

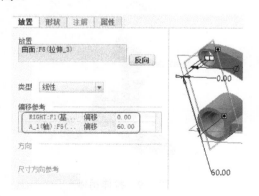

图 3-11　放置选项卡

单击操控面板中的"∪"按钮，单击
"形状"选项卡，选择"∄⊨穿透"，添加参
数，单击"✓"按钮完成命令，如图 3-12
所示。

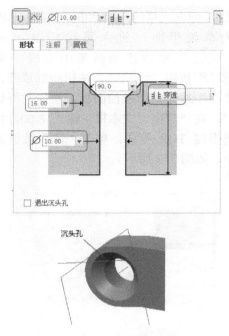

图 3-12　放置沉头孔

（8）阵列孔。选取沉头孔，然后单击菜
单栏中的"⊞"按钮，选取"轴"方式，在
"数量"文本框中输入 3，在"角度"文本框
中输入 30.0，单击"✓"按钮完成命令，如
图 3-13 所示。

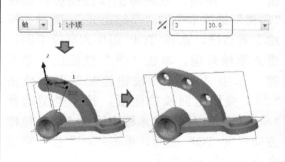

图 3-13　陈列孔

（9）拉伸阶梯孔。在"模型"选项卡的
"形状"区域中单击"◌"按钮，系统弹出
操控面板，单击"放置"选项卡中的"草绘
定义"，弹出"草绘"对话框，选择座体 2
顶面作为草绘平面，进入草绘环境，单击
"国"按钮选取参考圆，单击"线▼"按

钮、"圆"按钮绘制草图，单击"✔"按钮返回操控面板，拉伸类型选择"穿透"，单击"☑"按钮，单击"✔"按钮完成命令，如图 3-14 所示。

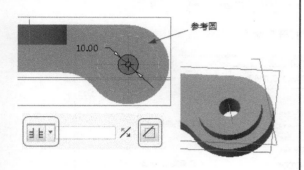

图 3-14　通孔

在"模型"选项卡中的"形状"区域中单击"⌐"按钮，系统弹出操控面板，单击"放置"选项卡中的"草绘定义"，弹出"草绘"对话框，选择座体 2 顶面作为草绘平面，进入草绘环境，单击"⊡"按钮选取参考圆，单击"圆"按钮绘制草图，单击"✔"按钮返回操控面板，拉伸类型选择"┴"，在"深度"文本框中输入 6.00，单击"☑"按钮，单击"✔"按钮完成命令，如图 3-15 所示。

（10）单击"✔"按钮完成命令，铁块

的完整模型如图 3-16 所示。

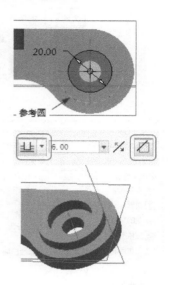

图 3-15　拉伸阶梯孔

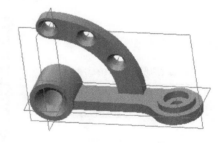

图 3-16　铁块的完整模型

3.1.1　打开与保存 Creo 文件

（1）打开 Creo 文件

当需要打开 Creo 文件进行查看或编辑时，可单击菜单命令"文件"→"打开"或单击快速工具栏中的"打开"按钮，如图 3-17 所示，系统弹出"文件打开"对话框，可以在此选择文件的路径，然后单击需要打开的文件，或在"文件名"文本框中直接输入文件名，再单击"打开"按钮，如图 3-18 所示。

（2）保存 Creo 文件

当需要保存 Creo 文件时，可单击菜单栏中的"文件"→"保存"命令，如图 3-19 所示，系统弹出"保存对象"对话框，如图 3-20 所示，设置完成后，单击"确定"按钮即可。

若需要改变保存路径时，可单击菜单栏中的"文件"→"另存为"→"保存副本"命令，如图 3-21 所示，系统弹出如图 3-22 所示的对话框，设置完成后，单击"确定"按钮即可。

图 3-17 "打开"命令

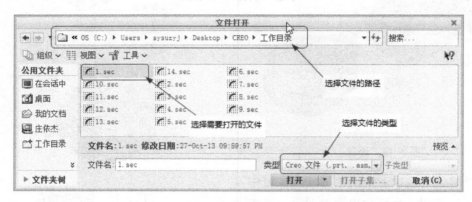

图 3-18 "文件打开"对话框

图 3-19 "保存"命令

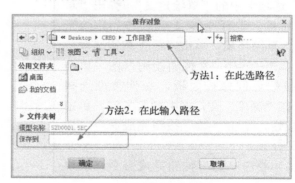

图 3-20 "保存对象"对话框

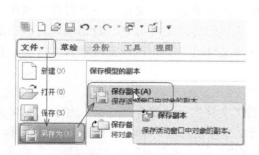

图 3-21 "另存为"命令

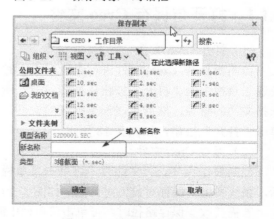

图 3-22 "保存副本"对话框

3.1.2 删除与拭除 Creo 文件

（1）删除 Creo 文件

当需要删除当前模型除最新版本以外的所有旧文件时，可单击菜单栏中的"文件"→
"管理文件"→"删除旧版本"命令，系统将显示图 3-23 所示的对话框，单击" ✓ "按钮
或按〈Enter〉键，即可删除当前模型除最新版本以外的所有旧文件；当需要删除当前模型
的所有版本文件时，单击"删除所有版本"，出现如图 3-24 所示的对话框，单击"是"按
钮，即可删除当前模型的所有版本文件。

图 3-23　删除旧版本

图 3-24　"删除所有确认"对话框

应用·技巧

版本号指当用户每保存文件一次，系统对存储的文件进行连续
编号，如 PRT0001.prt1、PRT0001.prt2、PRT0001.prt3 等。

（2）拭除 Creo 文件

当用户需要释放内存时，可将内存中的模型文件删除，但没有删除硬盘中的原文件，
可单击菜单栏中的"文件"→"管理会话"命令，选择"拭除当前"或"拭除未显示的"，

如图 3-25 所示，前者指从此会话中移除活动窗口中的对象，后者指从此会话中移除不在窗口中的所有对象。

图 3-25 "拭除"命令

3.1.3 控制模型的显示

打开一个模型，进入模型编辑模式。如果需要控制模型的显示，可通过两种方式控制，第一种是在菜单栏单击"视图"选项卡，第二种是在工作界面单击"图形工具栏"，如图 3-26 所示。两种显示方式都是等效的，一般在建模过程中，直接对"图形工具栏"操作较为方便，下面主要以操作"图形工具栏"为例进行演示。

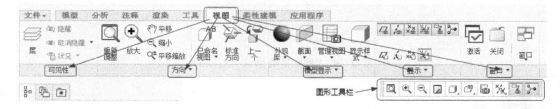

图 3-26 "视图"选项卡和"图形工具栏"

（1）模型的调整

在工作界面，如果模型显示的大小与位置不太恰当，可以单击"🔍重新调整"按钮来调整缩放等级以全屏显示对象；单击"🔍放大"按钮后，拖动鼠标左键选定区域来对目标区域放大；单击"🔍缩小"按钮后，模型自动缩小一定比例。

此外，滚动鼠标中键也可以进行缩放，向前滚缩小，向后滚放大；按住鼠标中键，移动鼠标可以旋转模型。

（2）模型的显示样式

单击"🔲显示样式"按钮，下拉选项主要有"带边着色""着色""隐藏线""消隐"和

"线框"等样式，如图 3-27 所示。

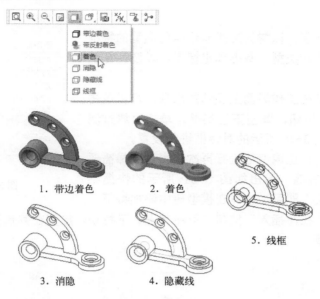

1. 带边着色　　2. 着色

5. 线框

3. 消隐　　　　4. 隐藏线

图 3-27　显示样式

（3）模型的定向

此功能可以控制视图的显示方向。单击" 📷已命名视图"按钮，下拉选项主要有"默认方向""BACK""BOTTOM""FRONT""LEFT""RIGHT"和"TOP"等方向，如图 3-28 所示。

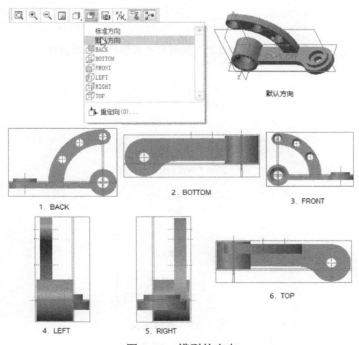

图 3-28　模型的定向

3.1.4　模型树

　　模型树位于导航区，以树的形式显示当前模型的特征或零件，由模型名称和类型、基准和坐标系，以及特征组成，如图 3-29 所示。

　　如需要控制模型在工作界面上显示的选项，可以单击模型树中的""按钮，弹出下拉菜单，单击"树过滤器"选项，弹出如图 3-30 所示的对话框进行设置。

　　可在模型树中对已生成特征进行再次编辑，选择需要编辑的特征后单击右键，弹出如图 3-31 所示的快捷菜单，选择"编辑定义"即可。也可在模型树中添加特征，

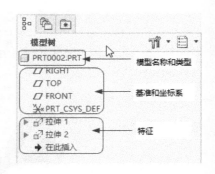

图 3-29　模型树

单击模型树中的"➜ 在此插入"按钮，可将其上、下拉动，放置在其他模型之间，在插入符后面的特征将被隐藏。

图 3-30　"树过滤器"按钮和"模型树项"对话框

图 3-31　编辑定义

3.1.5 旋转特征

（1）定义

旋转特征是将草绘截面绕着一条中心轴旋转而成的三维实体特征，具有对称性，可用于创建回转体零件。

（2）创建旋转特征的过程

1）进入工作环境。单击"文件"→"新建"，按照如图 3-32 所示的步骤新建文件。

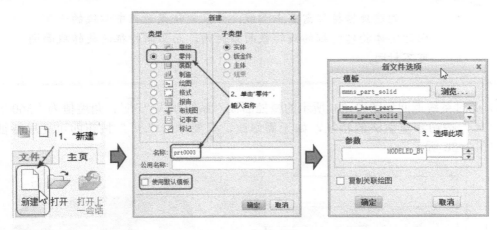

图 3-32　新建文件

2）在"模型"选项卡的"形状"区域中单击" 旋转 "按钮，系统弹出如图 3-33 所示的操控面板。单击"放置"选项卡中的"定义"按钮，弹出"草绘"对话框，如图 3-34 所示，此时系统提示选取一个平面以定义草绘平面，在工作界面移动鼠标，选取 FRONT 基准平面，参考平面和草绘方向采用系统默认，单击"草绘"按钮即可。

图 3-33　操控面板

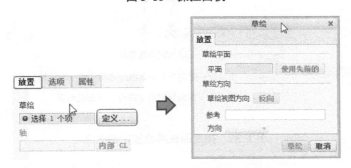

图 3-34　"放置"选项卡和"草绘"对话框

3）进入草绘环境，单击菜单栏中的""按钮，使草绘平面与屏幕平行，便于草绘操作。单击菜单栏中的"┊中心线"按钮，在 FRONT 基准平面的线上绘制一条中心线。单击"□矩形▾"按钮，绘制图形并添加尺寸标注和约束，如图 3-35 所示。单击"✔"按钮，完成截面的创建。

应用·技巧

创建旋转特征需有中心线，并且旋转截面在中心线的一侧，同时实体旋转特征的旋转截面须封闭，而曲面特征的旋转截面则可不封闭。

4）此时系统返回如图 3-33 所示的操控面板，系统默认"┴"，角度值为"360.0"，可单击"👓"按钮预览生成的特征，如无需修改，只要单击"✔"按钮即可完成特征的创建，如图 3-36 所示。

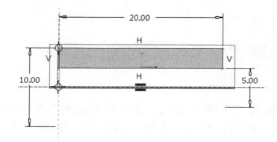

图 3-35　草绘截面

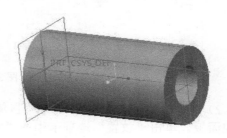

图 3-36　旋转特征

操控面板上其他按钮的含义如图 3-37 所示。

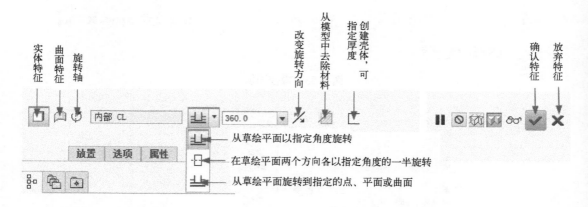

图 3-37　操控面板其他按钮的含义

3.1.6 拉伸特征

（1）定义

拉伸特征是由草绘截面沿一定方向和深度生长而成的三维实体特征，可用于创建具有等截面的零件。

（2）创建拉伸特征过程

1）进入工作环境。单击"文件"→"新建"，按照如图 3-38 所示的步骤新建文件。

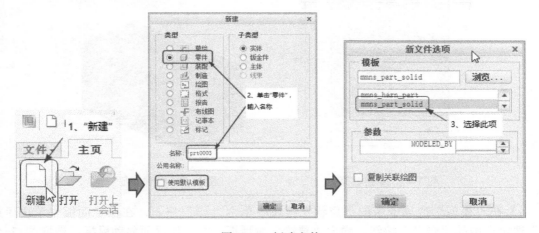

图 3-38　新建文件

2）在"模型"选项卡的"形状"区域中单击" 🗗 "按钮，系统弹出如图 3-39 所示的操控面板。单击"放置"选项卡中的"定义"按钮，弹出"草绘"对话框，如图 3-40 所示，此时系统提示选取一个平面以定义草绘平面，在工作界面移动鼠标指针，选取 FRONT 基准平面，参考平面和草绘方向采用系统默认，单击"草绘"按钮即可。

图 3-39　操控面板

图 3-40　"放置"选项卡和"草绘"对话框

3）进入草绘环境，单击菜单栏中的"⚏"按钮，使草绘平面与屏幕平行以便于草绘操作。单击"□矩形▼"图标，绘制图形，并添加尺寸标注和约束，如图 3-41 所示。单击"✔"按钮，完成截面的创建。

4）此时系统返回如图 3-39 所示的操控面板，系统默认"⚟"，输入深度"20.00"，可单击"∞"按钮预览生成的特征，如无需修改，单击"✔"按钮即可完成特征的创建，如图 3-42 所示。

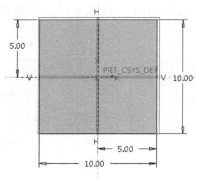

图 3-41 草绘截面

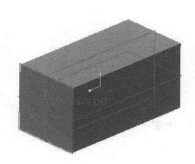

图 3-42 拉伸特征

5）在"模型"选项卡中的"形状"区域中单击"⬠"按钮，在操控面板中单击"放置"选项卡中的"定义"按钮，弹出"草绘"对话框，在工作界面移动鼠标，选取图 3-42 所示模型的前端面为基准平面，参考平面和草绘方向采用系统默认，如图 3-43 所示，单击"草绘"按钮即可。

6）进入草绘环境，单击菜单栏中的"⚏"按钮，使草绘平面与屏幕平行以便于草绘操作。单击"⊙圈▼"按钮，绘制图形并添加尺寸标注，如图 3-44 所示。单击"✔"按钮，完成截面的创建。

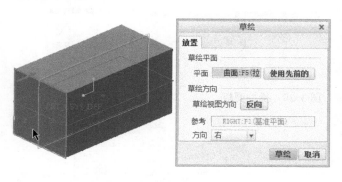

图 3-43 选取基准平面

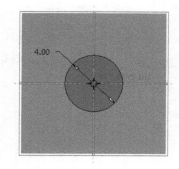

图 3-44 草绘截面

7）此时系统返回如图 3-39 所示的操控面板，单击"⬠"按钮进入去除模式，系统默认"⚟"，输入深度为"20.00"，可单击"∞"按钮预览生成的特征，如无需修改，只要单击"✔"按钮即可完成特征的创建，如图 3-45 所示。

用户也可采取如图 3-46 所示的方法进行去除材料，可去除材料拉伸至底部。

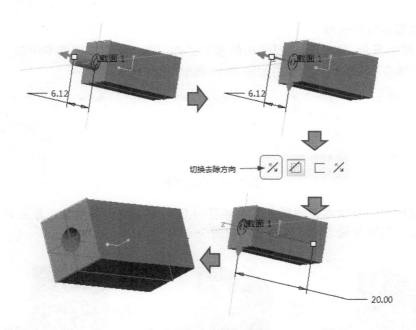

图 3-45　去除材料拉伸特征

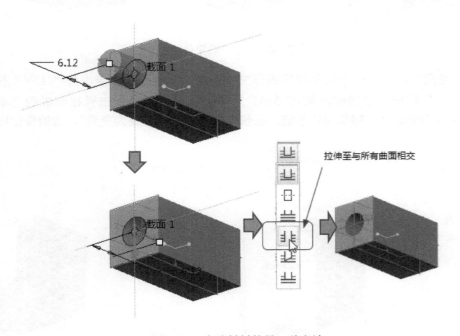

图 3-46　去除材料的另一种方法

3.1.7　圆角特征

（1）定义

圆角特征可分为一般简单圆角、可变圆角、完全圆角。

（2）创建圆角特征过程

1）一般简单圆角。打开一个已生成的模型文件，在"模型"选项卡中的"工程"区域中单击"倒圆角"按钮，系统弹出如图 3-47 所示的操控面板。

图 3-47 操控面板

在操控面板的下拉文本框内输入圆角半径 1.00，单击内侧面的边，最后单击"✔"按钮，即可完成一般简单圆角特征的创建，如图 3-48 所示。

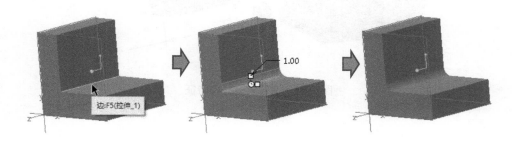

图 3-48 创建一般简单圆角

2）可变圆角。打开一个已生成的模型文件，在"模型"选项卡中的"工程"区域中单击"倒圆角"按钮，系统弹出如图 3-47 所示的操控面板，单击操控面板的"集"选项卡，单击需要倒角的边，接着单击右键，在快捷菜单中选取"成为变量"，边的变化如图 3-49 所示。

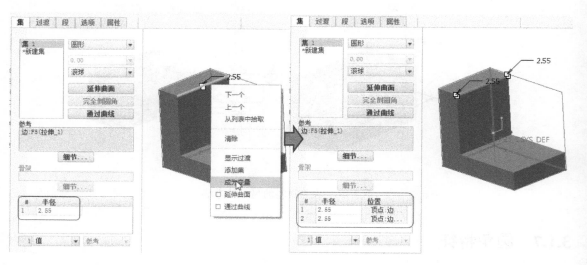

图 3-49 "成为变量"命令

用户可直接在操控面板的"集"选项卡中修改尺寸值，或者双击边的一个尺寸，然后单击"✓"按钮，即可完成可变圆角特征的创建，如图 3-50 所示。

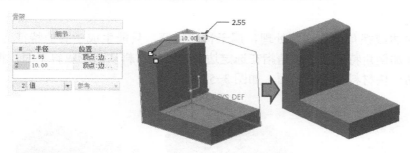

图 3-50　创建可变圆角

若需要设置更多的半径的圆角，可在模型树中已建立的倒圆角中右键单击选择"编辑定义"选项，进入倒圆角的创建界面，在特征的一个半径数值上右键单击，选择"添加半径"选项，然后输入尺寸即可，最后单击"✓"按钮，即可完成多个可变圆角特征的创建，如图 3-51 所示。

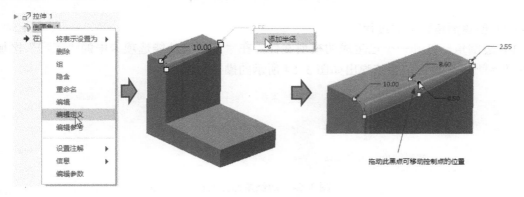

图 3-51　创建多可变圆角

3）完全圆角。打开一个已生成的模型文件，在"模型"选项卡中的"工程"区域中单击"倒圆角▼"图标，系统弹出如图 3-47 所示的操控面板，然后按住〈Ctrl〉键依次单击需要倒角的两条边，接着单击操控面板的"集"选项卡，单击"完全倒圆角"按钮，最后单击"✓"按钮，即可完成完全圆角特征的创建，如图 3-52 所示。

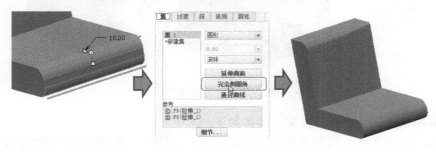

图 3-52　创建完全圆角

3.1.8 倒角特征

（1）定义

倒角指对边或拐角进行切削处理，属于构建特征，只能生成于其他特征之上。Creo 可对边或拐角添加倒角特征，边倒角指在选定边剪切一块材料从而形成斜平面，拐角倒角指在选定拐角剪切一块材料形成斜平面，如图 3-53 所示。

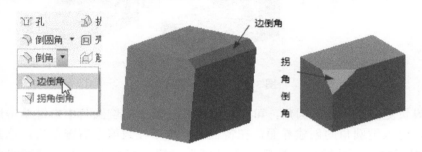

图 3-53　边倒角和拐角倒角

（2）创建倒角特征的过程

1）边倒角。打开一个已生成的模型文件，在"模型"功能选项卡中的"工程"区域中单击" 倒角 "图标，系统弹出如图 3-54 所示的操控面板。

图 3-54　边倒角操控面板

在操控面板中选择"45×D"方案，再单击需要倒角的边，设置边距离为 10.00，最后单击" ✔ "按钮，即可完成边倒角特征的创建，如图 3-55 所示。

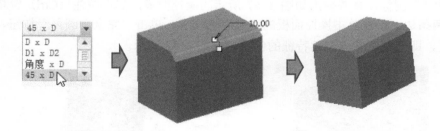

图 3-55　创建边倒角

在 Creo 中创建倒角有 4 种方案，具体如下：

① D×D：创建的倒角的两直角边距离都是 D，通过修改 D 值来控制倒角的大小。

② D1×D2：两直角边距离不相等，通过修改 D1 和 D2 值来控制倒角的大小。

③ 角度×D：倒角在一邻接曲面选定边的距离为 D，并且与曲面成一定夹角，通过修改角度和 D 值来控制倒角的大小。

④ 45×D。创建的倒角与曲面成 45°，边距离为 D，通过修改 D 值控制倒角的大小。

2）拐角倒角。打开一个已生成的模型文件，在"模型"选项卡的"工程"区域中单击" ⌐拐角倒角 "按钮，系统弹出如图 3-56 所示的操控面板。

图 3-56　拐角倒角操控面板

选取一个拐角点，双击各边上的数值进行修改，最后单击"✔"按钮，即可完成拐角倒角特征的创建，如图 3-57 所示。

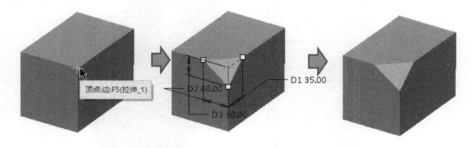

图 3-57　创建拐角倒角

3.1.9　孔特征

（1）定义

孔特征是在模型中绕轴线旋转切削的方法获得的，可分为直孔、草绘孔、标准孔三种类型。

（2）创建孔特征的过程

1）直孔。打开一个已生成的模型文件，在"模型"选项卡的"工程"区域中单击" ⌐孔 "按钮，系统弹出如图 3-58 所示的操控面板。

图 3-58　直孔操控面板

操控面板中的各按钮功能说明见表 3-1。

表 3-1　操控板按钮功能说明

按　钮	功 能 说 明
⊔	创建简单孔
▽	创建标准孔，如螺钉孔
⊔	使用预定义矩形作为钻孔轮廓
∪	使用标准孔轮廓作为钻孔轮廓
▦	创建草绘

　　选择孔类型。此时创建的是直孔特征，系统已默认选择为"简单孔"。

　　定义孔的放置。孔的放置分为放置参考和偏移参考，前者指孔的放置端面，后者指孔在放置端面上的具体位置。单击菜单栏中的"放置"选项卡，在模型上选择放置面，同理选择偏移参考，如图 3-59 所示。

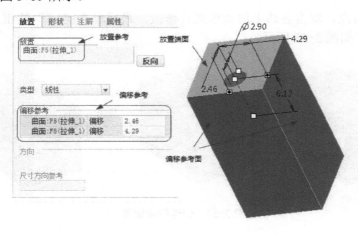

图 3-59　孔的放置

　　定义孔的放置类型。如图 3-60 所示分为线性、径向、直径三种类型，功能说明如下：① 线性：使用两个线性尺寸放置孔；② 径向：使用一个线性尺寸和一个角度放置孔，需选择中心轴和角度参考面；③ 直径：使用一个线性尺寸和一个角度放置孔，需选择中心轴和角度参考面。此处选择线性类型。

　　定义孔的尺寸和深度。在偏移参考中分别输入 3.00、4.00，在操控面板上输入直径5.00；在深度类型中选择"⊥⊥"（穿透），用户也可在模型上直接拖动控制柄或双击尺寸来修改尺寸。最后单击"✓"按钮，即可完成直孔特征的创建，如图 3-61 所示。

　　单击操控面板中的"⊥⊥"下拉菜单即可显示各种"深度"，功能说明见表 3-2。

表 3-2　"深度"类型功能说明

按　钮	功 能 说 明
⊥⊥	从放置参考指定的深度值钻孔
⊟	以指定深度值的一半，在放置参考的每一侧钻孔
⩵	钻孔至下一曲面
⊥⊥	钻孔至与所有曲面相交

（续）

按　　钮	功　能　说　明
	钻孔至与选定的曲面相交
	钻孔至选定的点、曲线、平面或曲面

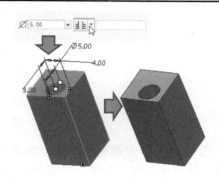

图 3-60　放置类型　　　　　　　　图 3-61　完成直孔特征的创建

2）草绘孔。打开一个已生成的模型文件，在"模型"选项卡的"工程"区域中单击"孔"按钮，在系统弹出的操控面板上单击""按钮，再单击"　激活草绘器以创建截面"按钮，进入草绘环境，绘制草图，如图 3-62 所示。最后单击"✔"按钮，即可完成草图的绘制。

定义孔的放置。单击菜单栏中的"放置"选项卡，在模型上选择放置面，同理选择偏移参考，输入偏移值 3.00、4.00，如图 3-63 所示。

完成草绘孔的创建。单击操控板上的"✔"按钮，即可完成草绘孔特征的创建，如图 3-64 所示。

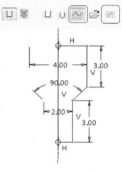

图 3-62　草绘截面

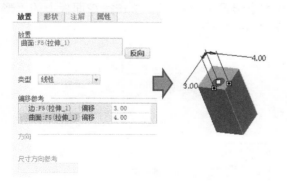
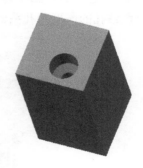

图 3-63　定义孔的放置　　　　　　图 3-64　完成草绘孔特征的创建

3）标准孔。打开一个已生成的模型文件，在"模型"选项卡的"工程"区域中单击"孔"按钮，在系统弹出的操控面板上单击""按钮，如图 3-65 所示。关于螺纹标准系列，系统默认选择 ISO 系列。

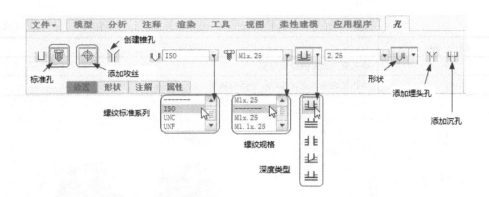

图 3-65　操控面板

定义孔的放置。单击菜单栏中的"放置"选项卡，在模型上选择放置面，同理选择偏移参考，输入偏移值 3.00、4.00，如图 3-66 所示。

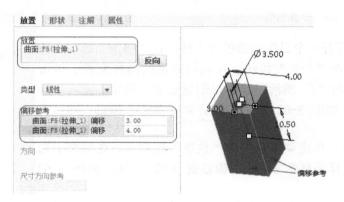

图 3-66　定义孔的放置

在操控面板上选择 ISO 标准，螺孔大小选择"M4×0.5"，单击操控面板上的"形状"选项卡，设置钻孔的深度和孔头的角度，如图 3-67 所示。

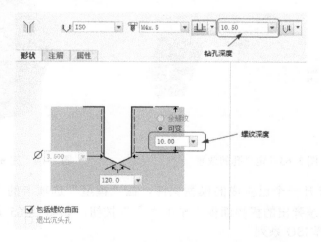

图 3-67　设置钻孔的深度和孔头的角度

完成标准孔的创建。单击操控面板上的"✔"按钮,即可完成标准孔特征的创建,如图 3-68 所示。

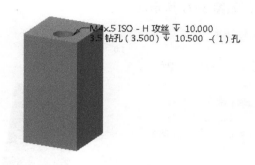

图 3-68　完成标准孔特征的创建

3.1.10　拔模特征

（1）定义

模具制造中要求注塑件和铸件需要有拔模斜面才能顺利把零件从模腔中脱出,其中 Creo 提供了分割拔模特征和不分割拔模特征两种拔模类型。

（2）创建拔模特征过程

1）分割拔模特征。打开一个已生成的模型文件,在"模型"选项卡的"工程"区域中单击" 拔模 "图标,系统弹出如图 3-69 所示的操控面板。

图 3-69　操控面板

选择拔模曲面。拔模曲面指要进行拔模操作的对象曲面。单击操控面板上的"参考"选项卡,由于一次只能选择半个圆柱面,单击选择圆柱面时,需要按〈Ctrl〉键选择整个圆柱面,如图 3-70 所示。

图 3-70　选择拔模曲面

选择拔模枢轴。拔模枢轴指绕其旋转形成拔模斜面的参考，可以是一个平面或者一条曲线。拔模方向指开模方向，一般不需要用户操作。激活操控面板上的拔模枢轴，此时单击选择 Top 面作为拔模枢轴，如图 3-71 所示。

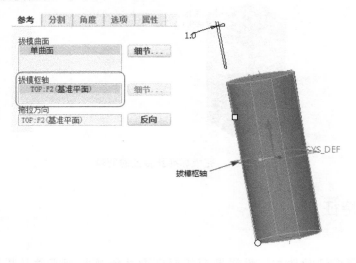

图 3-71　选择拔模枢轴

选择分割选项。单击操控面板上的"分割"选项卡，在"分割选项"下拉菜单中选择"根据拔模枢轴分割"，在"侧选项"下拉菜单中选择"独立拔模侧面"（系统默认），在操控面板中拔模角度输入 10.0、5.0，如图 3-72 所示。

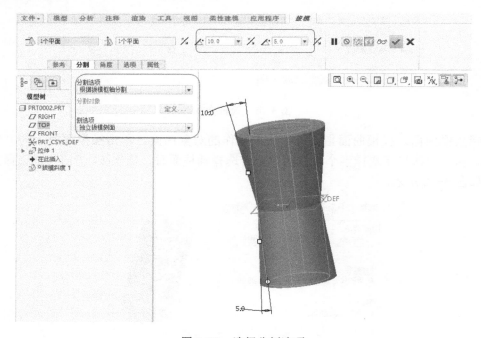

图 3-72　选择分割选项

其中在"分割"选项卡中,"分割选项"下拉菜单中有三种选项,"不分割"指拔模但不分割;"根据拔模枢轴分割"指沿拔模枢轴分割曲面;"根据分割对象分割"指沿不同的线或曲面分割。"侧选项"下拉菜单有四种选项,"独立拔模侧面"指使用唯一的角度向分割的每一侧添加拔模斜度,"从属拔模侧面"指使用相同的角度向分割的每一侧添加拔模斜度,"只拔模第一侧"指只向拔模的第一侧添加拔模斜度,"只拔模第二侧"指只向拔模的第二侧添加拔模斜度,如图 3-73 所示。

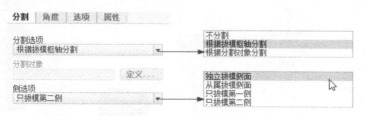

图 3-73 "分割"选项卡

完成分割拔模的创建。单击操控面板上的"✔"按钮,即可完成分割拔模特征的创建,如图 3-74 所示。

2)不分割拔模特征。打开一个已生成的模型文件,在"模型"选项卡的"工程"区域中单击"拔模"图标,系统弹出操控面板。

选择拔模曲面。单击操控板上的"参考"选项卡,由于一次只能选择半个圆柱面,单击选择圆柱面时,需要按〈Ctrl〉键选择整个圆柱面,如图 3-75 所示。

图 3-74 完成分割拔模创建

图 3-75 选择拔模曲面

选择拔模枢轴。激活操控面板上的拔模枢轴,此时单击选择顶面作为拔模枢轴,如图 3-76 所示。

图 3-76 选择拔模枢轴

选择分割选项。单击操控板上的"分割"选项卡，在"分割选项"下拉菜单中选择"不分割"，在操控面板中拔模角度输入 3.0，如图 3-77 所示。

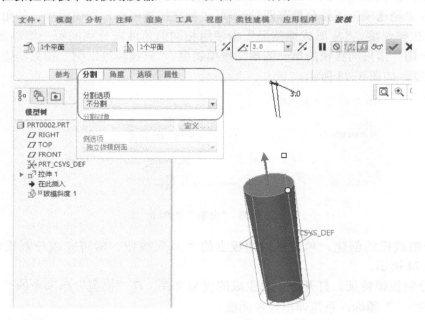

图 3-77　分割选项

完成分割拔模的创建。单击操控板上的"✔"按钮，即可完成分割拔模特征的创建，如图 3-78 所示。

图 3-78　完成不分割拔模创建

3.1.11　抽壳特征

（1）定义

抽壳指通过移除实体的一个或多个表面，抽空内部而保留一定壁厚的操作，设计薄壁类零件时常用此特征。

（2）创建抽壳特征过程

1）相等壁厚特征。打开一个已生成的模型文件，在"模型"选项卡的"工程"区域中单击" 回壳 "按钮，系统弹出如图 3-79 所示的操控面板。

图 3-79　操控面板

选择要去除的表面。移动鼠标进行选取表面，模型如图 3-80 所示产生变化。如果需要选取多个表面，可按住〈Ctrl〉键依次单击。

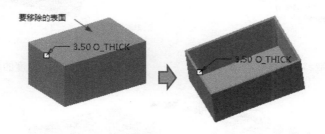

图 3-80　抽壳

定义壁厚。此处选取了 3.50，如果需要修改，可以在操控面板的"厚度"文本框中进行修改。

完成抽壳特征的创建。单击操控面板上的" ✓ "按钮，即可完成抽壳特征的创建，如图 3-81 所示。

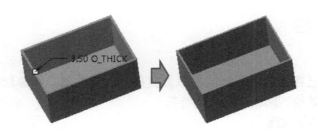

图 3-81　完成抽壳特征的创建

2）不等壁厚特征。打开一个已生成的模型文件，在"模型"功能选项卡的"工程"区域中单击" 回壳 "按钮，系统弹出操控面板。单击操控板上的"参考"选项卡，激活"移除的曲面"收集器，移动鼠标选取需要去除的表面，如图 3-82 所示。

激活"非默认厚度"收集器，按住〈Ctrl〉键依次单击需要不等厚度的壁，在选项卡分别输入数值 2.00，10.00，如图 3-83 所示。

完成抽壳特征的创建。单击操控面板上的" ✓ "按钮，即可完成不等壁厚抽壳特征的创建，如图 3-84 所示。

图 3-82 选取移除表面

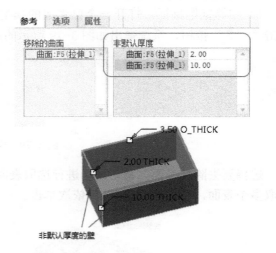

图 3-83 选取不等厚度的壁

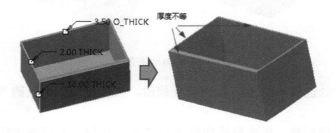

图 3-84 完成不等厚度抽壳特征创建

3.1.12 修饰特征

（1）定义

修饰特征指在已存在的其他特征上添加复杂的几何图形，如螺纹、文字等特征，其中 Creo 提供了螺纹、草绘、凹槽三种修饰特征。

（2）创建修饰特征过程

1）螺纹修饰特征。打开一个已生成的模型文件，在"模型"选项卡中的"工程"区域中单击" ▾ "按钮，系统弹出下拉选项，单击"修饰螺纹"，弹出如图 3-85 所示的操控面板。

选取要修饰的曲面。单击操控面板上的"放置"选项卡，选取要修饰的曲面，如图 3-86 所示。

选取起始面。单击操控板上的"深度"，选取起始面，如图 3-87 所示。

定义参数。在操控面板上的" ∅ "文本框中输入小径 45.0，在" ⫯ "文本框中输入节距 1.5，在" ⫯ "文本框中输入螺纹深 120.0。

编辑属性。单击操控面板中的"属性"选项卡，系统弹出如图 3-88 所示的界面。用户可在此进行螺纹参数的设置，并且可以保存为文件以便调用。

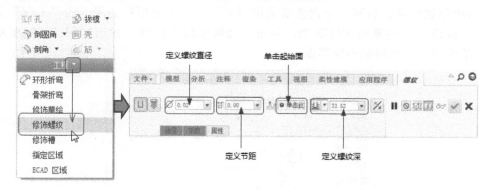

图 3-85　螺纹修饰操控面板

图 3-86　选取修饰面

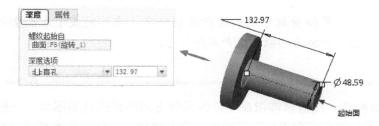

图 3-87　选取起始面

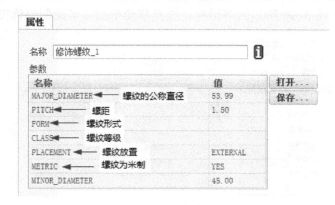

图 3-88　"属性"界面

完成螺纹修饰特征的创建。单击操控面板上的"✓"按钮，即可完成螺纹修饰特征的创建。

2）草绘修饰特征。打开一个已生成的模型文件，在"模型"选项卡的"工程"区域中单击"▾"按钮，系统弹出下拉选项，单击"修饰草绘"选项，弹出如图 3-89 所示对话框，选择草绘平面即可绘制修饰草图。

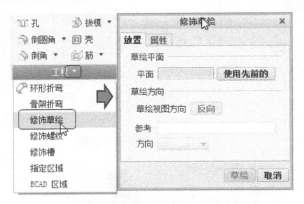

图 3-89 "修饰草绘"对话框

应用·技巧

草绘特征可用来进行绘制一些在零件的某个表面上的特殊标记，如公司的徽章或产品序列号。

3）凹槽修饰特征。凹槽修饰指在零件表面以下凹的形式绘制图形，一般先在选定的表面上绘制草图，再投影到表面形成下凹图形，没有深度。具体方法为打开一个已生成的模型文件，在"模型"选项卡的"工程"区域中单击"▾"按钮，系统弹出下拉选项，单击"修饰槽"选项，弹出如图 3-90 所示的对话框，选择草绘平面即可绘制修饰凹槽。

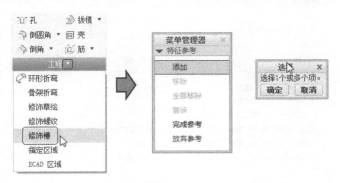

图 3-90 凹槽修饰特征对话框

3.1.13 筋（肋）特征

（1）定义

筋（肋）是一种加强强度的结构，用来加固零件，提高抗弯强度。Creo 中可以通过轮廓筋和轨迹筋两种方法来创建特征。

（2）创建筋（肋）特征过程

1）轮廓筋特征。打开一个已生成的模型文件，在"模型"选项卡的"工程"区域中单击" 筋 ▼ "中的" ▼ "按钮，系统弹出下拉选项，单击"轮廓筋"选项，弹出如图 3-91 所示的操控面板。

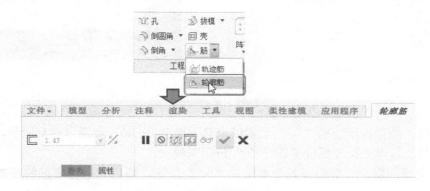

图 3-91 轮廓筋操控面板

选取参考平面。单击操控面板上的"参考"选项卡，单击"定义"按钮，系统弹出如图 3-92 所示的对话框，选取草绘平面和参考平面。

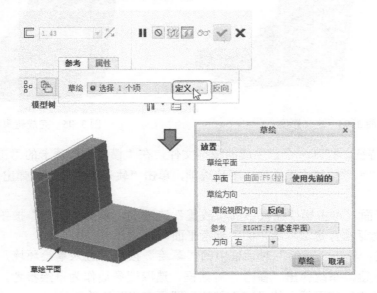

图 3-92 选取草绘平面和参考平面

草绘的创建。单击图 3-92 所示"草绘"对话框中的"草绘"按钮，进入草绘环境，然后单击菜单栏中的"⊡"按钮，系统弹出"参考"对话框，选取两条边作为草绘参考，绘制草图，如图 3-93 所示，单击操控面板上的"✔"按钮，即可完成草绘的创建。

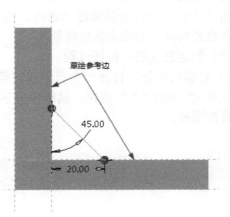

图 3-93　草绘的创建

定义厚度。在操控面板的"⊏"文本框中输入厚度 50.00，如图 3-94 所示。如果方向与图示中相反，可单击操控面板中的"✕"按钮来解决。

完成轮廓筋的创建。单击操控面板上的"✔"按钮，即可完成轮廓筋特征的创建，如图 3-95 所示。

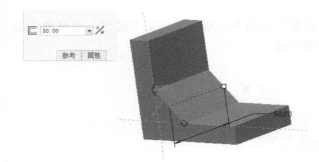

图 3-94　定义厚度　　　　　　　　　图 3-95　完成轮廓筋的创建

2）轨迹筋特征。打开一个已生成的模型文件，在"模型"选项卡的"工程"区域中单击"▨筋▾"的"▾"按钮，系统弹出下拉选项，单击"轨迹筋"选项，弹出如图 3-96 所示的操控面板。

选取草绘平面。单击操控面板中的"放置"选项卡，单击"定义"按钮，系统弹出如图 3-97 所示的对话框，选取草绘平面和参考平面。

草绘的创建。单击"草绘"对话框中的"草绘"按钮，进入草绘环境，然后单击菜单栏中的"⊡"按钮，系统弹出"参考"对话框，选取四条边作为草绘参考，绘制草图，如图 3-98 所示，单击操控面板上的"✔"按钮，即可完成草绘的创建。

定义厚度。在操控面板的"╫"文本框中输入厚度 4.00，如图 3-99 所示。如果方向与图示中相反，可单击箭头的方向来修改。

图 3-96　轨迹筋操控面板

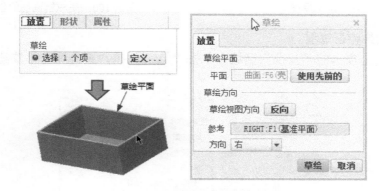

图 3-97　选取草绘平面和参考平面

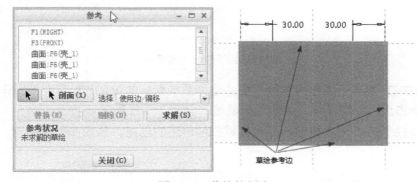

图 3-98　草绘的创建

　　完成轨迹筋的创建。单击操控面板上的"✓"按钮，即可完成轨迹筋特征的创建，如图 3-100 所示。

3.1.14　扫描特征

（1）定义

扫描特征指将一个草绘截面沿指定的轨迹线"掠过"而形成的特征。创建过程是先绘制一条扫描轨迹，再建立扫描截面。

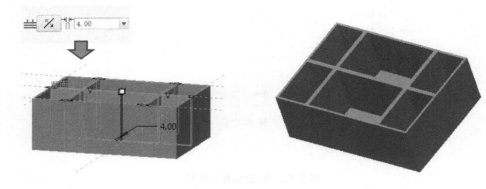

图 3-99 定义厚度   图 3-100 完成轨迹筋的创建

（2）创建扫描特征过程

在"模型"选项卡的"基准"区域中单击"〜"按钮，系统弹出"草绘"对话框，如图 3-101 所示。

图 3-101 "草绘"对话框

选取 FRONT 基准平面作为草绘平面，选择系统默认的 RIGHT 基准平面作为参考面，方向向右，单击进入草绘环境。绘制扫描轨迹，如图 3-102 所示。

单击菜单栏上的"✓"按钮，即可完成扫描轨迹的创建，如图 3-103 所示。

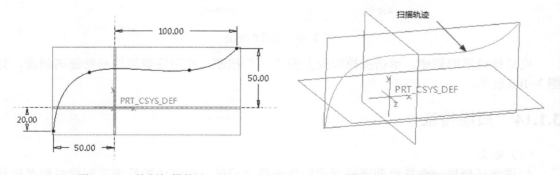

图 3-102 绘制扫描轨迹   图 3-103 扫描轨迹的创建

在"模型"选项卡的"形状"区域中单击"扫描"按钮，系统弹出"扫描"操控面板，扫描轨迹随即发生变化，如图 3-104 所示。

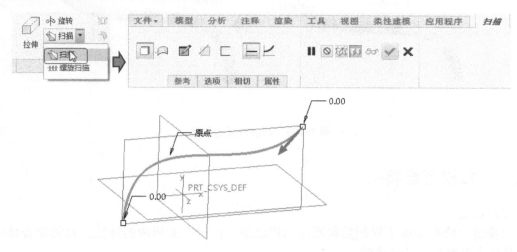

图 3-104 "扫描"操控面板

在操控面板上单击"📝"按钮，系统进入草绘环境，绘制扫描截面直径为 10 的圆，如图 3-105 所示，单击菜单栏上的"✔"按钮，即可完成扫描截面的创建。

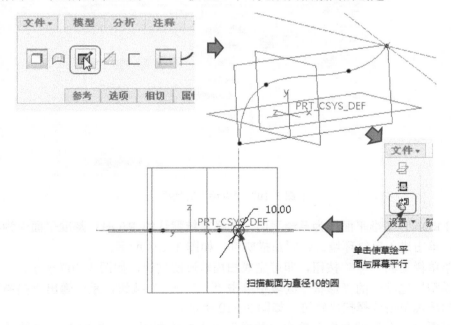

图 3-105 扫描截面的创建

单击操控面板上的"✔"按钮，即可完成扫描特征的创建，如图 3-106 所示。

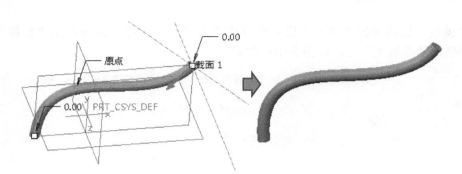

图 3-106　扫描特征的创建

3.1.15　扫描混合特征

（1）定义

扫描混合特征指将不同扫描截面沿扫描轨迹"掠过"而形成的特征。扫描混合特征至少需要两个截面和一条轨迹线。

（2）创建扫描混合特征过程

在"模型"选项卡的"基准"区域中单击"⌇"按钮，系统弹出草绘对话框，如图 3-107所示。

图 3-107　"草绘"对话框

选取 FRONT 基准平面作为草绘平面，选择系统默认的 RIGHT 基准平面作为参考面，方向向右，单击进入草绘环境。绘制扫描轨迹，如图 3-108 所示。

单击菜单栏上的"✔"按钮，即可完成扫描轨迹的创建，如图 3-109 所示。

在"模型"选项卡的"形状"区域中单击"⬚ 扫描混合"按钮，系统弹出"扫描"操控面板，在建模环境单击选择扫描轨迹，如图 3-110 所示。

创建截面 1。在操控面板上单击"截面"→"草绘截面"→"草绘"，系统进入草绘环境，绘制草绘截面 1，如图 3-111 所示，单击菜单栏上的"✔"按钮，即可完成扫描截面的创建。

创建截面 2。在操控面板上单击"截面"→"草绘截面"→"插入"→"草绘"，系统进入草绘环境，绘制草绘截面 2，如图 3-112 所示，单击菜单栏上的"✔"按钮，即可完成扫描截面的创建。

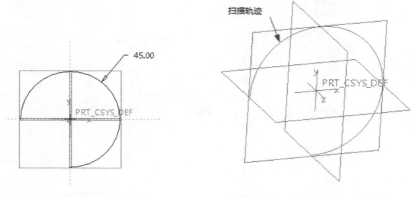

图 3-108　绘制扫描轨迹　　　　　图 3-109　扫描轨迹的创建

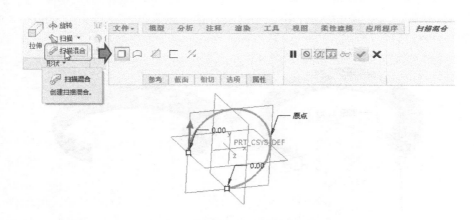

图 3-110　"扫描"操控面板

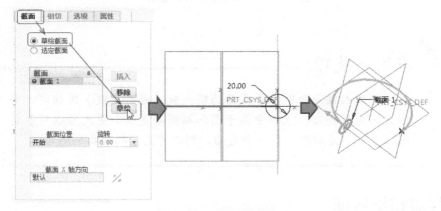

图 3-111　绘制草绘截面 1

单击操控面板上的"✔"按钮，即可完成扫描特征的创建，如图 3-113 所示。

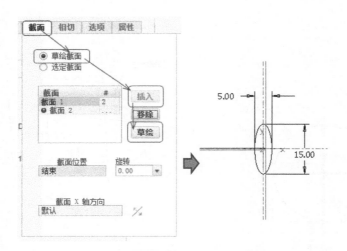

图 3-112 绘制草绘截面 2

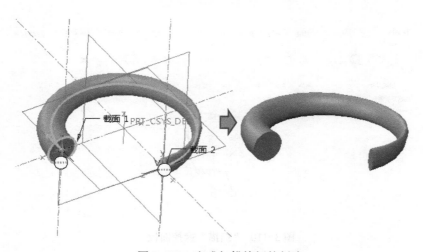

图 3-113 完成扫描特征的创建

应用·技巧

　　创建扫描混合时，各截面的顶点数（或图元数）需相同，否则无法生成特征。上例中由于圆和椭圆都是一个图元所以符合要求，若一个是矩形，另一个是圆，则需将圆分割成四个图元。

3.1.16　螺旋扫描特征

（1）定义

螺旋扫描特征指将一个截面沿螺旋线"掠过"而形成的特征。常用来创建弹簧、蜗杆等零件。

（2）创建螺旋扫描特征过程

在"模型"选项卡的"形状"区域中单击"⚹扫描 ▼"下拉列表中的"螺旋扫描"按钮，系统弹出扫描操控面板，如图 3-114 所示。

图 3-114　扫描操控面板

单击操控面板中的"参考"→"定义"，系统弹出"草绘"对话框，如图 3-115 所示。

图 3-115　"草绘"对话框

选取 FRONT 基准平面作为草绘平面，选择系统默认的 RIGHT 基准平面作为参考面，方向向右，单击进入草绘环境。绘制螺旋扫描轨迹，如图 3-116 所示。单击菜单栏上的"✔"按钮，即可完成螺旋扫描轨迹的创建，退出草绘环境。

在操控面板的"⚹ 10.00 ▼"文本框中输入 10.00，然后单击"☑"按钮，系统进入草绘环境，绘制截面直径为 6 的圆，如图 3-117 所示，单击菜单栏上的"✔"按钮，即可完成截面的创建。

图 3-116　绘制螺旋扫描轨迹　　　　图 3-117　创建截面

单击操控面板上的"✔"按钮，即可完成螺旋扫描特征的创建，如图 3-118 所示。

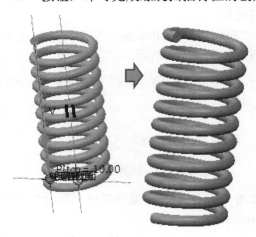

图 3-118 完成螺旋扫描特征创建

3.2 实例·知识点——座体

本节以如图 3-119 所示的座体模型作为例子来讲解创建三维实体的方法。

图 3-119 座体模型

思路·点拨

图 3-119 所示的座体模型主要由拉伸、阵列、倒角等特征构成，绘制过程如下：第一步拉伸圆体，第二步阵列耳部，第三步添加倒圆角。绘制流程如图 3-120 所示。

【光盘文件】

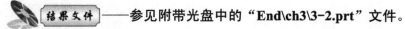

结果文件——参见附带光盘中的"End\ch3\3-2.prt"文件。

动画演示——参见附带光盘中的"AVI\ch3\3-2.avi"文件。

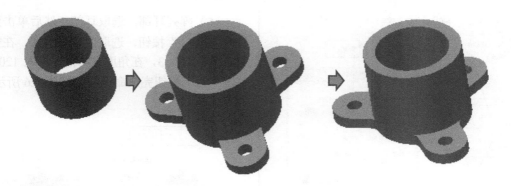

图 3-120　绘制流程

【操作步骤】

（1）设置工作目录。单击"主页"→"选择工作目录"，系统弹出"选择工作目录"对话框，选择"G:\End\ch3"，单击"确定"按钮即可，如图 3-121 所示。

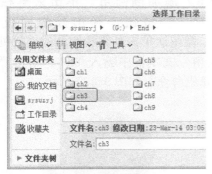

图 3-121　设置工作目录

（2）单击菜单栏中的"文件"→"新建"；或者在快速访问工具栏中单击"□"按钮。弹出"新建"对话框，选择"零件"类型，取消勾选"使用默认模板"，选择"mmns_part_solid"模板，单击"确定"按钮进入建模环境，如图 3-122 所示。

（3）拉伸圆体。在"模型"选项卡的"形状"区域中单击"□"按钮，系统弹出操控面板，单击"放置"选项卡中的"草绘定义"，弹出"草绘"对话框，选择 TOP 作为草绘平面，如图 3-123 所示。

进入草绘环境，单击"┆中心线▾"按钮绘制两条中心线，单击"△线▾"按钮绘制

草图，单击"✓"按钮返回操控面板，拉伸类型选择"⬝"，在深度文本框中输入 70.00，单击"✓"按钮完成命令，如图 3-124 所示。

图 3-122　新建文件

（4）拉伸耳部。在"模型"选项卡的"形状"区域中单击"□"按钮，系统弹出"草绘"操控面板，单击"放置"选项卡中的"草绘定义"，弹出"草绘"对话框，选择 TOP 作为草绘平面，进入草绘环境，单击"┆中心线▾"按钮绘制一条中心线，单击"○圆▾"、"△线▾"按钮绘制草图，单击"✓"按钮返回操控面板，拉伸类型选择"⬝"，在深度文本框中输入 10.00，单击"✓"按钮完成命令，如图 3-125 所示。

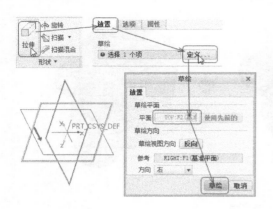

图 3-123 "草绘"对话框

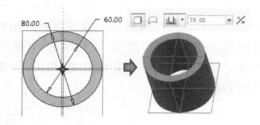

图 3-124 拉伸圆体

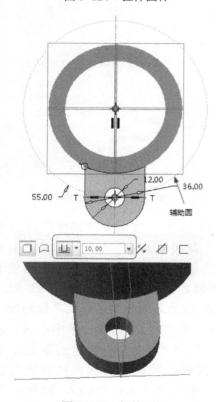

图 3-125 拉伸耳部

（5）阵列耳部。选取耳部，然后单击菜单栏中的"⊞"按钮，选取"轴"方式，在数量文本框中输入 3，在角度文本框中输入 120.0，单击"✓"按钮完成命令，如图 3-126 所示。

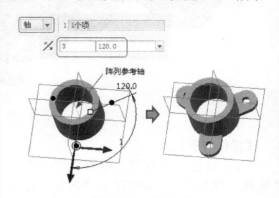

图 3-126 阵列耳部

（6）添加倒圆角。单击菜单栏中的"⌒倒圆角▾"按钮，弹出操控面板，按〈Ctrl〉键依次单击耳部和圆体的连接处，在"圆角值"文本框中输入 8.00，单击"✓"按钮完成命令，如图 3-127 所示。

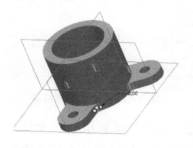

图 3-127 添加倒圆角

（7）单击"✓"按钮完成命令，座体的完整模型如图 3-128 所示。

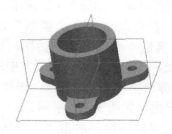

图 3-128 座体模型

3.2.1 复制实体特征

（1）定义

复制实体指创建一个或多个与现有的特征相同或相似的副本。Creo 中复制实体方式有镜像复制、平移复制、旋转复制和参考复制四种。

（2）创建复制实体特征过程

1）镜像复制。打开一个已生成的模型文件，选取需要镜像的特征或在模型树中选取特征，然后在"模型"选项卡的"编辑"区域中单击"$\bowtie$镜像"按钮，系统弹出如图 3-129 所示的操控面板。

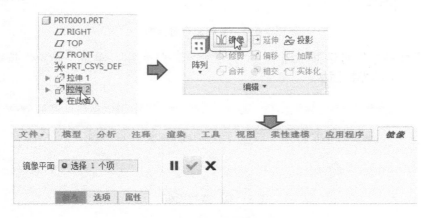

图 3-129 镜像复制操控面板

在操控面板上单击"参考"选项卡，在模型上单击并选择 RIGHT 平面作为镜像中心平面，然后单击操控面板上的"$\checkmark$"按钮，即可完成镜像平面特征的创建，如图 3-130 所示。

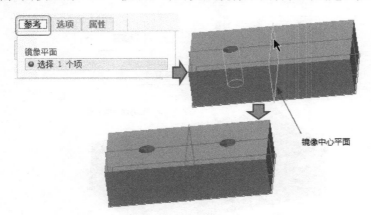

图 3-130 完成镜像平面特征的创建

2）平移复制。打开一个已生成的模型文件，选取需要平移的特征或在模型树中选取特征，然后在"模型"选项卡的"操作"区域中单击"🖻复制"按钮，然后单击"🖻粘贴 ▾"下拉菜单中的"🖻选择性粘贴"按钮，系统弹出"选择性粘贴"对话框，如图 3-131 所示。

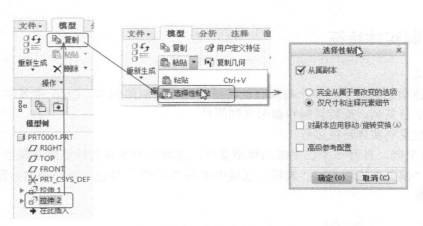

图 3-131　复制命令对话框

在"选择性粘贴"对话框中选中"☑ 对副本应用移动/旋转变换(A)"，单击"确定"按钮，系统弹出如图 3-132 所示的操控面板。

图 3-132　操控面板

在操控面板上单击"变换"选项卡，在模型上单击并选择 RIGHT 平面作为平移方向参考，在选项卡的移动文本框中输入 100.00，如图 3-133 所示。

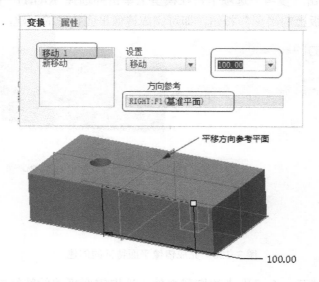

图 3-133　移动操作

单击操控面板上的"✔"按钮，即可完成平移复制特征的创建，如图 3-134 所示。

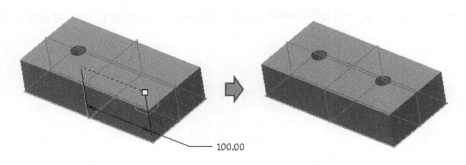

图 3-134　完成平移复制特征的创建

3）旋转复制。打开一个已生成的模型文件，选取需要旋转复制的特征或在模型树选取特征，然后在"模型"选项卡中的"操作"区域中单击" 复制 "按钮，然后单击" 粘贴 "下拉菜单的" 选择性粘贴 "按钮，系统弹出"选择性粘贴"对话框，如图 3-135 所示。

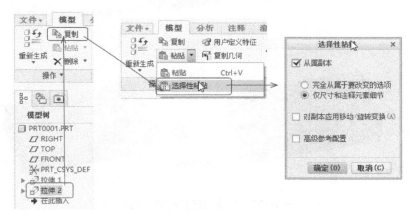

图 3-135　"选择性粘贴"对话框

在"选择性粘贴"对话框中选中" 对副本应用移动/旋转变换(A) "，单击"确定"按钮，系统弹出如图 3-136 所示的操控面板。

图 3-136　操控面板

在操控面板上单击" "按钮，然后单击"变换"选项卡，在模型上单击选择一边作为旋转方向参考，在选项卡的旋转文本框中输入角度值 10.0，如图 3-137 所示。

单击操控面板上的" ✓ "按钮，即可完成旋转复制特征的创建，如图 3-138 所示。

4）参考复制。打开一个已生成的模型文件，选取需要参考复制的特征或在模型树中选取特征，然后在"模型"选项卡的"操作"区域中单击" 复制 "按钮，然后单击

"▢ 粘贴 ▼"下拉列表中的"▢ 选择性粘贴"按钮，系统弹出"选择性粘贴"对话框，如图 3-139 所示。

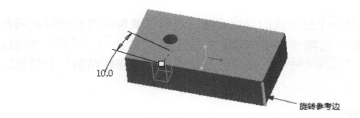

图 3-137　旋转操作对话框

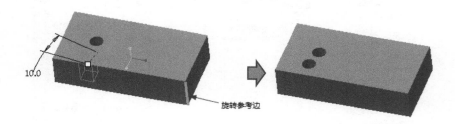

图 3-138　完成旋转复制特征创建

图 3-139　"选择性粘贴"对话框

在"选择性粘贴"对话框中选中"☑高级参考配置"，单击"确定"按钮，系统弹出如图 3-140 所示的对话框。

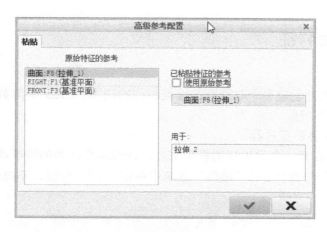

图 3-140 "高级参考配置"对话框

在对话框上依次单击"曲面:F5(拉伸_1)"选项，选择参考面 1；单击"RIGHT:F1(基准平面)"选项，选择参考面 2；单击"FRONT:F3(基准平面)"选项，选择参考面 3，单击对话框上的"✔"按钮，弹出"预览"对话框，如图 3-141 所示。

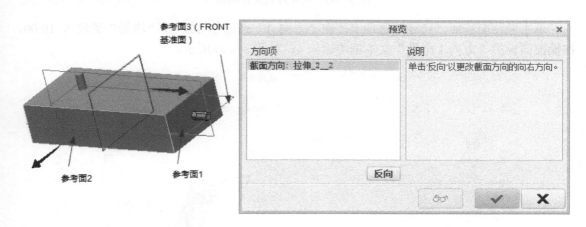

图 3-141 "预览"对话框

单击"预览"对话框上的"✔"按钮，即可完成参考复制特征的创建，如图 3-142 所示。

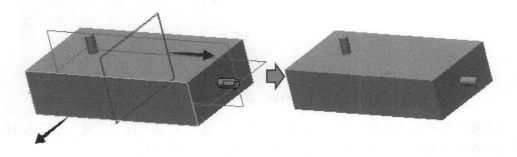

图 3-142 完成参考复制特征创建

3.2.2　阵列实体特征

（1）定义

阵列实体指一次性创建多个与现有的特征相同的副本。Creo 中阵列方式有尺寸阵列、方向阵列和环形阵列三种。

（2）创建阵列实体特征过程

1）尺寸阵列。打开一个已生成的模型文件，选取需要阵列的特征或在模型树中选取特征，然后在"模型"选项卡中的"编辑"区域中单击"⊞"按钮，系统弹出如图 3-143 所示的操控面板。

图 3-143　尺寸阵列操控面板

单击操控面板的"尺寸"选项卡，在"方向 1"选尺寸 10，在"增量"处输入 10.00，在操控面板的"方向 1 个数"文本框中输入 4，如图 3-144 所示。

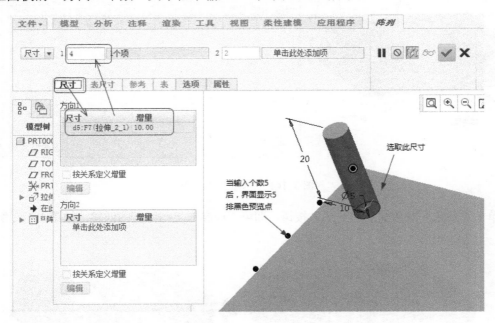

图 3-144　阵列方向 1

单击操控面板的"尺寸"选项卡，在"方向 2"选尺寸 10，在"增量"处输入 10.00，在操控面板的"方向 2 个数"文本框中输入 5，如图 3-145 所示。

单击操控面板上的"✓"按钮，即可完成阵列特征的创建，如图 3-146 所示。

2）方向阵列。打开一个已生成的模型文件，选取需要阵列的特征或在模型树中选取特征，然后在"模型"选项卡中的"编辑"区域中单击"⊞"按钮，选择"方向"阵列，系统弹出如图 3-147 所示的操控面板。

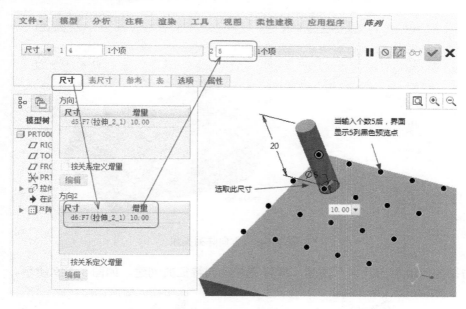

图 3-145　阵列方向 2

图 3-146　完成阵列特征的创建

图 3-147　方向阵列操控面板

在操控面板单击"方向 1"收集器，然后工作界面选取 1 条边，个数输入 4，距离文本框输入 10.00；在操控面板单击"方向 2"收集器，然后工作界面选取 1 条边，个数输入

5，距离文本框输入 20.00，如图 3-148 所示。

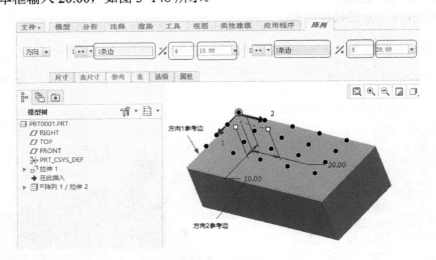

图 3-148　方向阵列操作

单击操控面板上的"✓"按钮，即可完成阵列特征的创建，如图 3-149 所示。

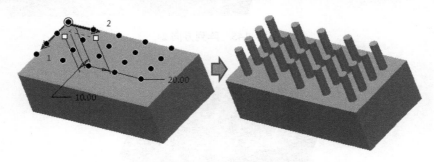

图 3-149　完成阵列特征的创建

3）环形阵列。打开一个已生成的模型文件，选取需要阵列的特征或在模型树中选取特征，然后在"模型"选项卡中的"编辑"区域中单击"▦"按钮，选择"轴"阵列，系统弹出如图 3-150 所示的操控面板。

图 3-150　环形阵列操控面板

在操控面板上单击"轴"收集器，在工作界面选取中心轴，个数输入 5，角度文本框输入 72.0，如图 3-151 所示。

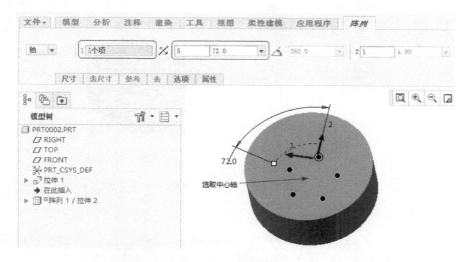

图 3-151　轴阵列操作

单击操控面板上的"✔"按钮，即可完成阵列特征的创建，如图 3-152 所示。

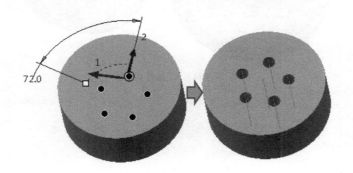

图 3-152　完成阵列特征的创建

3.2.3　修改实体特征

（1）定义

修改实体特征指在设计过程中，用户需要修改特征的尺寸或设计的操作。

（2）修改实体特征过程

打开一个已生成的模型文件，在模型树中选取需要修改的特征，右键单击，在弹出的快捷菜单中选择"编辑"命令，如图 3-153 所示。

在角度值文本框中输入 60，单击菜单栏上的"⊹"按钮重新生成，如图 3-154 所示。

用户也可以右键单击选择"编辑定义"选项，系统弹出相应的特征操控面板，在上面可进行相应的重新定义，如图 3-155 所示。

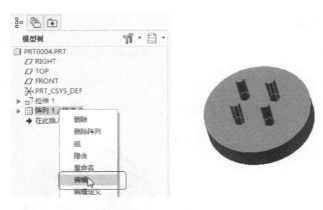

图 3-153 "编辑"命令

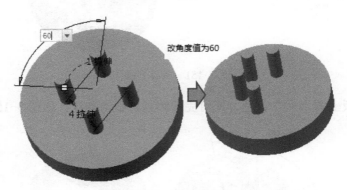

图 3-154 修改角度值

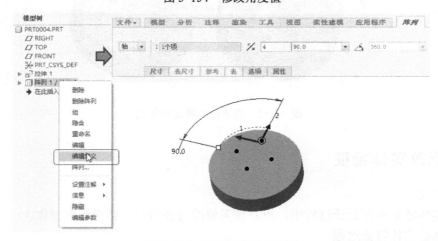

图 3-155 编辑定义操控面板

3.2.4 组合实体特征

（1）定义

在阵列操作时，如果需要同时对多个特征阵列时，可把多个特征组合成一个组再进行阵列操作。

（2）组合实体特征过程

打开一个已生成的模型文件，在模型树中选取需要同时阵列的特征，在此过程选择拉伸 2 和倒圆角 1 特征，右键单击，在弹出的快捷菜单中选择"组"，如图 3-156 所示。

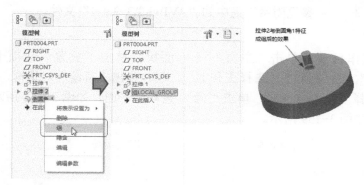

图 3-156　成组操作

3.3　实例·知识点——创建基准面和基准曲线

本节以图 3-157 所示的座体模型作为例子来讲解创建三维实体的方法。

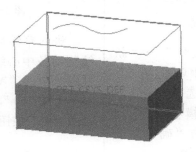

图 3-157　座体模型

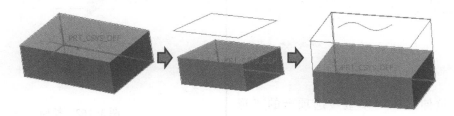

思路·点拨

图 3-157 所示的模型主要由拉伸、基准面、基准曲线等特征构成，绘制过程如下：第一步拉伸，第二步创建基准面，第三步创建基准曲线。绘制流程如图 3-158 所示。

图 3-158　绘制流程

【光盘文件】

 参见附带光盘中的"End\ch3\3-3.prt"文件。

参见附带光盘中的"AVI\ch3\3-3.avi"文件。

【操作步骤】

（1）设置工作目录。单击"主页"→"选择工作目录"，系统弹出"选择工作目录"对话框，选择"G:\End\ch3"，单击"确定"按钮即可，如图 3-159 所示。

图 3-159　设置工作目录

（2）单击菜单栏中的"文件"→"新建"，或者在快速访问工具栏中单击"□"按钮。弹出"新建"对话框，选择"零件"类型，取消勾选"使用默认模板"，选择"mmns_part_solid"模板，单击"确定"按钮进入建模环境，如图 3-160 所示。

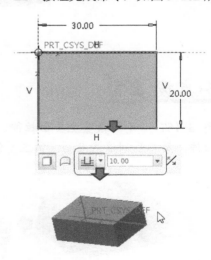

图 3-160　新建文件

（3）拉伸。在"模型"选项卡的"形状"区域中单击"☐"按钮，系统弹出操控

面板，单击"放置"选项卡中的"草绘定义"，弹出"草绘"对话框，选择 TOP 面作为草绘平面，如图 3-161 所示。

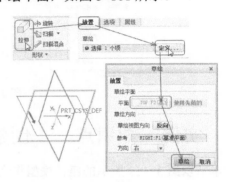

图 3-161　"草绘"对话框

进入草绘环境，单击"︙中心线 ▼"按钮绘制两条中心线，单击"╲线 ▼"按钮绘制草图，单击"✓"按钮返回操控面板，拉伸类型选择"⬒"，在深度文本框中输入 10.00，单击"✓"按钮完成命令，如图 3-162 所示。

图 3-162　拉伸

（4）基准平面。单击菜单栏中的"▱平面"按钮，弹出"基准平面"对话框，选取模型的顶面，选择"偏移"方式，在"偏移"文本框中输入 10.00，单击"确定"按钮完成命令，如图 3-163 所示。

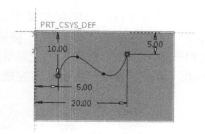

图 3-164　基准曲线

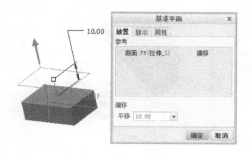

图 3-163　基准平面

（5）基准曲面。在"模型"选项卡的"基准"区域中单击"∿草绘"按钮，弹出"草绘"对话框，选择顶面作为草绘平面，单击"确定"按钮进入草绘环境，单击"∿样条"按钮，在草绘平面上绘制一条基准曲线，如图 3-164 所示。

（6）单击"✔"按钮完成命令，座体的完整模型如图 3-165 所示。

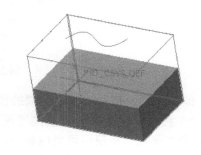

图 3-165　完整模型

3.3.1　基准平面

（1）定义

基准平面指参考平面，可用作特征的草绘平面、放置平面及参考平面。在 Creo 中有穿过、偏移、平行、法向及相切 5 种创建方式。

（2）创建基准平面过程

1）穿过方式。打开一个已生成的模型文件，在"模型"选项卡的"基准"区域中单击"▱平面"按钮，系统弹出"基准平面"对话框，按〈Ctrl〉键选择两条边，单击"确定"按钮即可完成命令，如图 3-166 所示。

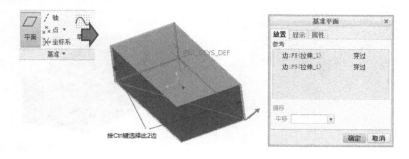

图 3-166　穿过方式

穿过方式也可以用来创建角度平面。打开一个已生成的模型文件，在"模型"选项卡的"基准"区域中单击"□平面"按钮，系统弹出"基准平面"对话框，按〈Ctrl〉键选取一个面和一条边，在"参考"下拉菜单中分别选择偏移和穿过，在"偏移"文本框中输入角度值45.0，单击"确定"按钮即可完成命令，如图 3-167 所示。

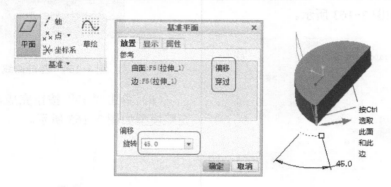

图 3-167　穿过方式 2

2）偏移方式。打开一个已生成的模型文件，在"模型"选项卡的"基准"区域中单击"□平面"按钮，系统弹出"基准平面"对话框，选择一个面，在"偏移"文本框中输入 5.00，单击"确定"按钮即可完成命令，如图 3-168 所示。

图 3-168　偏移方式

3）平行方式。打开一个已生成的模型文件，在"模型"选项卡的"基准"区域中单击"□平面"按钮，系统弹出"基准平面"对话框，按〈Ctrl〉键依次选择一个面和一个点，在"参考"下拉菜单分别选择平行和穿过，单击"确定"按钮即可完成命令，如图 3-169 所示。

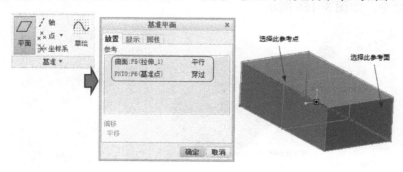

图 3-169　平行方式

4）法向方式。打开一个已生成的模型文件，在"模型"选项卡的"基准"区域中单击"□平面"按钮，系统弹出"基准平面"对话框，按〈Ctrl〉键依次选择一个面和两个点，在"参考"下拉菜单中分别选择法向、穿过和穿过，单击"确定"按钮即可完成命令，如图 3-170 所示。

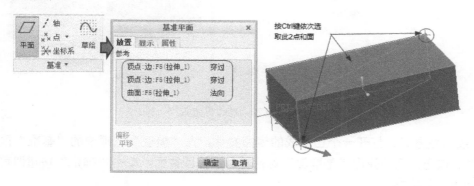

图 3-170　法向方式

5）相切方式。打开一个已生成的模型文件，在"模型"选项卡的"基准"区域中单击"□平面"按钮，系统弹出"基准平面"对话框，选择圆柱面，在"参考"下拉菜单中选择相切，单击"确定"按钮即可完成命令，如图 3-171 所示。

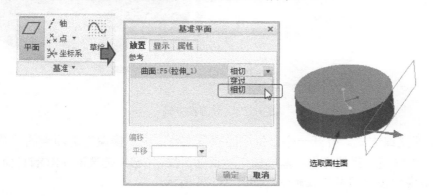

图 3-171　相切方式

3.3.2　基准轴

（1）定义

基准轴指参考轴，可由模型的边、两面的交线或两点来创建，当拉伸产生圆柱、孔等时，系统会自动产生一个基准轴。Creo 依次自动命名为 A_1、A_2……等文件名。

（2）创建基准轴过程

1）过边界方式。打开一个已生成的模型文件，在"模型"选项卡的"基准"区域中单击"／轴"按钮，系统弹出"基准轴"对话框，选择一条边，单击"确定"按钮即可完成命令，如图 3-172 所示。

图 3-172　过边界方式

2）过圆柱方式。打开一个已生成的模型文件，在"模型"选项卡的"基准"区域中单击"　／轴"按钮，系统弹出"基准轴"对话框，选择圆柱面，单击"确定"按钮即可完成命令，如图 3-173 所示。

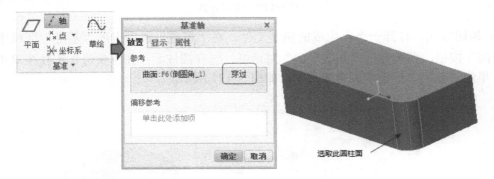

图 3-173　过圆柱方式

3）两平面交线方式。打开一个已生成的模型文件，在"模型"选项卡的"基准"区域中单击"　／轴"按钮，系统弹出"基准轴"对话框，按〈Ctrl〉键选取 FRONT 面和 RIGHT 面，单击"确定"按钮即可完成命令，如图 3-174 所示。

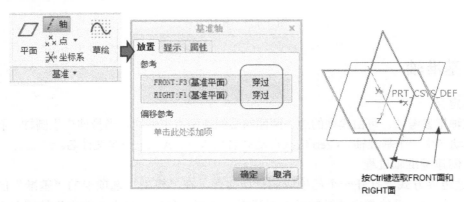

图 3-174　两平面交线方式

4）两点方式。打开一个已生成的模型文件，在"模型"选项卡的"基准"区域中单击"／轴"按钮，系统弹出"基准轴"对话框，按〈Ctrl〉键选取两点，单击"确定"按钮即可完成命令，如图 3-175 所示。

图 3-175　两点方式

5）垂直平面方式。打开一个已生成的模型文件，在"模型"选项卡的"基准"区域中单击"／轴"按钮，系统弹出"基准轴"对话框，按〈Ctrl〉键选取一点和一面，单击"确定"按钮即可完成命令，如图 3-176 所示。

图 3-176　垂直平面方式

3.3.3　基准点

（1）定义

基准点主要用来定位，辅助创建其他特征，可在基准点放置轴、孔和基准平面等，Creo 中将基准点显示为叉号"×"。

（2）创建基准点过程

1）利用点工具创建。打开一个已生成的模型文件，在"模型"选项卡的"基准"区域中单击"×× 点 ▼"按钮，系统弹出"基准点"对话框，选取一面，然后单击"偏移参考"收集器，选取两个面，在"偏移"文本框中分别输入 2.00、1.00，单击"确定"按钮即可完成命令，如图 3-177 所示。

或者利用点工具可以在边上创建基准点。打开一个已生成的模型文件，在"模型"选项卡的"基准"区域中单击"×点▼"按钮，系统弹出"基准点"对话框，选取一边，在"偏移"文本框中输入比率0.30，单击"确定"按钮即可完成命令，如图3-178所示。

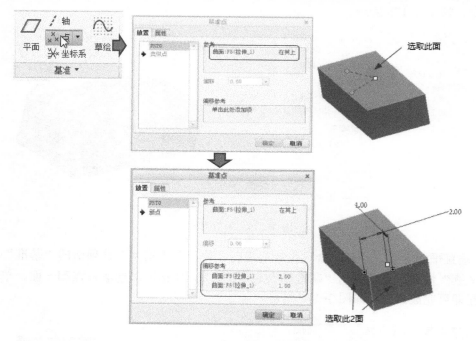

图 3-177　利用点工具创建

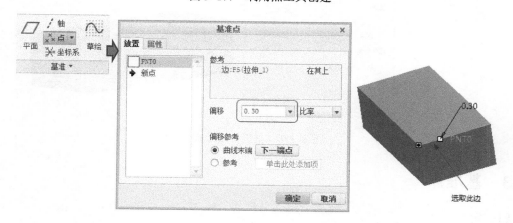

图 3-178　利用点工具创建 2

2）利用偏移坐标系创建。打开一个已生成的模型文件，在"模型"选项卡的"基准"区域中单击下拉菜单"×点▼"中的"偏移坐标系"选项，系统弹出"基准点"对话框，选取坐标系，然后单击"表格"收集器，在"XYZ 坐标"中分别输入 0.00、0.00、10.00，单击"确定"按钮即可完成命令，如图3-179所示。

3）利用域创建。域点指不具体定位的点，可创建在曲面、曲线、边线上。打开一个已生成的模型文件，在"模型"选项卡的"基准"区域中单击下拉菜单"×点▼"的 "域"

选项，系统弹出"基准点"对话框，选取一边，产生一基准点，单击"确定"按钮即可完成命令，如图 3-180 所示，其中用鼠标拖动点可改变基准点的位置。

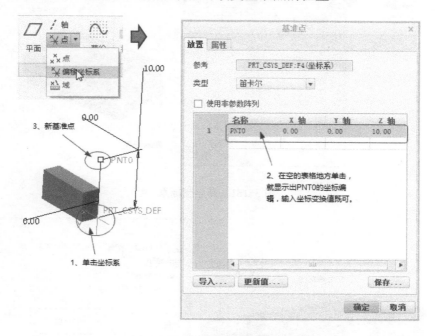

图 3-179 利用偏移坐标系创建

图 3-180 利用域创建

3.3.4 坐标系

（1）定义

坐标系指参考坐标系，可根据用户定位其他特征的需要而设定，如装配零件，放置约束等需要。

（2）创建坐标系过程

打开一个已生成的模型文件，在"模型"选项卡的"基准"区域中单击" 坐标系 "按钮，系统弹出"坐标系"对话框，选择一顶点，如图 3-181 所示。

在"方向"选项卡中单击"选择项"收集器，分别选择两边作为新建坐标系的 XY 轴，然后自动确定 Z 轴，如图 3-182 所示。

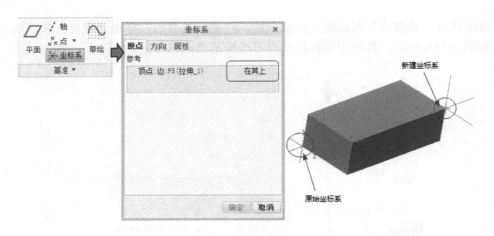

图 3-181　新建坐标系

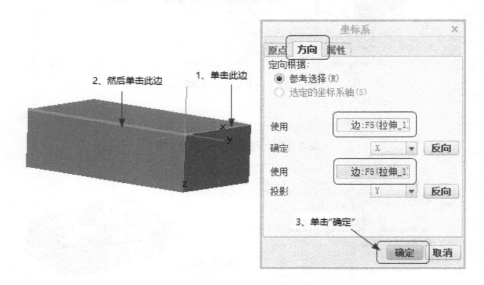

图 3-182　确定坐标轴

3.3.5　基准曲线

（1）定义

基准曲线指参考曲线，用于创建其他曲面或特征，如扫描轨迹等。Creo 中创建基准曲线有草绘方式和基准点创建方式。

（2）创建基准曲线过程

1）草绘方式。打开一个已生成的模型文件，在"模型"选项卡的"基准"区域中单击"〜草绘"按钮，弹出"草绘"对话框，选择顶面作为草绘平面，单击"确定"按钮进入草绘环境，单击"〜样条"按钮，在草绘平面上绘制一条曲线，如图 3-183 所示。

2）基准点创建方式。打开一个已生成的模型文件，上面已生成 4 个基准点，然后在"模型"选项卡的"基准"区域中单击下拉菜单，选择"曲线"→"通过点的曲线"，系统弹出操控面板，如图 3-184 所示。

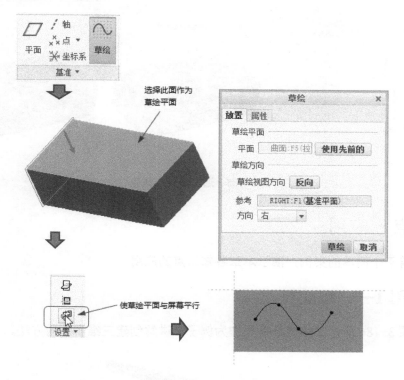

图 3-183　草绘基准曲线

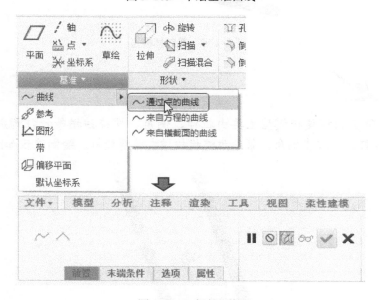

图 3-184　操控面板

　　单击操控面板中的"放置"选项卡，依次单击曲面的 4 个基准点，单击操控面板上的
"✔"按钮，即可完成样条曲线的创建，如图 3-185 所示。

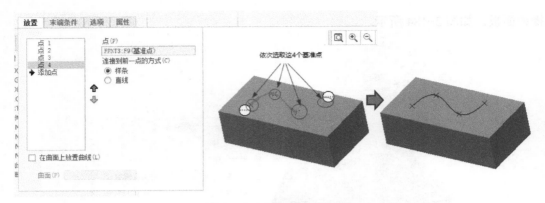

图 3-185   通过基准点创建

3.4   要点·应用

本节以若干个简单的案例，演示本章各知识点的应用。

3.4.1   应用 1——螺旋杆

本节以图 3-186 所示的螺旋杆模型作为例子来讲解创建三维实体的方法。

图 3-186   螺旋杆模型

思路·点拨

图 3-186 所示的螺旋杆模型主要由拉伸、倒角、螺旋扫描等特征构成，绘制过程如下：第一步拉伸杆，第二步倒角，第三步螺旋扫描生成螺旋杆。绘制流程如图 3-187 所示。

图 3-187   绘制流程

【光盘文件】

 结果文件——参见附带光盘中的"End\ch3\3-4.prt"文件。

 动画演示——参见附带光盘中的"AVI\ch3\3-4.avi"文件。

【操作步骤】

（1）设置工作目录。单击"主页"→"选择工作目录"，系统弹出"选择工作目录"对话框，选择"G:\End\ch3"，单击"确定"按钮即可，如图 3-188 所示。

图 3-188　设置工作目录

（2）单击菜单栏中的"文件"→"新建"，或者在快速访问工具栏中单击"🗋"按钮。弹出"新建"对话框，选择"零件"类型，取消勾选"使用默认模板"，选择"mmns_part_ solid"模板，单击"确定"按钮进入建模环境，如图 3-189 所示。

图 3-189　新建文件

（3）拉伸杆。在"模型"选项卡的"形状"区域中单击"🔲"按钮，系统弹出操控面板，单击"放置"选项卡中的"草绘定义"，弹出"草绘"对话框，选择 FRONT 面作为草绘平面，如图 3-190 所示。

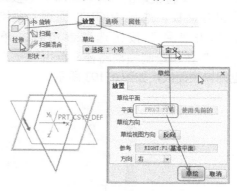

图 3-190　"草绘"对话框

进入草绘环境，单击"┆中心线▼"按钮绘制两条中心线，单击"⊙圆▼"按钮绘制草图，单击"✔"按钮返回操控面板，拉伸类型选择"￪"，在深度文本框中输入 160.00，单击"✔"按钮完成命令，如图 3-191 所示。

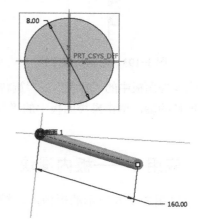

图 3-191　拉伸杆

（4）添加倒角。单击菜单栏中的"🔽 倒角▼"按钮，进入操控面板，选择"╪2 × D ▼"方式，在"D"文本框中输入 2.00，单击"✔"按钮完成命令，如图 3-192 所示。

图 3-192　倒角

（5）螺旋扫描。单击菜单栏中的"🔲扫描 ▼"下拉菜单的"〰 螺旋扫描"按钮，弹出操控面板，选择 RIGHT 面进入草绘平面，单击"🔲"按钮选取参考线，单击"〰 线 ▼"按钮绘制扫描路径，单击"✔"按钮返回操控面板，如图 3-193 所示。

图 3-193　绘制扫描路径

单击操控面板中的"参考"→"旋转轴"，选取拉伸杆的轴，单击操控面板中的"🖊"按钮进入绘制扫描截面环境，单击"✔"按钮返回操控面板，如图 3-194 所示。

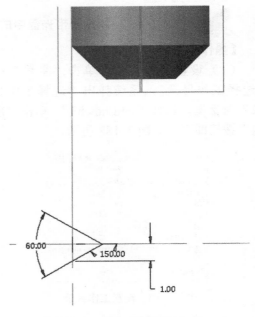

图 3-194　草绘截面

（6）单击操控面板中的"🔲"按钮选择去除材料模式，单击"✔"按钮完成命令，如图 3-195 所示。

图 3-195　螺旋杆完成图

3.4.2　应用 2——板内滑块

本节以图 3-196 所示的板内滑块模型作为例子来讲解创建三维实体的方法。

图 3-196　板内滑块模型

思路·点拨

图 3-196 所示的板内滑块模型主要由拉伸、孔、阵列、镜像等特征构成，绘制过程如下：第一步拉伸滑块，第二步在侧壁打孔和镜像孔，第三步阵列顶面 4 个螺纹孔。绘制流程如图 3-197 所示。

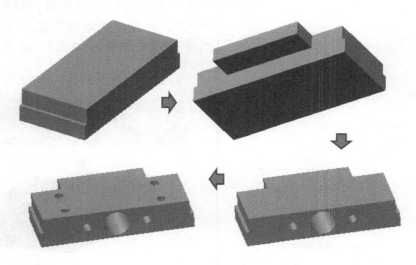

图 3-197　绘制流程

【光盘文件】

结果文件——参见附带光盘中的"End\ch3\3-5.prt"文件。

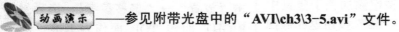
动画演示——参见附带光盘中的"AVI\ch3\3-5.avi"文件。

【操作步骤】

（1）设置工作目录。单击"主页"→"选择工作目录"，系统弹出"选择工作目录"对话框，选择"G:\End\ch3"，单击"确定"按钮即可，如图 3-198 所示。

（2）单击菜单栏中的"文件"→"新建"，或者在快速访问工具栏中单击"☐"按钮。弹出"新建"对话框，选择"零件"类型，取消勾选"使用默认模板"，选择"mmns_ part_solid"模板，单击"确定"按钮进入建模环境，如图 3-199 所示。

（3）拉伸滑块。在"模型"选项卡的"形状"区域中单击"☐"按钮，系统弹出操控面板，单击"放置"选项卡中的"草绘

定义"，弹出"草绘"对话框，选择 FRONT 面作为草绘平面，如图 3-200 所示。

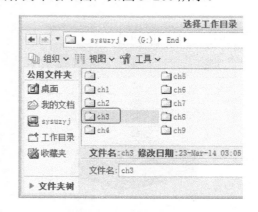

图 3-198　设置工作目录

图 3-199　新建文件

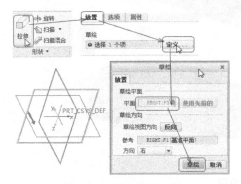

图 3-200　"草绘"对话框

进入草绘环境，单击"　中心线　"按钮绘制两条中心线，单击"　线　"按钮绘制草图，单击"　对称　"按钮添加关于竖直中心线对称的约束，单击"　✓　"按钮返回操控面板，拉伸类型选择"　↓　"，在深度文本框中输入 39.00，单击"　✓　"按钮完成命令，如图 3-201 所示。

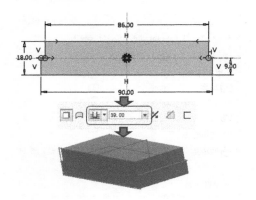

图 3-201　拉伸 1

同理，单击"　"按钮，选择底座 1 的BACK 面作为草绘平面，进入草绘环境，单击"　"按钮选取参考线，单击"　中心线　"按钮绘制竖直中心线，单击"　对称　"按钮添加对称约束，单击"　线　"按钮绘制草图，单击"　✓　"按钮返回操控面板，拉伸类型选择"　↓　"，在深度文本框中输入 14.00，单击"　✓　"按钮完成命令，如图 3-202 所示。

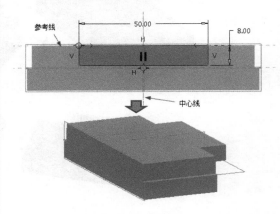

图 3-202　拉伸 2

（4）侧壁孔。单击菜单栏中的"　孔　"按钮，弹出操控面板，单击"放置"选项卡，选择滑块的 FRONT 面作为放置面，单击"放置"→"偏移参考"，选择坐标系的RIGHT 面和 TOP 面作为基准，选择"对齐"方式，如图 3-203 所示。

图 3-203　"放置"选项卡

然后单击操控面板中的"　U　"按钮，单击"形状"选项卡，选择"　↓　"，在深度文本框中

输入 34.00，直径文本框中输入 15.00，单击
"✔" 按钮完成命令，如图 3-204 所示。

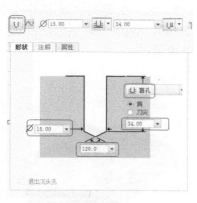

图 3-204　侧壁孔

同理，单击菜单栏中的 "🔩孔" 按钮，弹出操控面板，单击"放置"选项卡，选择滑块的 FRONT 面作为放置面，单击"放置"→"偏移参考"，选择坐标系的 RIGHT 面，选择"偏移"方式，输入偏移值 17.50，选择 TOP 面作为基准，选择"对齐"方式，如图 3-205 所示。

图 3-205　"放置"选项卡

然后单击操控面板中的 "🔩" 按钮，在 "🔩" 中选择 M6x1，在 "⬆" 深度文本框中输入 20.0，单击"形状"选项卡，在螺纹深度文本框中输入 17.00，单击 "✔" 按钮完成命令，如图 3-206 所示。

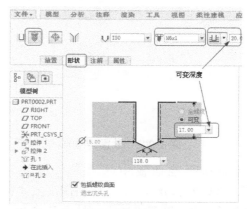

图 3-206　侧壁孔 2

（5）镜像侧壁孔。选取侧壁孔 2，然后单击菜单栏中的 "📐镜像" 按钮，弹出操控面板，选择 RIGHT 面作为镜像参考面，单击 "✔" 按钮完成命令，如图 3-207 所示。

图 3-207　镜像

（6）螺纹孔。单击菜单栏中的 "🔩孔" 按钮，弹出操控面板，单击"放置"选项卡，选择滑块的 TOP 面作为放置面，单击"放置"→"偏移参考"，选择滑块的 FRONT 面和 TOP 面作为基准，分别"偏移" 8.50 和 28.00，如图 3-208 所示。

图 3-208　放置选项卡

单击操控面板中的" "按钮，在" "选择 M6x1，在" "深度文本框中输入 10.00，单击" "按钮完成命令，如图 3-209 所示。

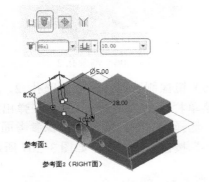

图 3-209　螺纹孔

（7）阵列螺纹孔。选取螺纹孔，然后单击菜单栏中的" "的下拉菜单" 几何阵列"按钮，选取参考边 1、2，在数量文本框中分别输入 2、2，在距离文本框中分别输入 56.00、22.00，单击" "按钮完成命令，如图 3-210 所示。

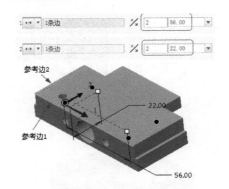

图 3-210　阵列螺纹孔

（8）单击" "按钮完成命令，滑块的完整模型如图 3-211 所示。

图 3-211　滑块模型

3.5　能力·提高

本节将以若干个典型的案例，进一步深入演示设计的方法。

3.5.1　案例 1——台灯

本节以图 3-212 所示的台灯模型作为例子来讲解创建三维实体的方法。

图 3-212　台灯模型

思路·点拨

图 3-212 所示的台灯模型主要由拉伸、旋转、扫描、基准面等特征构成，绘制过程如下：第一步拉伸底座，第二步创建基准面和旋转生成灯罩，第三步混合扫描生成灯杆，第四步倒圆角完善整体。绘制流程如图 3-213 所示。

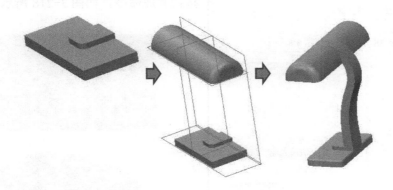

图 3-213　绘制流程

【光盘文件】

结果文件——参见附带光盘中的"End\ch3\3-6.prt"文件。

动画演示——参见附带光盘中的"AVI\ch3\3-6.avi"文件。

【操作步骤】

（1）设置工作目录。单击"主页"→"选择工作目录"，系统弹出"选择工作目录"对话框，选择"G:\End\ch3"，单击"确定"按钮即可，如图 3-214 所示。

图 3-214　设置工作目录

（2）单击菜单栏"文件"→"新建"，或者在快速访问工具栏中单击"□"按钮。

弹出"新建"对话框，选择"零件"类型，取消勾选"使用默认模板"，选择"mmns_part_solid"模板，单击"确定"按钮进入建模环境，如图 3-215 所示。

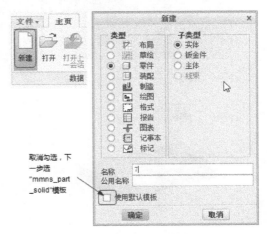

图 3-215　新建文件

（3）绘制底座。在"模型"选项卡的"形状"区域中单击"⬠"按钮，系统弹出操控面板，单击"放置"选项卡中的"草绘定义"，弹出"草绘"对话框，选择 TOP 面作为草绘平面，如图 3-216 所示。

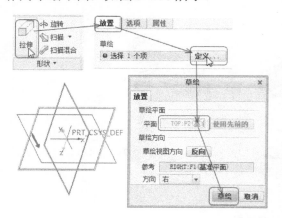

图 3-216 "草绘"对话框

进入草绘环境，单击"⋮中心线▾"图标绘制两条中心线，单击"▢矩形▾"图标绘制草图，单击"✓"按钮返回操控面板，拉伸类型选择"⬐"，在深度文本框中输入 15.00，单击"✓"按钮完成命令，如图 3-217 所示。

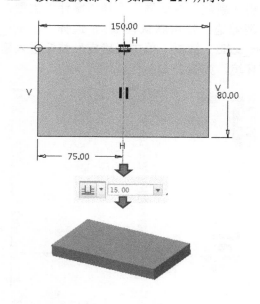

图 3-217 底座 1

同理，单击"⬠"按钮，选择底座 1 的顶面作为草绘平面，进入草绘环境，单击"⌒线▾"和"⌐圆角▾"按钮绘制草图，单击"✓"按钮返回操控面板，拉伸类型选择"⬐"，在深度文本框中输入 8，单击"✓"按钮完成命令，如图 3-218 所示。

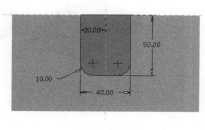

图 3-218 底座 2

（4）绘制灯罩。单击菜单栏中的"▱"按钮，选择 TOP 面作为参考，向上偏移 210，单击"确定"按钮完成命令，如图 3-219 所示。

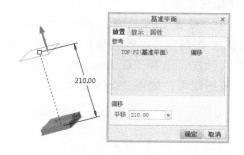

图 3-219 基准面

单击菜单栏中的"⬡旋转"按钮，弹出操控面板，单击"放置"选项卡中的"草绘"，选择基准面为草绘平面，单击"▫"按钮选取参考线，单击"⋮中心线▾"按钮作中心线，单击"⌒线▾"和"⌐圆角▾"按钮绘制草图，如图 3-220 所示。

单击"✓"按钮返回操控面板，选取中心线，旋转类型选择"⬐"，在角度框输入

180.0，单击"✔"按钮完成命令，如图 3-221 所示。

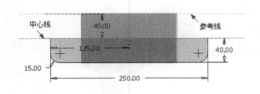

图 3-220　草图

图 3-221　旋转

（5）绘制灯杆。单击菜单栏中的"〜"按钮，弹出"草绘"对话框，选择 RIGHT 面进入草绘平面，单击"🔲"按钮选取参考线，单击"✕ 点"按钮绘制参考点，然后单击"✓线 ▼"和"⌒弧 ▼"按钮连接参考点，添加"𝕆 相切"相切约束，单击"✔"按钮完成命令，如图 3-222 所示。

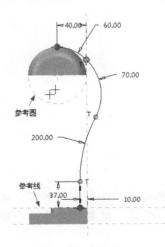

图 3-222　草绘曲线

单击"⚙扫描混合"按钮，弹出操控面板，选取上面的草绘曲线，单击操控面板的"截面"选项卡，选取草绘曲线的起点，进入第 1 扫描截面草绘环境，绘制草图，单击"✔"按钮返回操控面板，单击操控面板的"截面"→"插入"，选取草绘曲线的终点，进入第 2 扫描截面草绘环境，绘制草图，如图 3-223 所示，单击"✔"按钮完成命令，效果如图 3-224 所示。

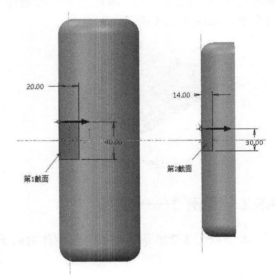

图 3-223　草绘截面

图 3-224　台灯

（6）倒圆角。单击菜单栏中的"🔲倒圆角 ▼"按钮，按〈Ctrl〉键依次选取底座的 4 个竖边，在操控面板的角度文本框中输入 10.00，单击"✔"按钮完成命令，如图 3-225 所示。

图 3-225　倒圆角 1

同理，单击菜单栏中的"⏷倒圆角▼"按钮，选取底座 1 的顶面的边，在操控面板的角度文本框中输入 3.00，单击"✔"按钮完成命令，如图 3-226 所示。

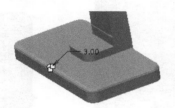

图 3-226　倒圆角 2

（7）单击"✔"按钮完成命令，台灯的完整模型如图 3-227 所示。

图 3-227　台灯的完整模型

3.5.2　案例 2——底座

本节以图 3-228 所示的底座模型作为例子来讲解创建三维实体的方法。

图 3-228　底座模型

思路·点拨 ✍

图 3-228 所示的底座模型主要由拉伸、基准面等特征构成，绘制过程如下：第一步拉伸底座，第二步拉伸圆体，第三步拉伸肋，第四步拉伸小圆体，第五步拉伸两个阶梯孔。绘制流程如图 3-229 所示。

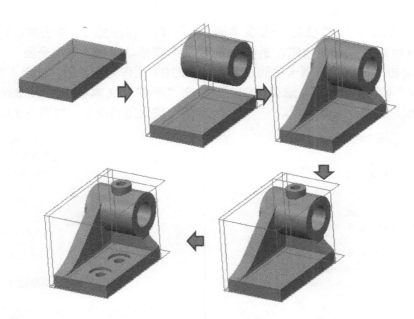

图 3-229　绘制流程

【光盘文件】

结果文件——参见附带光盘中的"End\ch3\3-7.prt"文件。

动画演示——参见附带光盘中的"AVI\ch3\3-7.avi"文件。

【操作步骤】

（1）设置工作目录。单击"主页"→"选择工作目录"，系统弹出"选择工作目录"对话框，选择"G:\End\ch3"，单击"确定"按钮即可，如图 3-230 所示。

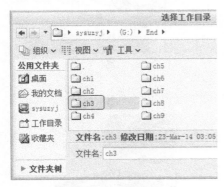

图 3-230　设置工作目录

（2）单击菜单栏中的"文件"→"新建"，或者在快速访问工具栏中单击"口"

按钮。弹出"新建"对话框，选择"零件"类型，取消勾选"使用默认模板"选项，选择"mmns_part_solid"模板，单击"确定"按钮进入建模环境，如图 3-231 所示。

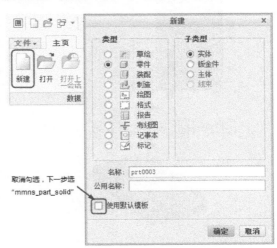

图 3-231　新建文件

（3）绘制底座。在"模型"选项卡的"形状"区域中单击"⬚"按钮，系统弹出操控面板，单击"放置"选项卡中的"草绘定义"，弹出"草绘"对话框，选择 TOP 面作为草绘平面，如图 3-232 所示。

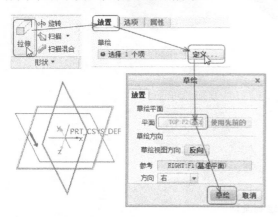

图 3-232　"草绘"对话框

进入草绘环境，单击"❘中心线▼"按钮绘制两条中心线，单击"□矩形▼"按钮绘制草图，单击"✔"按钮返回操控面板，拉伸类型选择"⬦"，在深度文本框中输入 14.00，单击"✔"按钮完成命令，如图 3-233 所示。

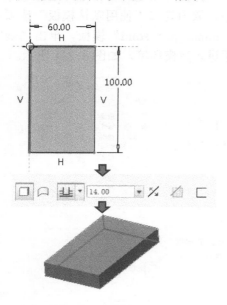

图 3-233　底座

（4）基准面 1。单击菜单栏中的"▱ 平面"按钮，弹出"基准平面"对话框，选取 RIGHT 面作为参考面，选择"偏移"方式，在"平移"文本框中输入 5.00，单击"确定"按钮完成命令，如图 3-234 所示。

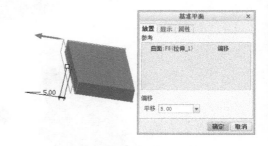

图 3-234　基准面 1

（5）绘制圆体。在"模型"选项卡中的"形状"区域中单击"⬚"按钮，系统弹出操控面板，选择 DTM1 面作为草绘平面，单击"⬚"按钮选取参考线，单击"◎圆▼"按钮绘制草图，单击"✔"按钮返回操控面板，拉伸类型选择"⬦"，在深度文本框中输入 54.00，单击"✔"按钮完成命令，如图 3-235 所示。

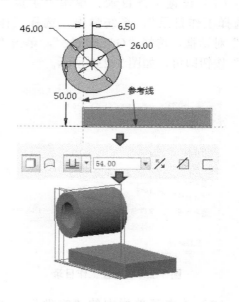

图 3-235　绘制圆体

（6）绘制肋。在"模型"选项卡的"形

状"区域中单击"⬜"按钮，系统弹出操控面板，选择 RIGHT 面作为草绘平面，单击"⬜"按钮选取参考线，单击"✓线▾""↺弧▾"按钮绘制草图，单击"✓"按钮返回操控面板，拉伸类型选择"⊥"，在深度文本框中输入 13.00，单击"✓"按钮完成命令，如图 3-236 所示。

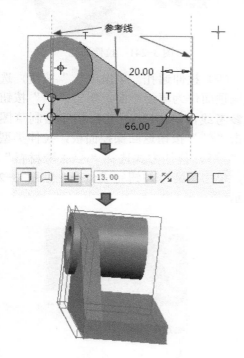

图 3-236　绘制肋 1

绘制肋 2。在"模型"选项卡的"形状"区域中单击"⬜"按钮，系统弹出操控面板，选择肋 1 内面作为草绘平面，单击"⬜"按钮选取参考线，单击"✓线▾""↺弧▾"按钮绘制草图，单击"✓"按钮返回操控面板，拉伸类型选择"⊥"，拉伸至圆体的表面，拉伸方式选择"◿去除材料"方式，单击"✓"按钮完成命令，如图 3-237 所示。

绘制肋 3。在"模型"选项卡的"形状"区域中单击"⬜"按钮，系统弹出操控面板，选择肋 2 的一个面作为草绘平面，单击"⬜"按钮选取参考线，单击"✓线▾"按钮绘制草

图，单击"✓"按钮返回操控面板，拉伸类型选择"⊥"，拉伸至肋 2 的另一个面，单击"✓"按钮完成命令，如图 3-238 所示。

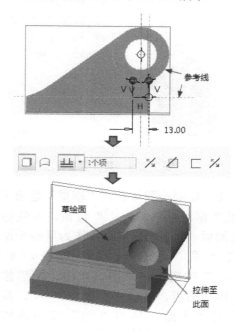

图 3-237　绘制肋 2

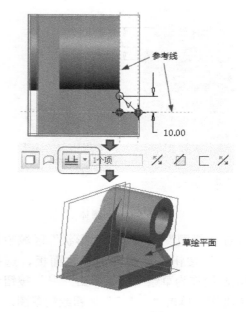

图 3-238　绘制肋 3

（7）基准面 2。单击菜单栏中的"▱平面"按钮，弹出"基准平面"对话框，

选取 TOP 面作为参考面，选择"偏移"方式，在"平移"文本框中输入 80.00，单击"确定"按钮完成命令，如图 3-239 所示。

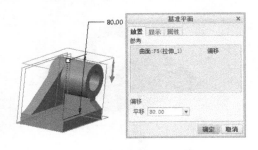

图 3-239　基准面 2

（8）绘制小圆体。在"模型"选项卡的"形状"区域中单击"⬦"按钮，系统弹出操控面板，选择 DTM2 面作为草绘平面，单击"⬛"按钮选取参考线，单击"⊙圆▾"按钮绘制草图，单击"✔"按钮返回操控面板，拉伸类型选择"⬆"，拉伸至大圆体表面，单击"✔"按钮完成命令，如图 3-240 所示。

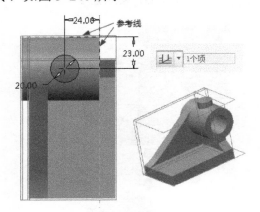

图 3-240　小圆体

在"模型"选项卡的"形状"区域中单击"⬦"按钮，系统弹出操控面板，选择 DTM2 面作为草绘平面，单击"⬛"按钮选取参考圆，单击"⊙圆▾"按钮绘制草图，单击"✔"按钮返回操控面板，拉伸类型选择"⬆"，拉伸至大圆体的内表面，拉伸方式选择"⬦去除材料"方式，单击"✔"按钮完

成命令，如图 3-241 所示。

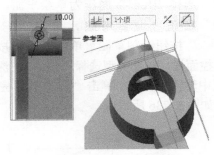

图 3-241　拉伸通孔

（9）拉伸通孔。单击"⬦"按钮，选择底座顶面作为草绘平面，单击"⬛"按钮选取参考线，单击"⊙圆▾"按钮绘制草图，单击"✔"按钮返回操控面板，拉伸类型选择"⬆"，拉伸方式选择"⬦去除材料"方式，单击"✔"按钮完成命令，如图 3-242 所示。

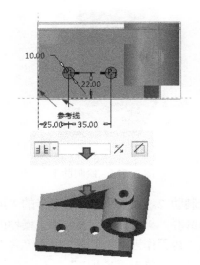

图 3-242　拉伸通孔

（10）拉伸阶梯孔。单击"⬦"按钮，选底座顶面作为草绘平面，单击"⬛"按钮选取参考圆，单击"⊙圆▾"按钮绘制草图，单击"✔"按钮返回操控面板，拉伸类型选择"⬆"，在深度文本框中输入 3.00，拉伸方式选择"⬦去除材料"方式，单击"✔"按钮完成命令，如图 3-243 所示。

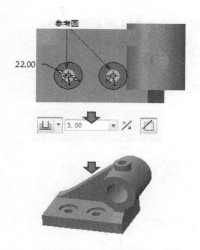

图 3-243　拉伸阶梯孔

（11）单击"✔"按钮完成命令，底座的完整模型如图 3-244 所示。

图 3-244　底座模型

3.6　习题·巩固

1. 设置工作目录为"End\ch3"，在实体模式中创建如图 3-245 所示的模型。

结果文件——参见附带光盘中的"End\ch3\3-8.prt"文件。

动画演示——参见附带光盘中的"AVI\ch3\3-8.avi"文件。

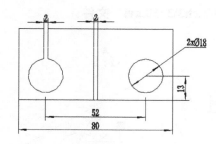

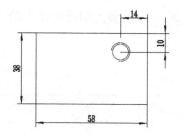

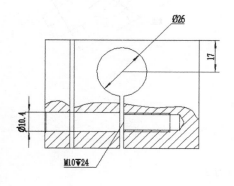

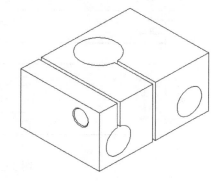

图 3-245　练习 1

2．设置工作目录为"End\ch3"，在实体模式中创建如图 3-246 所示的模型。

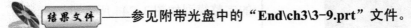

结果文件——参见附带光盘中的"End\ch3\3-9.prt"文件。

动画演示——参见附带光盘中的"AVI\ch3\3-9.avi"文件。

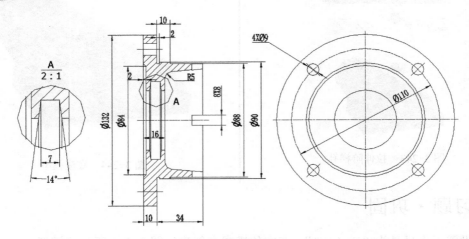

图 3-246　练习 2

3．设置工作目录为"End\ch3"，在实体模式中创建如图 3-247 所示的模型。

结果文件——参见附带光盘中的"End\ch3\3-10.prt"文件。

动画演示——参见附带光盘中的"AVI\ch3\3-10.avi"文件。

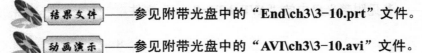

图 3-247　练习 3

第4章 曲面设计

曲面设计可创建复杂的造型，如曲率连续变化的模型等，其创建的过程和方法灵活多样，技巧性高。本章先通过典型实例引申出常用曲面特征进行讲解，接着分别介绍各个特征的创建方法，之后选取若干实例进行要点的应用、提高和巩固。

 本讲内容

- ➥ 实例·知识点——曲别针
- ➥ 实例·知识点——合成体
- ➥ 要点·应用
- ➥ 能力·提高
- ➥ 习题·巩固

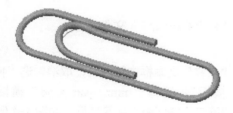   

4.1 实例·知识点——曲别针

本节以图 4-1 所示的曲别针模型作为例子来讲解曲面设计的方法。

图 4-1　曲别针模型

思路·点拨

图 4-1 所示的曲别针模型主要由草绘曲线、拉伸曲面、投影曲线、扫描等特征构成，绘制过程如下：第一步草绘曲线，第二步拉伸曲面，第三步投影曲线，第四步创建扫描。绘制流程如图 4-2 所示。

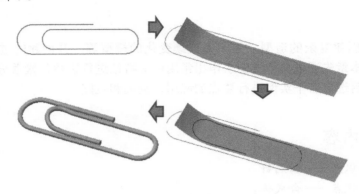

图 4-2   绘制流程

【光盘文件】

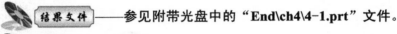

结果文件——参见附带光盘中的"End\ch4\4-1.prt"文件。

动画演示——参见附带光盘中的"AVI\ch4\4-1.avi"文件。

【操作步骤】

（1）设置工作目录。单击"主页"→"选择工作目录"，系统弹出"选择工作目录"对话框，选择"G:\End\ch4"，单击"确定"按钮即可，如图 4-3 所示。

图 4-3   设置工作目录

（2）单击菜单栏中的"文件"→"新建"，或者在快速访问工具栏中单击"🗋"按钮。弹出新建窗口，选择"零件"类型，在

"名称"文本框中输入 1，取消勾选"使用默认模板"，选择"mmns_part_solid"模板，单击"确定"按钮进入建模环境，如图 4-4 所示。

图 4-4   新建文件

（3）创建草绘曲线。在"模型"选项卡

的"基准"区域中单击"〰草绘"按钮，弹
出"草绘"对话框，选择 FRONT 作为草绘
平面，如图 4-5 所示。

图 4-5 "草绘"对话框

进入草绘环境，单击"┆中心线▾"、
"〰线▾""⌒弧▾"按钮绘制草图，单击
"✔"按钮完成命令，如图 4-6 所示。

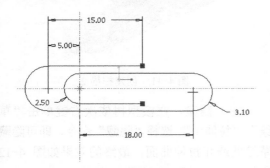

图 4-6 草绘曲线

（4）创建拉伸曲面。单击菜单栏中的
"⬠拉伸"按钮，弹出操控面板，单击"放
置"选项卡中的"草绘"，选择 TOP 为草绘
平面，单击"□"按钮选取参考线，单击
"┆中心线▾"按钮作中心线，单击"〰线▾"
"〰样条"按钮绘制草图，如图 4-7 所示。

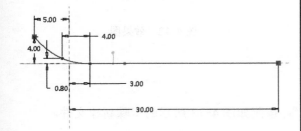

图 4-7 绘制草图

单击"✔"按钮返回操控面板，单击
"⌒"按钮选择拉伸为曲面方式，旋转类型
选择"昍"，在角度框中输入 6.00，单击
"✔"按钮完成命令，如图 4-8 所示。

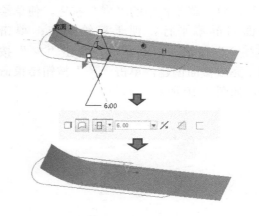

图 4-8 拉伸曲面

（5）投影曲线。在"模型"选项卡的
"编辑"区域中单击"〰投影"按钮，系统
弹出"投影"操控面板，单击操控面板中
的"参考"按钮，在"链"选项单选草绘
曲线，在"曲面"选项单选拉伸曲面，在
"方向参考"选项单选 FRONT 面，单击
"✔"按钮完成命令，如图 4-9 所示。

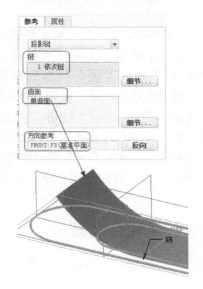

图 4-9 投影曲面

（6）创建扫描 1。在"模型"选项卡的"形状"区域中单击"[🔲]扫描 ▼"按钮，系统弹出"扫描"操控面板，单击选择投影曲线，单击操控面板的"🗹"按钮，进入草绘环境，单击菜单栏中的"🔄"按钮，使草绘平面与屏幕平行，便于草绘操作；单击"⊙圆 ▼"按钮，绘制图形，单击"✔"按钮，完成截面创建，单击"✔"按钮结束命令，如图 4-10 所示。

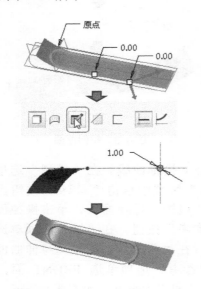

图 4-10　创建扫描 1

（7）创建扫描 2。在"模型"选项卡的"形状"区域中单击"[🔲]扫描 ▼"按钮，系统弹出"扫描"操控面板，单击选择草绘曲线，单击操控面板的"🗹"按钮，进入草绘环境，单击菜单栏中的"🔄"按钮，使草绘平面与屏幕平行，便于草绘操作；单击"⊙圆 ▼"按钮，绘制图形，单击"✔"按钮，完成截面创建，单击"✔"按钮结束命令，如图 4-11

所示。

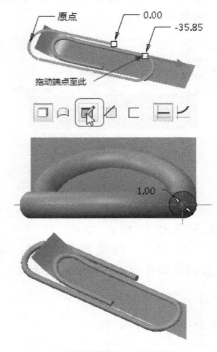

图 4-11　创建扫描 2

（8）隐藏。在模型树依次右键单击"草绘"、"拉伸 1"，选择"隐藏"命令，即可隐藏草绘曲线和拉伸曲面，最终的效果如图 4-12 所示。

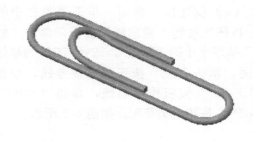

图 4-12　效果图

4.1.1　创建混合曲面

进入工作环境后，单击"文件"→"新建"，按照如图 4-13 所示的步骤新建文件。

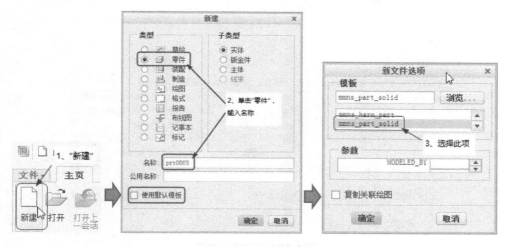

图 4-13 新建文件

在"模型"选项卡的"基准"区域中单击"草绘"按钮，系统弹出"草绘"对话框，此时系统提示选取一个平面以定义草绘平面，在工作界面移动鼠标，选取 TOP 基准平面，参考平面和草绘方向采用系统默认，单击"草绘"按钮，如图 4-14 所示。

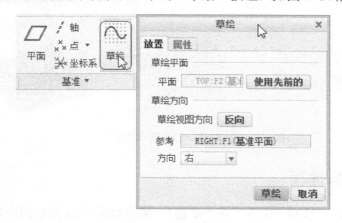

图 4-14 草绘对话框

进入草绘环境，单击菜单栏中的"▧"按钮，使草绘平面与屏幕平行，便于草绘操作；单击"线 ▾"按钮，绘制图形，单击"✔"按钮，完成截面创建，如图 4-15 所示。

在"模型"选项卡的"曲面"区域中单击"造型"按钮，系统弹出"样式"选项卡，单击"曲面"按钮，弹出操控面板，如图 4-16 所示。

按住〈Ctrl〉键选取两条边，然后单击操控面板的"单击此处添加项"选取剩下的两条边，单击"✔"按钮，完成混合曲面创建，如图 4-17 所示。

图 4-15 草图

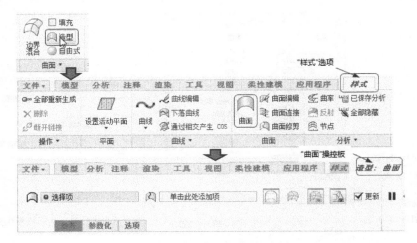

图 4-16　曲面操作选项

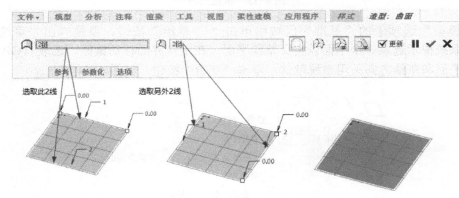

图 4-17　创建混合曲面

4.1.2　创建放样曲面

进入工作环境后，单击"文件"→"新建"，按照如图 4-18 所示的步骤新建文件。

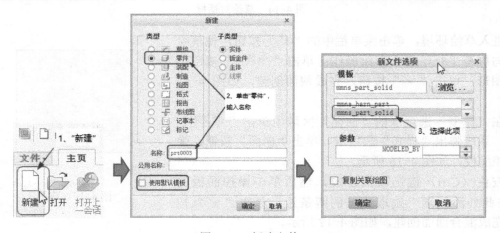

图 4-18　新建文件

在"模型"选项卡的"基准"区域中单击"⌒草绘"按钮，系统弹出"草绘"对话框，此时系统提示选取一个平面以定义草绘平面，在工作界面移动鼠标，选取 TOP 基准平面，参考平面和草绘方向采用系统默认，单击"草绘"按钮，如图 4-19 所示。

进入草绘环境，单击菜单栏中的" 🔄 "按钮，使草绘平面与屏幕平行，便于草绘操作；单击" ⌒样条 "按钮，绘制图形，单击" ✔ "按钮，完成截面创建，如图 4-20 所示。

图 4-19 "草绘"对话框

图 4-20 草图 1

单击菜单栏中的" ▱ 平面"按钮，弹出"基准平面"对话框，选取 TOP 面作为参考面，选择"偏移"方式，在"平移"文本框中输入 100.00，单击"确定"按钮完成命令，如图 4-21 所示。

重复" ⌒草绘"操作，同理，在以上新建的 DTM 基准平面上新建如下草图，单击" ✔ "按钮完成命令，如图 4-22 所示。

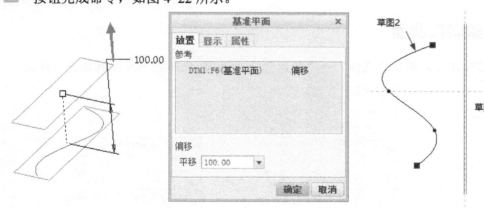

图 4-21 "基准平面"对话框

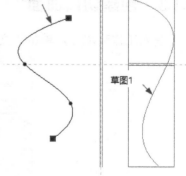

图 4-22 草图 2

在"模型"选项卡的"曲面"区域中单击" 🔲造型 "按钮，系统弹出"样式"选项卡，单击"曲面"按钮，弹出操控面板，如图 4-23 所示。

按住〈Ctrl〉键依次选取两条曲线，单击" ✔ "按钮，完成混合曲面创建，如图 4-24 所示。

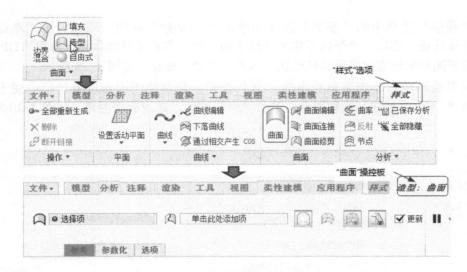

图 4-23　曲面操作选项

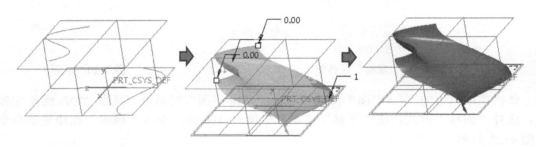

图 4-24　创建放样曲面

4.1.3　创建切口曲面

进入工作环境后，单击"文件"→"新建"，按照如图 4-25 所示的步骤新建文件。

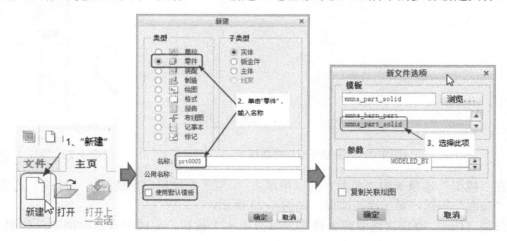

图 4-25　新建文件

在"模型"选项卡的"基准"区域中单击"～草绘"按钮，系统弹出"草绘"对话框，此时系统提示选取一个平面以定义草绘平面，在工作界面移动鼠标，选取 TOP 基准平面，参考平面和草绘方向采用系统默认，单击"草绘"按钮，如图 4-26 所示。

进入草绘环境，单击菜单栏中的"╬"按钮，使草绘平面与屏幕平行，便于草绘操作；单击"□矩形▼"按钮，绘制图形，单击"✔"按钮，完成截面创建，如图 4-27 所示。

图 4-26 "草绘"对话框

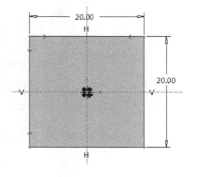

图 4-27 草图 1

在"模型"选项卡的"形状"区域中单击"❑"按钮，系统弹出操控面板，选择"❑"拉伸为曲面，在高度文本框中输入 10.00，单击"✔"按钮完成命令，如图 4-28 所示。

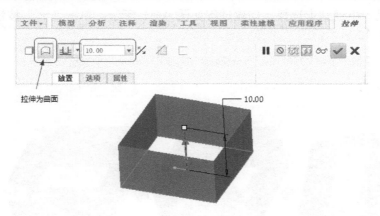

图 4-28 拉伸曲面

同理，重复"～草绘"操作，在曲面的一个面上新建如下草图，单击"✔"按钮完成命令，如图 4-29 所示。

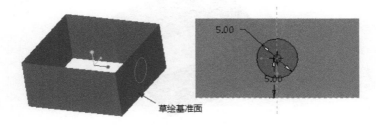

图 4-29 草图 2

在"模型"选项卡的"曲面"区域中单击"造型"按钮，系统弹出"样式"选项卡，单击"曲面修剪"按钮，弹出操控面板，如图 4-30 所示。

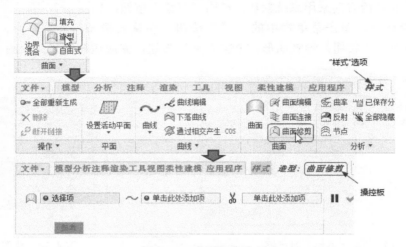

图 4-30   曲面操作选项

在模型上单击拉伸曲面，单击鼠标中键结束选择；单击草图 2 的曲线，此时按住〈Ctrl〉键依次选取两个半圆，单击鼠标中键结束选择；单击选择需要删除的曲面，此时是圆区域，单击鼠标中键结束选择，创建过程如图 4-31 所示；单击"✔"按钮，完成切口曲面创建，如图 4-32 所示。

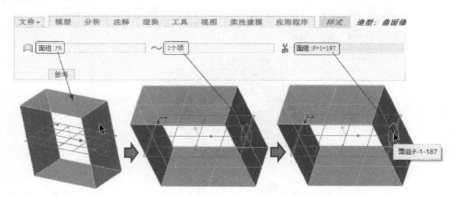

图 4-31   创建切口曲面过程

图 4-32   切口曲面效果

4.1.4 创建边界曲面

进入工作环境后，单击"文件"→"新建"，按照如图 4-33 所示的步骤新建文件。

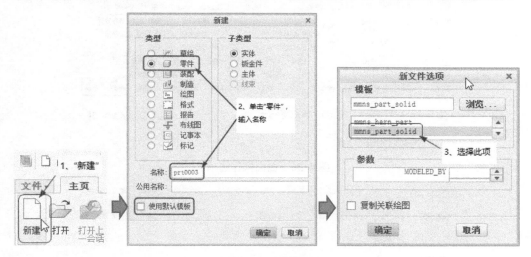

图 4-33 新建文件

在"模型"选项卡的"基准"区域中单击"🗅草绘"按钮，系统弹出"草绘"对话框，此时系统提示选取一个平面以定义草绘平面，在工作界面移动鼠标，选取 TOP 基准平面，参考平面和草绘方向采用系统默认，单击"草绘"按钮，如图 4-34 所示。

进入草绘环境，单击菜单栏中的"🖙"按钮，使草绘平面与屏幕平行，便于草绘操作；单击"🖍线▾"按钮，绘制图形，单击"✔"按钮，完成截面创建，如图 4-35 所示。

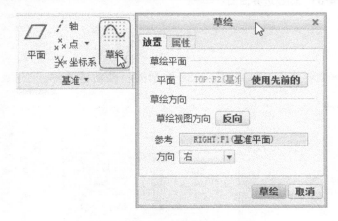

图 4-34 "草绘"对话框

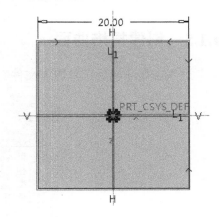

图 4-35 草图

在"模型"选项卡中的"曲面"区域中单击"🗖造型"按钮，系统弹出"样式"选项卡，单击"曲面"按钮，弹出操控面板，如图 4-36 所示。

按住〈Ctrl〉键依次选取 4 条边，单击"✔"按钮，完成边界曲面创建，如图 4-37 所示。

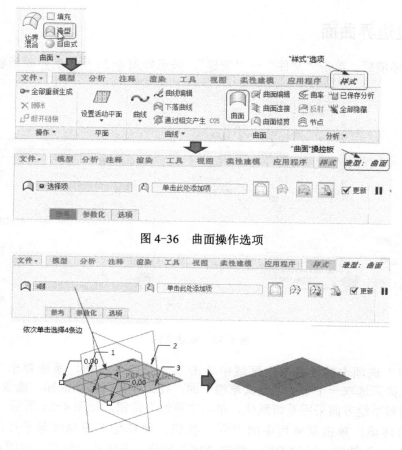

图 4-36 曲面操作选项

图 4-37 创建边界曲面

4.1.5 创建扫描曲面

进入工作环境后,单击"文件"→"新建",按照如图 4-38 所示的步骤新建文件。

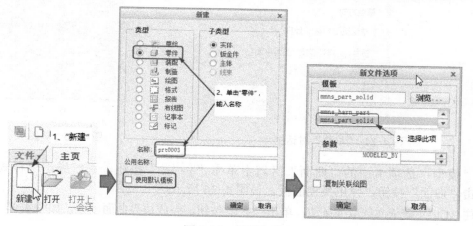

图 4-38 新建文件

在"模型"选项卡中的"基准"区域中单击"⌒草绘"按钮，系统弹出"草绘"对话框，此时系统提示选取一个平面以定义草绘平面，在工作界面移动鼠标，选取 TOP 基准平面，参考平面和草绘方向采用系统默认，单击"草绘"按钮，如图 4-39 所示。

图 4-39 "草绘"对话框

进入草绘环境，单击菜单栏中的"⮃"按钮，使草绘平面与屏幕平行，便于草绘操作；单击"⌒样条"按钮，绘制图形，单击"✔"按钮，完成截面创建，如图 4-40 所示。

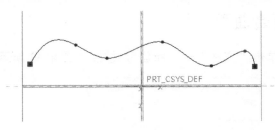

图 4-40 草图

在"模型"选项卡中的"形状"区域中单击"⮃扫描▾"按钮，系统弹出"扫描"操控面板，单击"⌂"按钮选择扫描为曲面方式，如图 4-41 所示。

图 4-41 扫描操控面板

单击操控面板上的"⊿"按钮，进入草绘截面的环境，单击菜单栏中的"⮃"按钮，使草绘平面与屏幕平行，单击菜单栏中的"⬭椭圆▾"按钮，绘制扫描截面，单击"✔"按钮，完成扫描曲面创建，如图 4-42 所示。

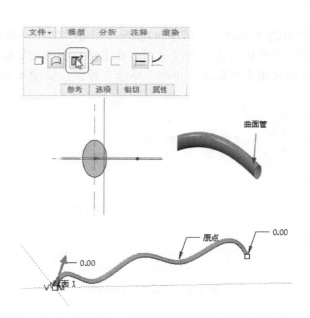

图 4-42 创建扫描曲面

4.1.6 创建扫描混合曲面

进入工作环境后，单击"文件"→"新建"，按照如图 4-43 所示的步骤新建文件。

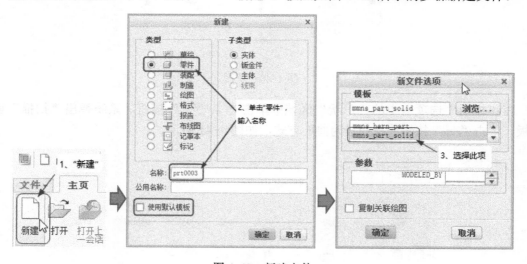

图 4-43 新建文件

在"模型"选项卡中的"基准"区域中单击"草绘"按钮，系统弹出"草绘"对话框，此时系统提示选取一个平面以定义草绘平面，在工作界面移动鼠标，选取 TOP 基准平面，参考平面和草绘方向采用系统默认，单击"草绘"按钮，如图 4-44 所示。

进入草绘环境，单击菜单栏中的""按钮，使草绘平面与屏幕平行，便于草绘操作；单击"样条"按钮，绘制图形，单击""按钮，完成截面创建，如图 4-45 所示。

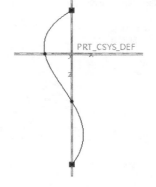

图 4-44　"草绘"对话框　　　　　　　　　　　　图 4-45　草图

在"模型"选项卡的"形状"区域中单击"扫描混合"按钮，系统弹出"扫描混合"操控面板，单击"⌒"按钮选择扫描为曲面方式，如图 4-46 所示。

图 4-46　扫描操控面板

在绘图区单击选择样条曲线，如图 4-47 所示；在操控面板上的"截面"选项卡中单击"草绘"，进入草绘截面的环境，单击菜单栏中的"⊡"按钮，使草绘平面与屏幕平行，单击菜单栏中的"○圈▼"按钮，绘制扫描截面，单击"✔"按钮；单击操控面板上的"截面"选项卡→"插入"→"草绘"，进入草绘截面的环境，单击菜单栏中的"⊡"按钮，使草绘平面与屏幕平行，单击菜单栏中的"○圈▼"按钮，绘制扫描截面，单击"✔"按钮，过程如图 4-48 所示；再次单击"✔"按钮，完成扫描混合曲面的创建，效果如图 4-49 所示。

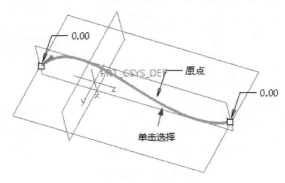

图 4-47　选择样条曲线

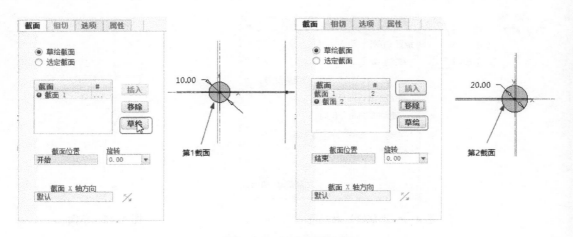

图 4-48　创建曲面过程

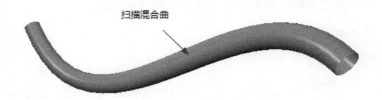

图 4-49　混合曲面效果

4.1.7　创建螺旋扫描曲面

进入工作环境后，单击"文件"→"新建"，按照如图 4-50 所示的步骤新建文件。

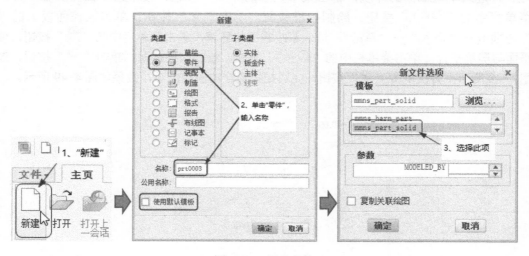

图 4-50　新建文件

在"模型"选项卡的"形状"区域中单击"⬛扫描 ▾"下拉菜单中的"₩₩ 螺旋扫描"按钮，系统弹出"螺旋扫描"操控面板，单击"⌂"按钮选择扫描为曲面方式，如图 4-51 所示。

图 4-51　扫描操控面板

在操控面板的"参考"选项卡中单击"定义"按钮，系统弹出"草绘"对话框，选择FRONT 面，单击"草绘"按钮进入草绘截面的环境，单击菜单栏中的"⬛"按钮，使草绘平面与屏幕平行，单击菜单栏中的"⌄线 ▾"按钮，绘制扫描截面，如图 4-52 所示，单击"✔"按钮返回操控面板，在"间距值"文本框中输入 8.00；单击操控面板上的"⬛草绘"按钮，进入草绘截面的环境，单击菜单栏中的"⬛"按钮，使草绘平面与屏幕平行，绘制扫描截面，单击"✔"按钮完成螺旋扫描曲面创建，如图 4-53 所示。

图 4-52　扫描轨迹

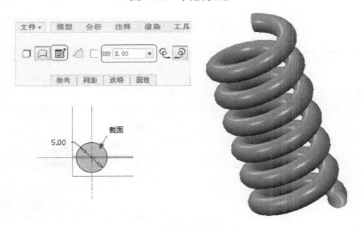

图 4-53　螺旋扫描截面

4.1.8　创建填充曲面

进入工作环境后，单击"文件"→"新建"，按照如图 4-54 所示的步骤新建文件。

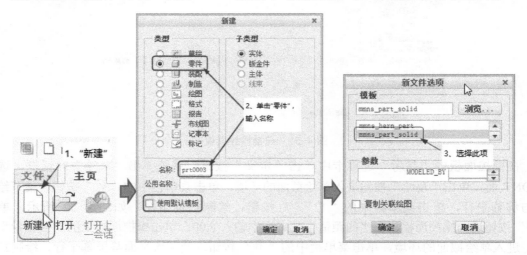

图 4-54　新建文件

在"模型"选项卡中的"曲面"区域中单击"填充"按钮，系统弹出如图 4-55 所示的操控面板；单击"参考"选项卡中的"定义"按钮，弹出"草绘"对话框，如图 4-56 所示，此时系统提示选取一个平面以定义草绘平面，在工作界面移动鼠标，选取 FRONT 基准平面，参考平面和草绘方向采用系统默认，单击"草绘"按钮完成操作。

图 4-55　操控面板

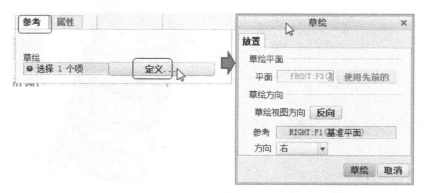

图 4-56　"参考"选项卡和"草绘"对话框

进入草绘环境，单击菜单栏中的"⟐"按钮，使草绘平面与屏幕平行，便于草绘操作；单击"∿样条"按钮，绘制图形，单击"✔"按钮，完成截面创建。系统返回如图 4-55 所示的操控面板界面，只要单击"✔"按钮即可完成填充曲面的创建，如图 4-57 所示。

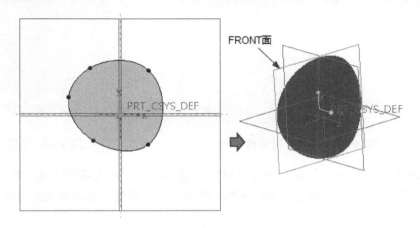

图 4-57　填充曲面特征

4.1.9　创建边界混合曲面

进入工作环境后，单击"文件"→"新建"，按照如图 4-58 所示的步骤新建文件。

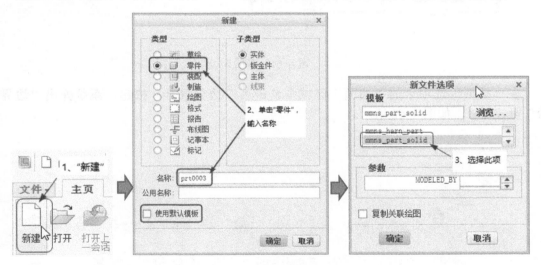

图 4-58　新建文件

在"模型"选项卡的"基准"区域中单击"⌒草绘"按钮，系统弹出"草绘"对话框，此时系统提示选取一个平面以定义草绘平面，在工作界面移动鼠标，选取 TOP 基准平面，参考平面和草绘方向采用系统默认，单击"草绘"按钮，如图 4-59 所示。

进入草绘环境，单击菜单栏中的"⟐"按钮，使草绘平面与屏幕平行，便于草绘操作；单击"◎圆▾"按钮，绘制图形，单击"✔"按钮，完成截面的创建，如图 4-60 所示。

图 4-59 "草绘"对话框

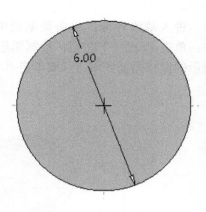

图 4-60 草图 1

同理，单击"∿草绘"按钮，选取 FRONT 基准平面，进入草绘环境，单击菜单栏中的"🔁"按钮，单击"∿样条"按钮，绘制图形，单击"✔"按钮，完成截面的创建，如图 4-61所示。

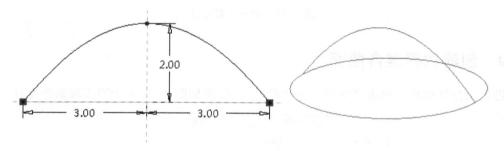

图 4-61 草图 2

在"模型"选项卡的"曲面"区域中单击"🖾边界混合"按钮，系统弹出"边界混合"操控面板，如图 4-62 所示。

图 4-62 边界混合操控面板

按住〈Ctrl〉键依次选取两条曲线，单击"✔"按钮，完成边界混合曲面的创建，如图 4-63 所示。

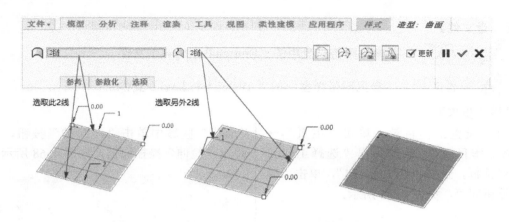

图 4-63　边界混合曲面效果

4.2　实例·知识点——合成体

本节以图 4-64 所示的合成体模型作为例子来讲解曲面设计的方法。

图 4-64　合成体模型

思路·点拨

图 4-64 所示的合成体模型主要由草绘曲线、投影曲线、边界混合、填充曲面、合并和实体化曲面等特征构成，绘制过程如下：第一步草绘曲线，第二步投影曲面，第三步边界混合，第四步填充曲面，第五步合并和实体化曲面。绘制流程如图 4-65 所示。

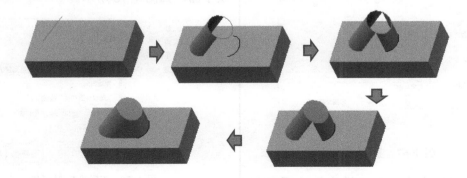

图 4-65　绘制流程

【光盘文件】

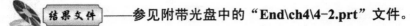——参见附带光盘中的"End\ch4\4-2.prt"文件。

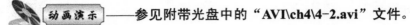——参见附带光盘中的"AVI\ch4\4-2.avi"文件。

【操作步骤】

（1）设置工作目录。单击"主页"→"选择工作目录"，系统弹出"选择工作目录"对话框，选择"G:\End\ch4"，单击"确定"按钮即可，如图 4-66 所示。

图 4-66　设置工作目录

（2）单击菜单栏中的"文件"→"新建"，或者在快速访问工具栏中单击"□"按钮。弹出新建窗口，选择"零件"类型，名称输入 2，取消勾选"使用默认模板"，选择"mmns_part_solid"模板，单击"确定"按钮进入建模环境，如图 4-67 所示。

图 4-67　新建文件

（3）拉伸实体。在"模型"选项卡的

"形状"区域中单击"□拉伸"按钮，系统弹出"拉伸"操控面板，如图 4-68 所示。

图 4-68　"拉伸"操控面板

单击操控面板中的"放置"→"定义"按钮，系统弹出"草绘"对话框，选择 TOP 面作为草绘平面，进入草绘环境，单击"┊中心线▼""∧线▼"按钮绘制草图，单击"✔"按钮返回操控面板，再次单击"✔"按钮完成命令，如图 4-69 所示。

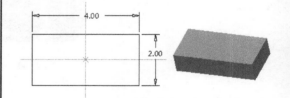

图 4-69　拉伸实体

（4）创建草绘曲线。在"模型"选项卡的"基准"区域中单击"∩草绘"按钮，弹出"草绘"对话框，选择 FRONT 面作为草绘平面，如图 4-70 所示。

图 4-70　"草绘"对话框

进入草绘环境，单击"⊡"按钮选取参考线，单击"∧线"按钮绘制草图，单击"✔"按钮完成命令，如图 4-71 所示。

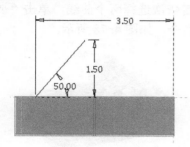

图 4-71　草绘曲线

（5）创建扫描。在"模型"选项卡的"形状"区域中单击"✈扫描▼"按钮，系统弹出"扫描"操控面板，单击选择投影曲线，单击操控面板的"☑"按钮，进入草绘环境，单击菜单栏中的"⭘"按钮，使草绘平面与屏幕平行，便于草绘操作；单击"◠弧▼"按钮，绘制图形，单击"✔"按钮，完成截面创建，单击"✔"按钮完成命令，如图 4-72 所示。

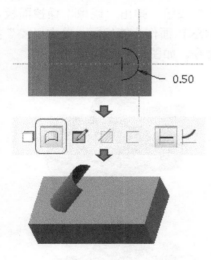

图 4-72　创建扫描

（6）创建参考面。在"模型"选项卡的"基准"区域中单击"▱平面"按钮，弹出"基准平面"对话框，选择扫描面边界线作为参考线，如图 4-73 所示。

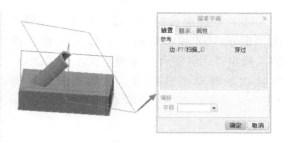

图 4-73　创建参考面

（7）创建草绘曲线 2。在"模型"选项卡的"基准"区域中单击"◠草绘"按钮，弹出"草绘"对话框，选择 DTM1 作为草绘平面，进入草绘环境，单击"⊡"按钮选取参考线，单击"◠弧▼"按钮绘制草图，单击"✔"按钮完成命令，如图 4-74 所示。

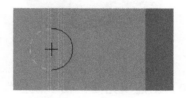

图 4-74　创建草绘曲线 2

（8）投影曲线。在"模型"选项卡的"编辑"区域中单击"⋩投影"按钮，系统弹出"投影"操控面板，单击操控面板中的"参考"按钮，在"链"选项单选草绘曲线 2，在"曲面"选项单选拉伸体顶面，在"方向参考"选项单选拉伸体顶面，单击"✔"按钮完成命令，如图 4-75 所示。

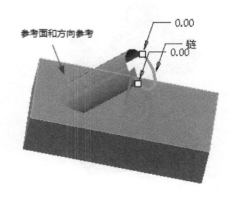

图 4-75　投影曲面

（9）创建混合曲面。在"模型"选项卡的"曲面"区域中单击"▧边界混合"按钮，弹出"边界混合"操控面板，按〈Ctrl〉键依次选择草绘曲线 2、投影曲线，单击"✓"按钮完成命令，如图 4-76 所示。

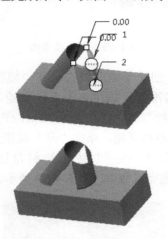

图 4-76　创建混合曲面

（10）创建填充面。在"模型"选项卡的"曲面"区域中单击"▢填充"按钮，系统弹出"填充"操控面板，单击选择草绘曲线 1，草绘曲线 2，单击"✓"按钮完成命令，如图 4-77 所示。

图 4-77　创建填充面

（11）创建混合曲面。在"模型"选项卡的"曲面"区域中单击"▧边界混合"按钮，弹出"边界混合"操控面板，按〈Ctrl〉键依次选择两个曲线，单击"✓"按钮完成命令，如图 4-78 所示。

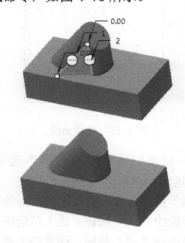

图 4-78　创建混合曲面 2

（12）创建镜像曲面。单选混合曲面 2，在"模型"选项卡的"编辑"区域中单击"▨镜像"按钮，弹出"镜像"操控面板，选择 FRONT 面作为镜像面，单击"✓"按钮完成命令，如图 4-79 所示。

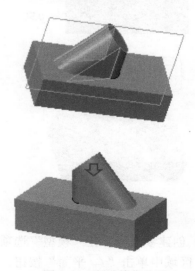

图 4-79　创建镜像曲面

（13）合并曲面。在"模型"选项卡的"编辑"区域中单击"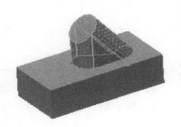合并"按钮，弹出操控面板，按〈Ctrl〉键依次单击各曲面，单击"✔"按钮完成合并曲面的命令，如图4-80所示。

面，然后在"模型"选项卡的"编辑"区域中单击"实体化"按钮，系统弹出"实体化"操控面板，单击"✔"按钮完成实体化曲面创建，效果如图4-81所示。

图4-80　合并曲面

（14）实体化曲面。单击选取合并曲

图4-81　实体化曲面

4.2.1　延伸曲面

进入工作环境后，单击"文件"→"新建"，按照如图4-82所示的步骤新建文件。

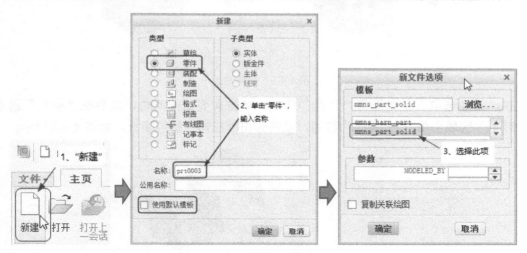

图4-82　新建文件

在"模型"选项卡的"形状"区域中单击"拉伸"按钮，系统弹出"拉伸"操控面板，单击"设置"选项卡中的"定义"按钮，此时系统提示选取一个平面以定义草绘平面，在工作界面移动鼠标，选取 FRONT 基准平面，参考平面和草绘方向采用系统默认，单击"草绘"按钮，如图4-83所示。

进入草绘环境，单击菜单栏中的"◻"按钮，使草绘平面与屏幕平行，便于草绘操作；单击"╲线▾"按钮，绘制图形，单击"✔"按钮，完成截面的创建，如图4-84所示。

返回操控面板，单击"◻"按钮旋转为曲面的方式，在"⬒"文本框中输入 10.00，单击"✔"按钮，完成拉伸曲面的创建，如图4-85所示。

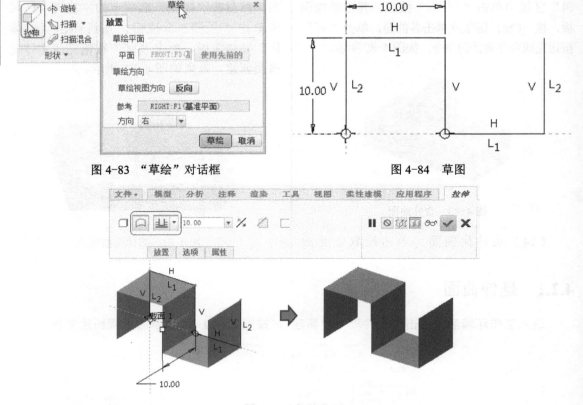

图 4-83 "草绘"对话框　　　　　　　　　图 4-84 草图

图 4-85 拉伸曲面

在"智能选取"栏中选择"几何"选项，单击需要延伸的边，然后在"模型"选项卡的"编辑"区域中单击"⊞延伸"按钮，系统弹出"延伸"操控面板，如图 4-86 所示。

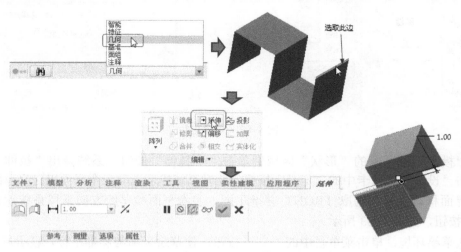

图 4-86 延伸操作

在操控面板的"⊢⊣"文本框中输入 5.00，单击"✓"按钮完成延伸曲面的创建，如图 4-87 所示。

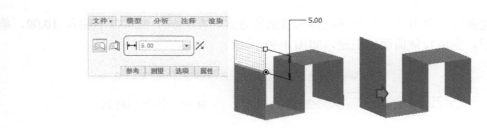

图 4-87 创建延伸曲面

4.2.2 修剪曲面

进入工作环境后,单击"文件"→"新建",按照如图 4-88 所示的步骤新建文件。

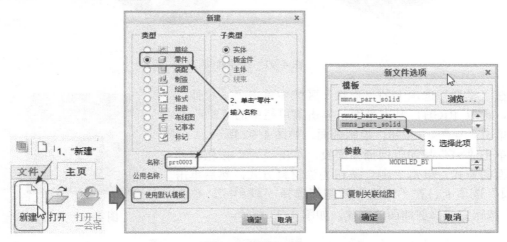

图 4-88 新建文件

在"模型"选项卡的"形状"区域中单击"⬚拉伸"按钮,系统弹出"拉伸"操控面板,单击"设置"选项卡中的"定义"按钮,此时系统提示选取一个平面以定义草绘平面,在工作界面移动鼠标,选取 FRONT 基准平面,参考平面和草绘方向采用系统默认,单击"草绘"按钮,如图 4-89 所示。

进入草绘环境,单击菜单栏中的"⬚"按钮,使草绘平面与屏幕平行,便于草绘操作;单击"◎圈 ⋁"按钮,绘制图形,单击"✓"按钮,完成截面的创建,如图 4-90 所示。

图 4-89 "草绘"对话框

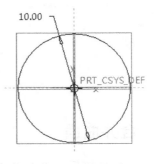

图 4-90 草图 1

返回操控面板，单击""按钮拉伸为曲面的方式，在""文本框中输入 10.00，单击"✔"按钮，完成拉伸曲面的创建，如图 4-91 所示。

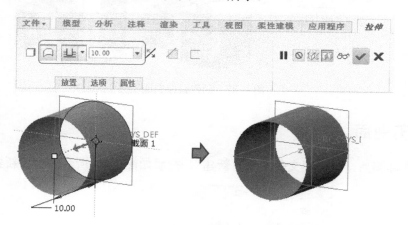

图 4-91 拉伸曲面

在"模型"选项卡的"形状"区域中单击"拉伸"按钮，选取 RIGHT 基准平面，单击菜单栏中的""按钮，单击"◎圆▼"按钮，绘制截面，如图 4-92 所示。

单击"✔"按钮返回操控面板，单击""按钮拉伸为曲面的方式，单击""按钮去除材料方式，然后单击"选项"选项卡，在"深度"两侧都选择"非穿透"，单击"✔"按钮完成修剪曲面的创建，如图 4-93 所示。

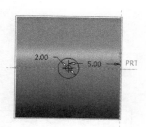

图 4-92 草图 2

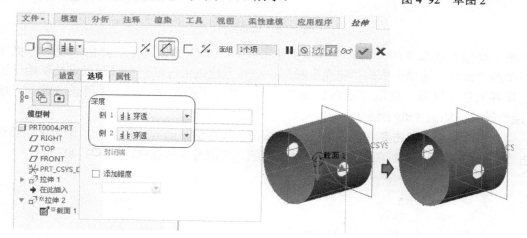

图 4-93 创建修剪曲面

4.2.3 合并曲面

进入工作环境后，单击"文件"→"新建"，按照如图 4-94 所示的步骤新建文件。

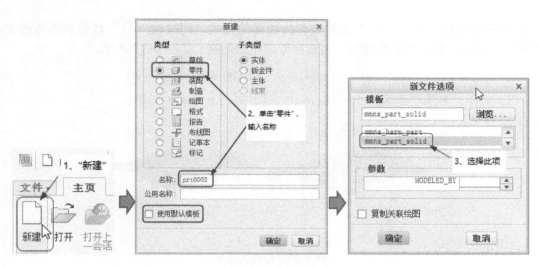

图 4-94 新建文件

在"模型"选项卡的"形状"区域中单击"拉伸"按钮，系统弹出"拉伸"操控面板，单击"设置"选项卡中的"定义"按钮，此时系统提示选取一个平面以定义草绘平面，在工作界面移动鼠标，选取 FRONT 基准平面，参考平面和草绘方向采用系统默认，单击"草绘"按钮，如图 4-95 所示。

图 4-95 "草绘"对话框

进入草绘环境，单击菜单栏中的"⌖"按钮，使草绘平面与屏幕平行，便于草绘操作；单击"⌒样条"按钮，绘制图形，单击"✓"按钮，完成截面的创建，如图 4-96 所示。

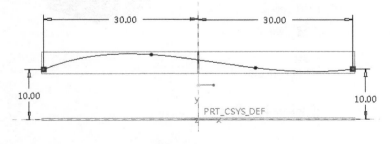

图 4-96 草图 1

返回操控面板，单击"□"按钮拉伸为曲面的方式，同时在"⊞"拉伸到两侧的文本框中输入 50.00，单击"✓"按钮，完成拉伸曲面的创建，如图 4-97 所示。

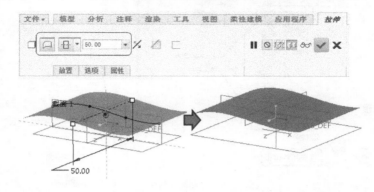

图 4-97　拉伸曲面 1

在"模型"选项卡的"形状"区域中单击"拉伸"按钮，选取 TOP 基准平面，单击菜单栏中的"＂按钮，再次单击"□矩形▾"按钮，绘制截面，如图 4-98 所示。

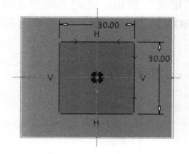

图 4-98　草图 2

单击"✓"按钮返回操控面板，单击"□"按钮拉伸为曲面的方式，在"⊥深度"文本框中输入 20.00，单击"选项"选项卡，勾选"☑封闭端"，单击"✓"按钮完成命令，如图 4-99 所示。

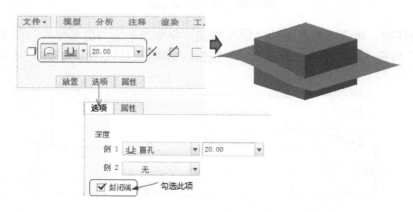

图 4-99　拉伸曲面 2

按住〈Ctrl〉键选择曲面 1 和曲面 2，然后在"模型"选项卡的"编辑"区域中单击 " 合并 "按钮，弹出操控面板，可以通过单击 " ⅔ "按钮控制方向，单击 " ✔ "按钮完成 合并曲面的命令，如图 4-100 所示。

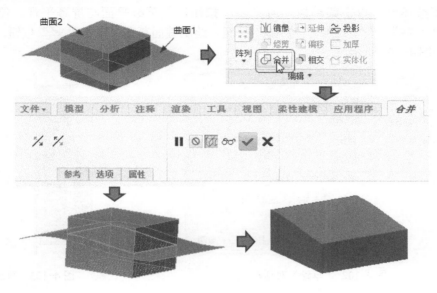

图 4-100 创建合并曲面

4.2.4 镜像曲面

进入工作环境后，单击"文件"→"新建"，按照如图 4-101 所示的步骤新建文件。

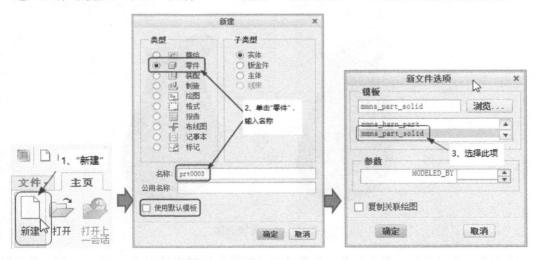

图 4-101 新建文件

在"模型"选项卡的"形状"区域中单击 " 旋转 "按钮，系统弹出"旋转"操控面板，单击"设置"选项卡中的"定义"按钮，此时系统提示选取一个平面以定义草绘平面，在工作界面移动鼠标，选取 FRONT 基准平面，参考平面和草绘方向采用系统默认，单击"草绘"按钮，如图 4-102 所示。

进入草绘环境，单击菜单栏中的"⚙"按钮，使草绘平面与屏幕平行，便于草绘操作；单击"⋮中心线▾""～样条""⋏线▾"按钮，绘制截面草图，单击"✔"按钮，完成截面的创建，如图 4-103 所示。

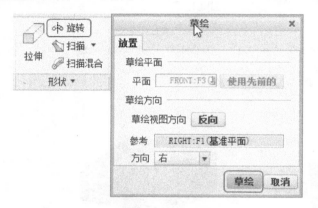

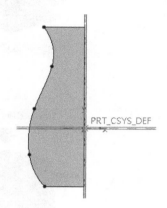

图 4-102 "草绘"对话框 　　　　　　　　图 4-103 草图

返回操控面板，单击"▢"按钮拉伸为曲面的方式，在"⏚"角度文本框中输入180.0，单击"✔"按钮，完成旋转曲面的创建，如图 4-104 所示。

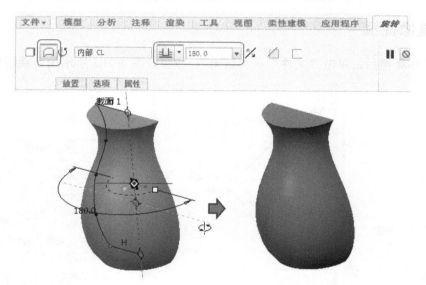

图 4-104 旋转曲面

单击选取旋转模型，在"模型"选项卡的"编辑"区域中单击"⚙镜像"按钮，系统弹出镜像操控面板，选取 FRONT 基准平面，单击"✔"按钮完成镜像曲面的创建，如图 4-105所示。

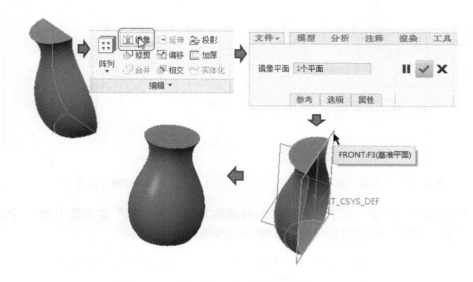

图 4-105　创建镜像曲面

4.2.5　偏移曲面

进入工作环境后，单击"文件"→"新建"，按照如图 4-106 所示的步骤新建文件。

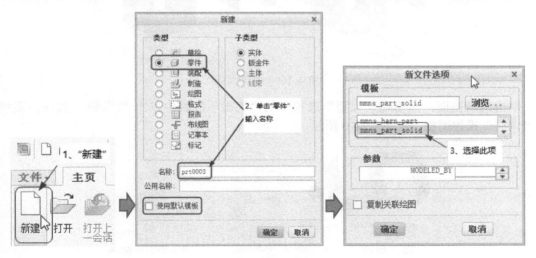

图 4-106　新建文件

在"模型"选项卡的"形状"区域中单击" 拉伸"按钮，系统弹出"拉伸"操控面板，单击"设置"选项卡中的"定义"按钮，此时系统提示选取一个平面以定义草绘平面，在工作界面移动鼠标，选取 FRONT 基准平面，参考平面和草绘方向采用系统默认，单击"草绘"按钮，如图 4-107 所示。

进入草绘环境，单击菜单栏中的" "按钮，使草绘平面与屏幕平行，便于草绘操作；单击" 线 "按钮，绘制图形，单击" "按钮，完成截面创建，如图 4-108 所示。

图 4-107 "草绘"对话框

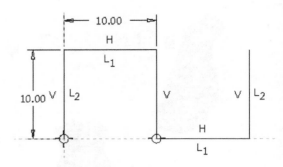

图 4-108 草图

返回操控面板，单击"△"按钮旋转为曲面的方式，在"⊥"文本框中输入 10.00，单击"✓"按钮，完成拉伸曲面的创建，如图 4-109 所示。

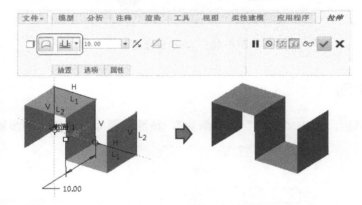

图 4-109 拉伸曲面

单击选取曲面，然后在"模型"选项卡的"编辑"区域中单击"偏移"按钮，系统弹出"偏移"操控面板，如图 4-110 所示。

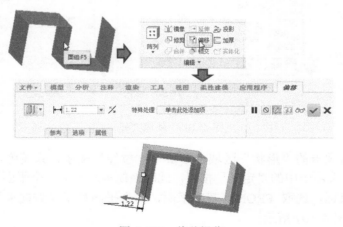

图 4-110 偏移操作

在操控面板的"⊢⊣"文本框中输入 2.00，单击"✓"按钮完成偏移曲面的创建，如图 4-111 所示。

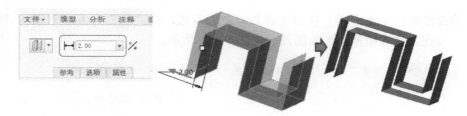

图 4-111　创建偏移曲面

4.2.6　加厚曲面

进入工作环境后，单击"文件"→"新建"，按照如图 4-112 所示的步骤新建文件。

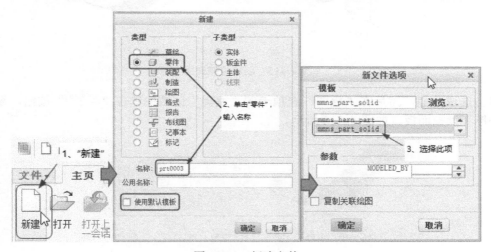

图 4-112　新建文件

在"模型"选项卡的"形状"区域中单击"　拉伸"按钮，系统弹出"拉伸"操控面板，单击"设置"选项卡中的"定义"按钮，此时系统提示选取一个平面以定义草绘平面，在工作界面移动鼠标，选取 FRONT 基准平面，参考平面和草绘方向采用系统默认，单击"草绘"按钮，如图 4-113 所示。

进入草绘环境，单击菜单栏中的"　"按钮，使草绘平面与屏幕平行，便于草绘操作；单击"～样条"按钮，绘制图形，单击"✔"按钮，完成截面的创建，如图 4-114 所示。

图 4-113　"草绘"对话框

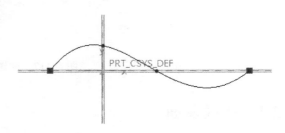

图 4-114　草图

返回操控面板，单击"⬚"按钮旋转为曲面的方式，在"⬚"文本框中输入 100.00，单击"✔"按钮，完成拉伸曲面的创建，如图 4-115 所示。

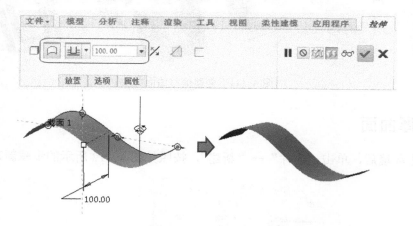

图 4-115　创建拉伸曲面

单击选取曲面，然后在"模型"选项卡的"编辑"区域中单击"⬚加厚"按钮，系统弹出"加厚"操控面板，如图 4-116 所示。

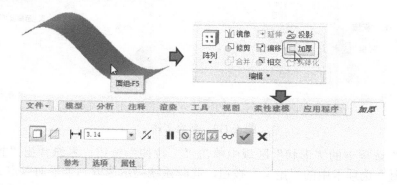

图 4-116　加厚操作

在操控面板的"⊢⊣"文本框中输入 20.00，单击"✔"按钮完成加厚曲面的创建，如图 4-117 所示。

图 4-117　创建加厚曲面

4.2.7　拔模曲面

进入工作环境后，单击"文件"→"新建"，按照如图 4-118 所示的步骤新建文件。

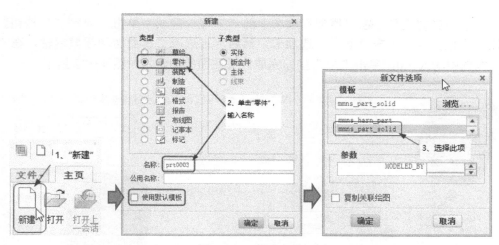

图 4-118　新建文件

在"模型"选项卡的"形状"区域中单击"旋转"按钮，系统弹出"旋转"操控面板，单击"设置"选项卡的"定义"按钮，此时系统提示选取一个平面以定义草绘平面，在工作界面移动鼠标，选取 FRONT 基准平面，参考平面和草绘方向采用系统默认，单击"草绘"按钮，如图 4-119 所示。

进入草绘环境，单击菜单栏中的"　"按钮，使草绘平面与屏幕平行，便于草绘操作；单击"中心线"、"线"按钮，绘制截面草图，单击"✔"按钮，完成截面的创建，如图 4-120 所示。

图 4-119　"草绘"对话框

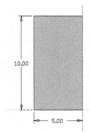

图 4-120　草图

返回操控面板，单击"　"按钮拉伸为曲面的方式，在"　"角度文本框中输入 360.0，单击"✔"按钮，完成旋转曲面的创建，如图 4-121 所示。

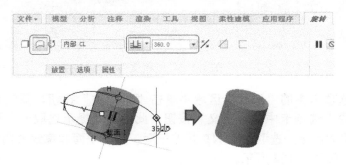

图 4-121　创建旋转曲面

单击选取旋转模型，在"模型"选项卡的"工程"区域中单击"🏵拔模▼"按钮，系统弹出拔模操控面板，单击"参考"选项卡，然后单击选取拔模曲面和拔模枢轴，在"⊿"角度文本框中输入 5.0，单击"✔"按钮完成拔模曲面的创建，如图 4-122 所示。

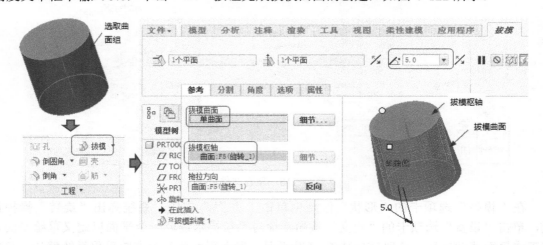

图 4-122　创建拔模曲面

4.2.8　实体化曲面

进入工作环境后，单击"文件"→"新建"，按照如图 4-123 所示的步骤新建文件。

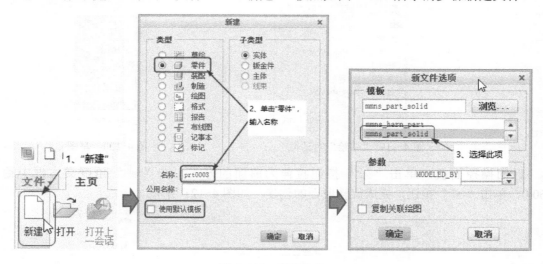

图 4-123　新建文件

在"模型"选项卡中的"形状"区域中单击"🗀拉伸"按钮，系统弹出"拉伸"操控面板，单击"设置"选项卡中的"定义"按钮，此时系统提示选取一个平面以定义草绘平面，在工作界面移动鼠标，选取 FRONT 基准平面，参考平面和草绘方向采用系统默认，单击"草绘"按钮，如图 4-124 所示。

进入草绘环境，单击菜单栏中的"⚙"按钮，使草绘平面与屏幕平行，便于草绘操作；单击
"⌒样条""⋏线▾"按钮，绘制图形，单击"✔"按钮，完成截面的创建，如图 4-125 所示。

图 4-124 "草绘"对话框

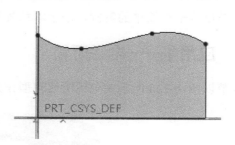

图 4-125 草图

返回操控面板，单击"⌒"按钮拉伸为曲面的方式，在"⊥"文本框中输入 100.00，单击
"选项"选项卡，勾选"☑封闭端"，单击"✔"按钮，完成拉伸曲面的创建，如图 4-126 所示。

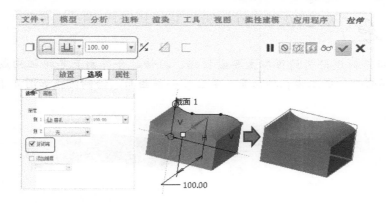

图 4-126 拉伸曲面

单击选取曲面，然后在"模型"选项卡的"编辑"区域中单击"🗇实体化"按钮，系统
弹出"实体化"操控面板，单击"✔"按钮完成实体化曲面的创建，如图 4-127 所示。

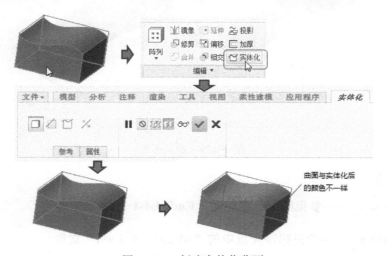

图 4-127 创建实体化曲面

4.3 要点·应用

本节以若干个简单的案例，演示本章各知识点的应用。

4.3.1 应用 1——电话听筒

本节以图 4-128 所示的电话听筒模型作为例子来讲解曲面设计的方法。

图 4-128 电话听筒模型

思路·点拨

图 4-128 所示的电话听筒模型主要由扫描、拉伸、合并曲面等特征构成，绘制过程如下：第一步扫描曲面，第二步拉伸曲面，第三步合并曲面。绘制流程如图 4-129 所示。

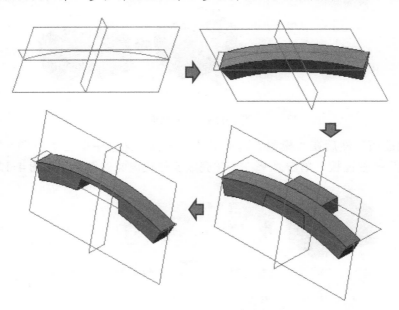

图 4-129 绘制流程

【光盘文件】

结果文件——参见附带光盘中的"End\ch4\4-3.prt"文件。

动画演示——参见附带光盘中的"AVI\ch4\4-3.avi"文件。

【操作步骤】

（1）设置工作目录。单击"主页"→
"选择工作目录"，系统弹出"选择工作目
录"对话框，选择"G:\End\ch4"，单击"确
定"按钮即可，如图 4-130 所示。

图 4-130　设置工作目录

（2）单击菜单栏中的"文件"→"新
建"，或者在快速访问工具栏中单击"□"
按钮。弹出"新建"对话框，选择"零件"
类型，取消勾选"使用默认模板"，选择
"mmns_part_solid"模板，单击"确定"按
钮进入建模环境，如图 4-131 所示。

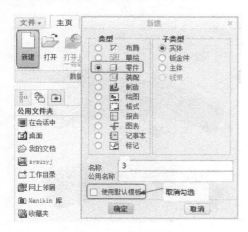

图 4-131　新建文件

（3）绘制扫描轨迹。在"模型"选项卡
的"基准"区域中单击"草绘"按钮，弹
出"草绘"对话框，选择 FRONT 作为草绘
平面，如图 4-132 所示。

图 4-132　"草绘"对话框

进入草绘环境，单击"⌒弧▾"按钮
绘制草图，单击"✔"按钮完成命令，如
图 4-133 所示。

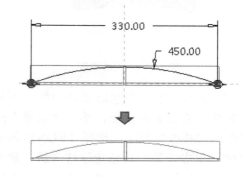

图 4-133　绘制扫描轨迹

（4）扫描曲面。在"模型"选项卡的
"形状"区域中单击"⬠扫描▾"按钮，系统
弹出"扫描"操控面板，单击"⌓"按钮选
择扫描为曲面方式，如图 4-134 所示。

图 4-134　操控面板

单击操控面板中的"⬚草绘"按钮，进
入草绘环境，单击"□矩形▾"按钮绘制草

图，单击"✔"按钮返回操控面板，再单击"✔"按钮完成命令，如图 4-135 所示。

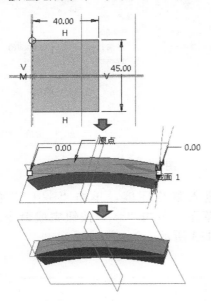

图 4-135　扫描曲面

（5）拉伸曲面。单击菜单栏中的"🗗拉伸"按钮，弹出操控面板，单击"放置"选项卡中的"草绘"按钮，选择 FRONT 为草绘平面，单击"🖽"按钮选取参考线，单击"⁞ 中心线▾"按钮绘制中心线，单击"ⵗ线▾""🗂弧▾"按钮绘制草图，如图 4-136 所示。

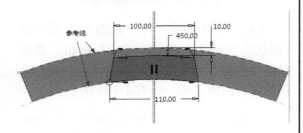

图 4-136　草图

单击"✔"按钮返回操控面板，单击"🗀"按钮选择拉伸为曲面方式，旋转类型

选择"⊥"，在角度框中输入 100.00，单击"✔"按钮完成命令，如图 4-137 所示。

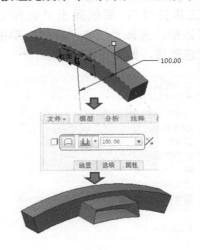

图 4-137　拉伸曲面

（6）合并曲面。在模型树单击选择扫描和拉伸两个特征，单击菜单栏中的"🗗合并"按钮，系统弹出操控面板，单击"✗"按钮调整好方向，单击"✔"按钮完成命令，如图 4-138 所示。

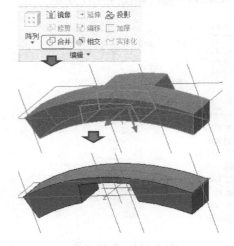

图 4-138　合并曲面

4.3.2　应用 2——按钮

本节以图 4-139 所示的按钮模型作为例子来讲解曲面设计的方法。

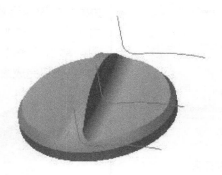

图 4-139　按钮模型

思路·点拨

图 4-139 所示的按钮模型主要由旋转、边界混合、镜像、实体化等特征构成，绘制过程如下：第一步旋转实体，第二步创建混合曲面，第三步镜像曲面，第四步实体化曲面，第五步实体化另一个曲面。绘制流程如图 4-140 所示。

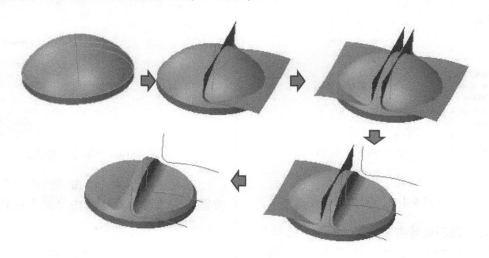

图 4-140　绘制流程

【光盘文件】

结果文件——参见附带光盘中的"End\ch4\4-4.prt"文件。

动画演示——参见附带光盘中的"AVI\ch4\4-4.avi"文件。

【操作步骤】

（1）设置工作目录。单击"主页"→"选择工作目录"，系统弹出"选择工作目录"对话框，选择"G:\End\ch4"，单击"确定"按钮即可，如图 4-141 所示。

图 4-141　设置工作目录

（2）单击菜单栏中的"文件"→"新建"，或者在快速访问工具栏中单击"□"按钮。弹出"新建"对话框，选择"零件"类型，名称输入 4，取消勾选"使用默认模板"，选择"mmns_part_solid"模板，单击"确定"按钮进入建模环境，如图 4-142 所示。

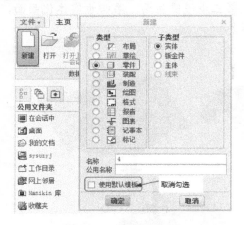

图 4-142　新建文件

（3）绘制旋转实体。在"模型"选项卡的"形状"区域中单击"◆◆旋转"按钮，系统弹出"旋转"操控面板，如图 4-143 所示。

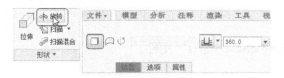

图 4-143　操控面板

单击操控面板上的"放置"→"定义"按钮，系统弹出"草绘"对话框，选择

FRONT 面作为草绘平面，进入草绘环境，单击"┊中心线▼""╲线▼""⌒弧▼"按钮绘制草图，单击"✔"按钮返回操控面板，再单击"✔"按钮完成命令，如图 4-144 所示。

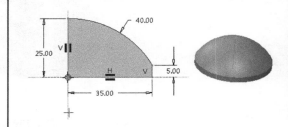

图 4-144　绘制旋转实体

（4）创建草绘曲线。在"模型"选项卡的"基准"区域中单击"⌒草绘"按钮，弹出"草绘"对话框，选择 FRONT 作为草绘平面，如图 4-145 所示。

图 4-145　"草绘"对话框

进入草绘环境，单击"╲线▼""⌒弧▼"按钮绘制草图曲线，单击"✔"按钮完成命令，如图 4-146 所示。

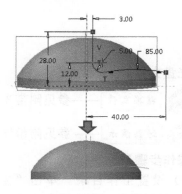

图 4-146　创建草绘曲线

（5）创建参考面。在"模型"选项卡的"基准"区域中单击"□平面"按钮，弹出"基准平面"对话框，选择 FRONT 作为偏移参考平面，如图 4-147 所示。

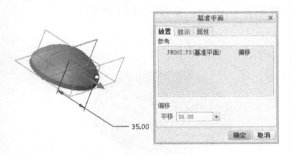

图 4-147　创建参考面

（6）创建草绘曲线 2。在"模型"选项卡的"基准"区域中单击"⌒草绘"按钮，选择 DTM1 作为草绘平面，进入草绘环境，单击"▣"选取曲线 1 作为参考线，单击"↖线▾""⌒弧▾"按钮绘制草图曲线，单击"✓"按钮完成命令，如图 4-148 所示。

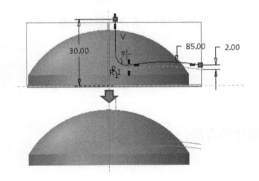

图 4-148　草绘曲线 2

（7）创建镜像曲线。单选草绘曲线 2，在"模型"选项卡的"编辑"区域中单击"〗(镜像"按钮，弹出"镜像"操控面板，选择 FRONT 面作为镜像面，单击"✓"按钮完成命令，如图 4-149 所示。

（8）创建混合曲面。在"模型"选项卡中的"曲面"区域中单击"边界混合"按钮，弹出"边界混合"操控面板，

按〈Ctrl〉键依次选择草绘曲线 1 及草绘曲线 2，镜像曲线，单击"✓"按钮完成命令，如图 4-150 所示。

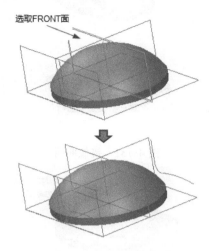

图 4-149　创建镜像曲线

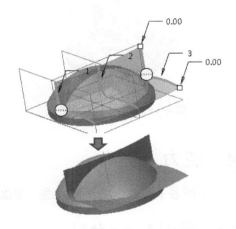

图 4-150　创建混合曲面

（9）创建镜像曲面。单选混合曲面，在"模型"选项卡的"编辑"区域中单击"〗(镜像"按钮，弹出"镜像"操控面板，选择 RIGHT 面作为镜像面，单击"✓"按钮完成命令，如图 4-151 所示。

（10）实体化混合曲面。单选混合曲面，在"模型"选项卡的"编辑"区域中单击"⌀实体化"按钮，弹出"实体化"操控面板，选择"⌀"去除材料方式，单击"✓"按钮完成命令，如图 4-152 所示。

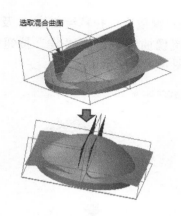

选取混合曲面

图 4-151　镜像曲面

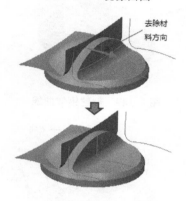

去除材料方向

图 4-152　实体化混合曲面

（11）实体化镜像曲面。单选混合曲面，在"模型"选项卡的"编辑"区域中单击"⊡实体化"按钮，弹出"实体化"操控面板，选择"◁"去除材料方式，单击"✔"按钮完成命令，如图 4-153 所示。

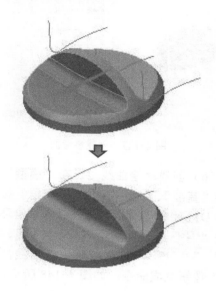

图 4-153　实体化镜像曲面

4.4　能力·提高

　　本节以若干个典型的案例，进一步深入演示设计的方法。

4.4.1　案例 1——台灯

　　本节以图 4-154 所示的台灯模型作为例子来讲解曲面设计的方法。

图 4-154　台灯模型

思路·点拨

图 4-154 所示的台灯模型主要由扫描、拉伸、混合、修剪、加厚曲面和倒圆角等特征构成，绘制过程如下：第一步扫描灯罩，第二步混合曲面，第三步扫描灯杆和加厚操作，第四步拉伸底座和倒圆角。绘制流程如图 4-155 所示。

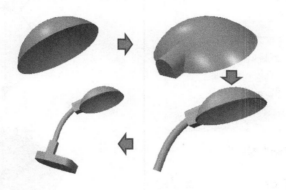

图 4-155　绘制流程

【光盘文件】

结果文件——参见附带光盘中的"End\ch4\4-5.prt"文件。

动画演示——参见附带光盘中的"AVI\ch4\4-5.avi"文件。

【操作步骤】

（1）设置工作目录。单击"主页"→"选择工作目录"，系统弹出"选择工作目录"对话框，选择"G:\End\ch4"，单击"确定"按钮即可，如图 4-156 所示。

图 4-156　设置工作目录

（2）单击菜单栏中的"文件"→"新建"，或者在快速访问工具栏中单击"⬜"

按钮。弹出新建窗口，选择"零件"类型，取消勾选"使用默认模板"选项，选择"mmns_part_solid"模板，单击"确定"按钮进入建模环境，如图 4-157 所示。

图 4-157　新建文件

（3）绘制扫描轨迹。在"模型"选项卡中的"基准"区域中单击"∿草绘"按钮，弹出"草绘"对话框，选择 FRONT 作为草绘平面，如图 4-158 所示。

图 4-158 "草绘"对话框

进入草绘环境，单击"⌒弧▾"按钮绘制草图，单击"✓"按钮完成命令，如图 4-159 所示。

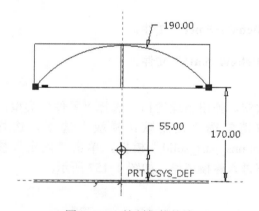

图 4-159 绘制扫描轨迹

（4）扫描曲面。在"模型"选项卡的"形状"区域中单击"⬚扫描▾"按钮，系统弹出"扫描"操控面板，单击"□"按钮选择扫描为曲面方式，如图 4-160 所示。

图 4-160 "扫描"操控面板

单击操控面板"☑草绘"按钮，进入草绘环境，单击"⌒弧▾"按钮绘制草图，单击"✓"按钮返回操控面板，再单击"✓"按钮完成命令，如图 4-161 所示。

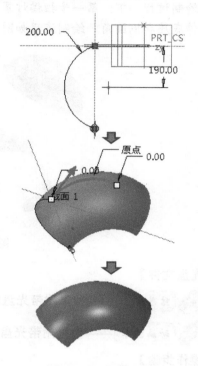

图 4-161 扫描曲面

（5）拉伸材料。单击菜单栏中的"⬠拉伸"按钮，弹出操控面板，单击"放置"选项卡中的"草绘"按钮，选择 RIGHT 为草绘平面，单击"回"按钮选取参考线，单击"┆中心线▾"按钮作中心线，单击"⌐线▾"按钮绘制草图，如图 4-162 所示。

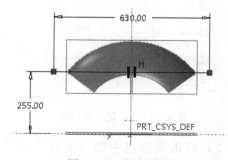

图 4-162 绘制草图

单击"✓"按钮返回操控面板，单击"⬜"按钮选择拉伸为曲面方式，选择"◪"去除材料方式，旋转类型选择"⊣⊢穿透"，单击"✓"按钮完成命令，如图 4-163 所示。

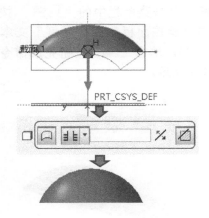

图 4-163　拉伸材料

（6）创建参考面。单击菜单栏中的"⬜平面"按钮，系统弹出"基准平面"对话框，选择 RIGHT 作为参考，偏移 42.00，单击"确定"按钮完成命令，如图 4-164 所示。

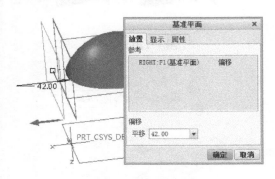

图 4-164　创建参考面

（7）混合。单击"形状▼"下拉菜单的"◢混合"按钮，系统弹出操控面板，单击"⬜"按钮选择曲面方式，单击"☑"按钮进入截面 1 的绘制，单击"✓"按钮返回操控面板，如图 4-165 所示。

在操控面板中单击"截面"选项卡中的"插入"按钮，进入草绘环境，绘制截面 2，

单击"✓"按钮返回操控面板，在"距离"文本框中输入 130.00，单击"✓"按钮完成命令，如图 4-166 所示。

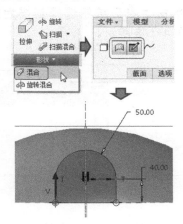

图 4-165　截面 1

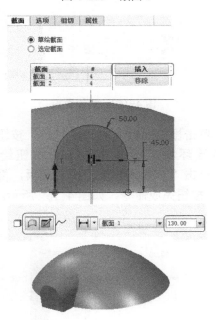

图 4-166　截面 2

（8）扫描灯杆。在"模型"选项卡的"基准"区域中单击"～草绘"按钮，弹出"草绘"对话框，选择 FRONT 作为草绘平面。进入草绘环境，单击"◠弧▼"按钮绘制草图，单击"✓"按钮完成命令，如图 4-167 所

示。

在"模型"选项卡的"形状"区域中单击"⤢扫描▾"按钮，系统弹出"扫描"操控面板，单击"◻"按钮选择扫描为曲面方式，如图 4-168 所示。

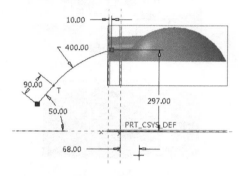

图 4-167　扫描轨迹

图 4-168　操控面板

单击操控面板上的"☑草绘"按钮，进入草绘环境，单击"◯圆 ▾"按钮绘制草图，单击"✔"按钮返回操控面板，再单击"✔"按钮完成命令，如图 4-169 所示。

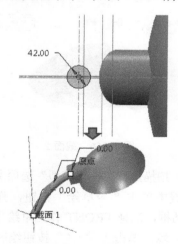

图 4-169　扫描曲面

（9）修剪。按〈Ctrl〉单击选取混合扫描部分和灯罩，单击菜单栏中的"◻修剪"按钮，系统弹出操控面板，调好修剪方向，单击"✔"按钮完成命令，如图 4-170 所示。

（10）加厚。依次单击灯罩、混合部分和灯杆，单击菜单栏中的"□加厚"按钮，系统弹出操控面板，在"厚度"文本框中输入 8.00，单击"✔"按钮完成命令，如图 4-171 所示。

图 4-170　修剪

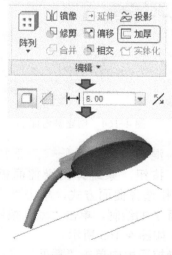

图 4-171　加厚

（11）拉伸 1。单击菜单栏中的"🗂拉伸"按钮，系统弹出操控面板，选择灯杆的底面作为草绘面，绘制草图，在"长度"文本框中输入 130.00，单击"✔"按钮完成命令，如图 4-172 所示。

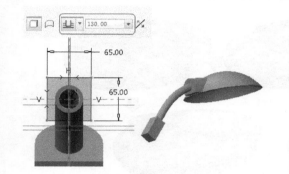

图 4-172　拉伸 1

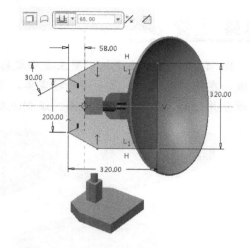

图 4-173　拉伸 2

（12）拉伸 2。单击菜单栏中的"🗂拉伸"按钮，系统弹出操控面板，选择拉伸 1 的底面作为草绘面，绘制草图，在"长度"文本框中输入 65.00，单击"✔"按钮完成命令，如图 4-173 所示。

（13）倒圆角。按〈Ctrl〉键依次选择拉伸 2 底座的各角，单击菜单栏中的"🗂倒圆角 ▼"按钮，系统弹出操控面板，在角度文本框中输入 60.00，单击"✔"按钮完成命令，如图 4-174 所示。

图 4-174　倒圆角

4.4.2　案例 2——旋钮

本节以图 4-175 所示的旋钮模型作为例子来讲解曲面设计的方法。

图 4-175　旋钮模型

思路·点拨

图 4-175 所示的旋钮模型主要由旋转、扫描、延伸、填充、合并、实体化曲面等特征构成，在绘制过程中，第一步旋转实体，第二步创建扫描曲面，第三步延伸和填充曲面，第四步合并曲面，第五步实体化面。绘制流程如图 4-176 所示。

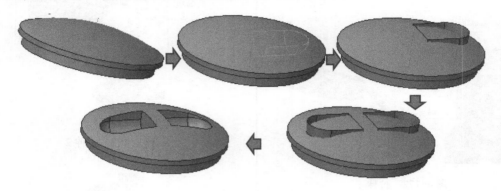

图 4-176　绘制流程

【光盘文件】

结果文件——参见附带光盘中的"End\ch4\4-6.prt"文件。

动画演示——参见附带光盘中的"AVI\ch4\4-6.avi"文件。

【操作步骤】

（1）设置工作目录。单击"主页"→"选择工作目录"，系统弹出"选择工作目录"对话框，选择"G:\End\ch4"，单击"确定"按钮即可，如图 4-177 所示。

图 4-177　设置工作目录

（2）单击菜单栏中的"文件"→"新建"，或者在快速访问工具栏中单击"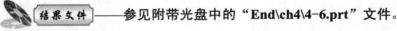"按钮。弹出新建窗口，选择"零件"类型，

名称输入 7，取消勾选"使用默认模板"，选择"mmns_part_solid"模板，单击"确定"按钮进入建模环境，如图 4-178 所示。

图 4-178　新建文件

（3）绘制旋转实体。在"模型"选项卡的"形状"区域中单击"旋转"按钮，

系统弹出"旋转"操控面板，如图 4-179 所示。

图 4-179 "旋转"操控面板

单击操控面板"放置"→"定义"按钮，系统弹出"草绘"对话框，选择 FRONT 面作为草绘平面，进入草绘环境，单击"⋮中心线▼""╲线▼""⌒弧▼"按钮绘制草图，单击"✔"按钮返回操控面板，再单击"✔"按钮完成命令，如图 4-180 所示。

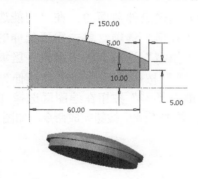

图 4-180 绘制旋转实体

（4）创建草绘曲线。在"模型"选项卡的"基准"区域中单击"╲草绘"按钮，弹出"草绘"对话框，选择 FRONT 作为草绘平面，如图 4-181 所示。

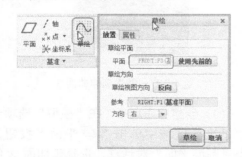

图 4-181 "草绘"对话框

进入草绘环境，单击"╲线▼""⌒弧▼"

按钮绘制草图曲线，单击"✔"按钮完成命令，如图 4-182 所示。

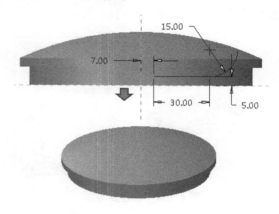

图 4-182 创建草绘曲线

（5）创建扫描。在"模型"选项卡的"形状"区域中单击"⬙扫描▼"按钮，系统弹出"扫描"操控面板，单击选择投影曲线，单击操控面板中的"☑"按钮，进入草绘环境，单击菜单栏中的"⬚"按钮，使草绘平面与屏幕平行，便于草绘操作；单击"⌒弧▼"按钮，绘制图形，单击"✔"按钮，完成截面创建，单击"✔"按钮完成命令，如图 4-183 所示。

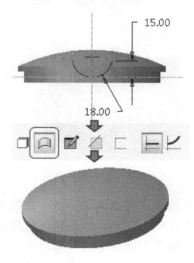

图 4-183 创建扫描

（6）创建参考面。在"模型"选项卡的

"基准"区域中单击"□平面"按钮，弹出"基准平面"对话框，选择 Z 轴端点和 TOP 面作为参考平面，如图 4-184 所示。

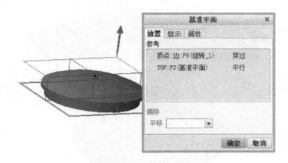

图 4-184　创建参考面

（7）创建延伸曲面 1。在"智能选取"栏选择"几何"选项，单击需要延伸的边，然后在"模型"选项卡的"编辑"区域中单击"延伸"按钮，系统弹出"延伸"操控面板，单击"□"按钮在绘图区选择 DTM1 参考面，单击"✓"按钮完成命令，如图 4-185 所示。

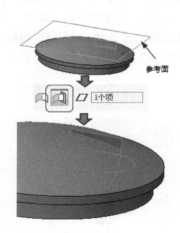

图 4-185　创建延伸曲面 1

（8）创建延伸曲面 2。在"智能选取"栏选择"几何"选项，单击需要延伸的边，然后在"模型"选项卡的"编辑"区域中单击"延伸"按钮，系统弹出"延伸"操控面板，单击"□"按钮在绘图区选择 DTM1 参考面，单击"✓"按钮完成命令，如图 4-186

所示。

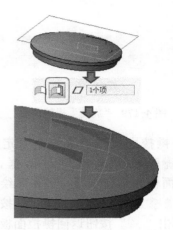

图 4-186　创建延伸曲面 2

（9）创建延伸曲面 3。在"智能选取"栏选择"几何"选项，单击需要延伸的边，然后在"模型"选项卡的"编辑"区域中单击"延伸"按钮，系统弹出"延伸"操控面板，单击"□"按钮在绘图区选择 DTM1 参考面，单击"✓"按钮完成命令，如图 4-187 所示。

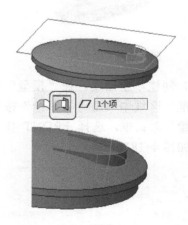

图 4-187　创建延伸曲面 3

（10）创建参考面 2。在"模型"选项卡的"基准"区域中单击"□平面"按钮，弹出"基准平面"对话框，选择延伸面 2 线作为参考线，如图 4-188 所示。

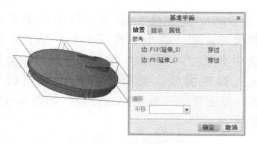

图 4-188　创建参考面 2

（11）创建草绘曲线 2。在"模型"选项卡的"基准"区域中单击"∿草绘"按钮，选择 FRONT 面作为草绘平面，进入草绘环境，单击"▣"按钮选取延伸面作为参考线，单击"∿线▾""⌒弧▾"按钮绘制草图曲线，单击"✔"按钮完成命令，如图 4-189 所示。

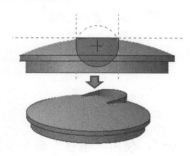

图 4-189　创建草绘曲线 2

（12）创建填充面。在"模型"选项卡的"曲面"区域中单击"▢填充"按钮，系统弹出"填充"操控面板，单击选择草绘曲线 2，单击"✔"按钮完成命令，如图 4-190 所示。

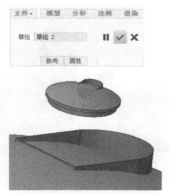

图 4-190　填充曲面

（13）创建镜像曲面。单选扫描曲面、延伸 1、延伸 2、延伸 3 曲面、填充曲面，在"模型"功能选项卡的"编辑"区域中单击"〗｛镜像"按钮，弹出"镜像"操控面板，选择 RIGHT 面作为镜像面，单击"✔"按钮完成命令，如图 4-191 所示。

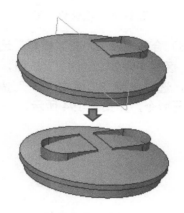

图 4-191　创建镜像曲线

（14）合并曲面。在"模型"选项卡的"编辑"区域中单击"⬭合并"按钮，弹出操控面板，按〈Ctrl〉键依次选取扫描曲面、延伸 1、延伸 2、延伸 3 曲面、填充曲面，单击"✔"按钮完成合并曲面命令，如图 4-192 所示。

图 4-192　合并曲面

（15）实体化曲面。单选以上合并曲面，在"模型"选项卡的"编辑"区域中单击"⬭实体化"按钮，弹出"实体化"操控面板，选择"⬭"去除材料方式，单击"✔"按钮完成命令，如图 4-193 所示。

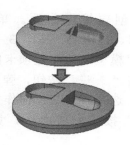

图 4-193　实体化曲面

（16）合并曲面 2。在"模型"选项卡的"编辑"区域中单击"合并"按钮，弹出操控面板，选取镜像 1，单击"✓"按钮完成合并曲面命令，如图 4-194 所示。

图 4-194　合并曲面 2

（17）实体化曲面 2。单选以上合并曲面 2，在"模型"选项卡的"编辑"区域中单击"实体化"按钮，弹出"实体化"操控面板，选择"⊿"去除材料方式，单击"✓"按钮完成命令，如图 4-195 所示。

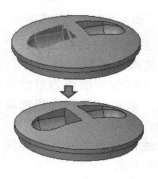

图 4-195　实体化曲面 2

4.5　习题·巩固

1．设置工作目录"End\ch4"，打开"Start\ch4\4-7.prt"，使用"偏移"命令中的"替换"选项，建立如图 4-196 所示模型。

起始文件——参见附带光盘中的"Start\ch4\4-7.prt"文件。

结果文件——参见附带光盘中的"End\ch4\4-7.prt"文件。

动画演示——参见附带光盘中的"AVI\ch4\4-7.avi"文件。

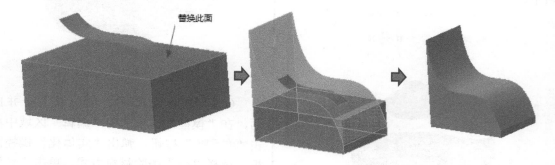

图 4-196　练习 1

2. 设置工作目录"End\ch4",打开"Start\ch4\4-8.prt",使用"边界混合"命令建立如图 4-197 所示模型。

起始文件——参见附带光盘中的"**Start\ch4\4-8.prt**"文件。

结果文件——参见附带光盘中的"**End\ch4\4-8.prt**"文件。

动画演示——参见附带光盘中的"**AVI\ch4\4-8.avi**"文件。

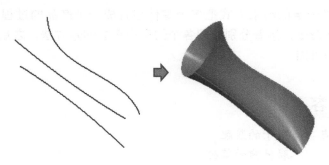

图 4-197　练习 2

3. 设置工作目录"End\ch4",打开"Start\ch4\4-9.prt",使用"实体化"、"镜像"命令建立如图 4-198 所示模型。

起始文件——参见附带光盘中的"**Start\ch4\4-9.prt**"文件。

结果文件——参见附带光盘中的"**End\ch4\4-9.prt**"文件。

动画演示——参见附带光盘中的"**AVI\ch4\4-9.avi**"文件。

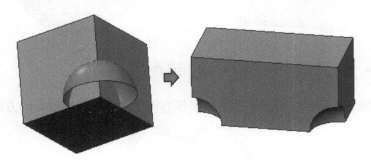

图 4-198　练习 3

第 5 章　装 配 设 计

装配设计是通过一定的约束方式把多个零件组合成一个产品的过程。本章以典型实例来讲解常用装配设计命令，接着分别介绍各个约束命令的创建方法，之后选取若干实例进行要点的应用、提高和巩固。

本讲内容

- 实例 · 知识点——镜子的装配
- 实例 · 知识点——联轴器的装配
- 要点 · 应用
- 能力 · 提高
- 习题 · 巩固

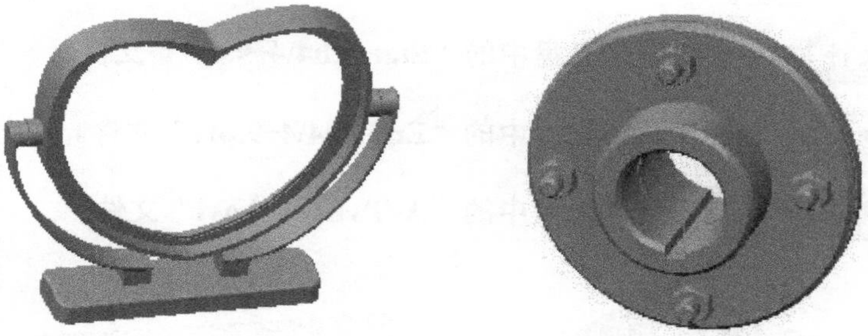

5.1　实例 · 知识点——镜子的装配

本节以创建图 5-1 所示的镜子模型的装配作为例子来讲解装配设计的方法。

图 5-1　镜子模型

思路·点拨

该组件主要由镜架、镜片等零件构成，在绘制过程中，第一步装配镜架，第二步装配镜片，装配过程中利用到重合约束。绘制流程如图 5-2 所示。

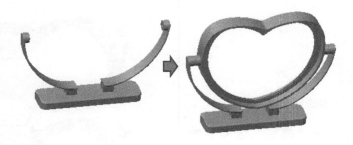

图 5-2　绘制流程

【光盘文件】

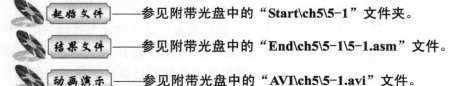

起始文件——参见附带光盘中的"Start\ch5\5-1"文件夹。

结果文件——参见附带光盘中的"End\ch5\5-1\5-1.asm"文件。

动画演示——参见附带光盘中的"AVI\ch5\5-1.avi"文件。

【操作步骤】

（1）设置工作目录。单击"主页"→"选择工作目录"，系统弹出"选择工作目录"对话框，选择"G:\End\ch5\5-1"，单击"确定"按钮即可，如图 5-3 所示。

图 5-3　设置工作目录

（2）新建装配文件。单击"主页"→"新建"，弹出"新建"对话框，单击"装配"→"设计"，输入名称"5-1"，取消勾选"使用默认模板"复选框，如图 5-4 所示，然后单击"确定"按钮弹出"新文件选项"对话框，选择"mmns_asm_design"选项，单击"确定"按钮即可新建一个装配文件，如图 5-5 所示。

图 5-4　新建装配文件

图 5-5 "新文件选项"对话框

（3）装配镜架。在"模型"选项卡的"元件"区域单击"组装"按钮，系统弹出"打开"对话框，选择打开"G:\End\ch5\5-1\1.prt"，系统弹出"元件放置"操控面板，选择"默认"，单击操控面板上的"✓"按钮完成装配镜架的命令，如图 5-6 所示。

图 5-6 装配镜架

（4）装配镜片。在"模型"选项卡的"元件"区域中单击"组装"按钮，系统弹出"打开"对话框，选择打开"G:\End\ch5\5-1\2.prt"，如图 5-7 所示。

图 5-7 装配镜片

（5）添加第一个约束。单击操控面板中的"放置"选项卡，在绘图区单击选择镜架的 FRONT 面，然后单击选择镜片的 FRONT 面，如图 5-8 所示。

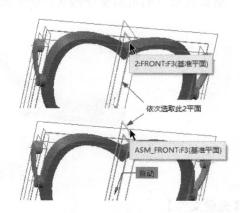

图 5-8 选择约束平面

操控面板中的"放置"选项卡的"约束类型"系统自动选择为"重合"，单击"新建约束"按钮以便添加第二个约束，如图 5-9 所示。

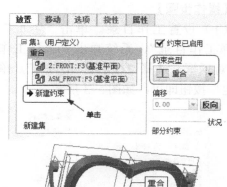

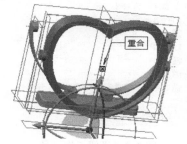

图 5-9 设置约束类型

（6）添加第二个约束。在绘图区单击选择镜架的轴，然后单击选择镜片的轴，如图 5-10 所示。

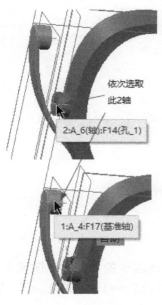

依次选取
此2轴

2:A_6(轴):F14(孔_1)

1:A_4:F17(基准轴)

图 5-10 选择约束轴

操控面板中的"放置"选项卡的"约束

类型"系统自动选择为" ⊥ 重合",单击操控面板上的" ✓ "按钮完成装配镜片的命令,如图 5-11 所示。

图 5-11 设置约束类型

5.1.1 新建一个装配文件

设置工作目录。单击"主页"→"选择工作目录",系统弹出"选择工作目录"对话框,选择"G:\End\ch5\exp1",单击"确定"按钮即可,如图 5-12 所示。

图 5-12 设置工作目录

单击"文件"→"新建",弹出"新建"对话框,单击"装配"→"设计",输入名称"xjzp",取消勾选"使用默认模板"复选框,然后单击"确定"按钮弹出"新文件选项",选择"mmns_asm_design"选项,单击"确定"按钮即可新建一个装配文件,按照如图 5-13 所示的步骤新建文件。

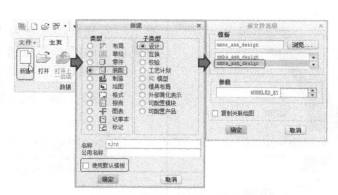

图 5-13　新建一个装配文件

5.1.2　装配第一个零件

新建一个装配文件后，进入装配模式。在"模型"选项卡的"元件"区域单击"⬚组装"按钮，系统弹出"打开"对话框，选择打开"G:\End\ch5\exp1\part0001.prt"，如图 5-14所示。

图 5-14　"打开"对话框

系统进入放置元件的模式后，弹出"元件放置"操控面板，在绘图区单击选择零件坐标系和装配坐标系，系统自动约束为重合，单击操控面板上的"✔"按钮完成装配第一个零件的命令，如图 5-15 所示。

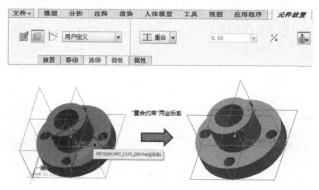

图 5-15　装配第一个零件

5.1.3　装配下一个零件

装配第一个装配零件后，继续在"模型"选项卡的"元件"区域单击"⬚组装"按钮，系统弹出"打开"对话框，选择打开"G:\End\ch5\exp1\part0002.prt"，如图 5-16 所示。

图 5-16 "打开"对话框

系统进入放置元件的模式后，弹出"元件放置"操控面板，即完成了装配下一个零件命令，如图 5-17 所示。

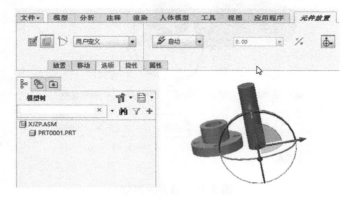

图 5-17 装配下一个零件

5.1.4 "距离"约束

单击操控面板中的"放置"按钮，在"约束类型"中选择"距离"，如图 5-18 所示。

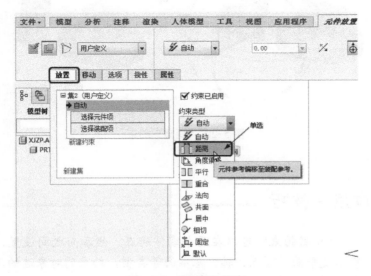

图 5-18 "距离"约束

在工作界面，用鼠标左键单击选择第一个零件的轴，移动鼠标左键单击选择第二个零件的轴，然后在操控面板的"距离"文本框中输入 12.00，如图 5-19 所示。

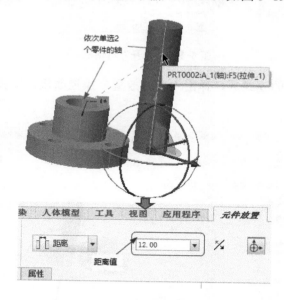

图 5-19　设置距离值

单击操控面板中的"✓"按钮即可完成两个零件的"距离"约束命令，如图 5-20 所示。

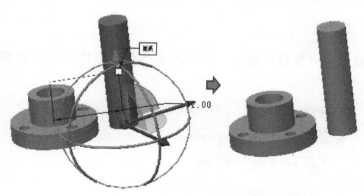

图 5-20　"距离"约束

应用·技巧

"距离约束"可以在两个零件的点、线和面之间设置，即对象可以是平面、顶点、轴、基准面等类型，约束的对象选的不必是一个类型。

5.1.5 "角度偏移"约束

设置工作目录。单击"主页"→"选择工作目录",系统弹出"选择工作目录"对话框,选择"G:\End\ch5\exp2",单击"确定"按钮即可,如图 5-21 所示。

图 5-21 设置工作目录

单击"文件"→"新建",弹出"新建"对话框,单击"装配"→"设计",输入名称"exp2",取消勾选"使用默认模板"复选框,然后单击"确定"按钮弹出"新文件选项",选择"mmns_asm_design"选项,单击"确定"按钮即可新建一个装配文件,按照如图 5-22 所示的步骤新建文件。

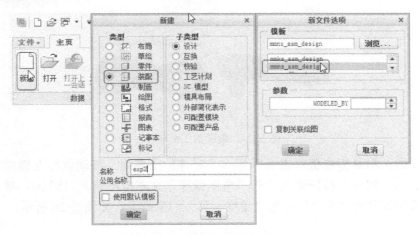

图 5-22 新建装配文件

在"模型"选项卡→"元件"区域单击"组装"按钮,系统弹出"打开"对话框,选择打开"G:\End\ ch5\exp2\part0001.prt",如图 5-23 所示。

图 5-23 "打开"对话框

系统进入放置元件的模式，弹出"元件放置"操控面板，在绘图区单击选择零件坐标系和装配坐标系，系统自动约束为重合，单击操控面板上的"✓"按钮完成装配第一个零件的命令，如图 5-24 所示。

图 5-24　装配第一个零件

在"模型"选项卡→"元件"区域单击"组装"按钮，系统弹出"打开"对话框，选择打开"G:\End\ch5\exp2\part0002.prt"，系统进入放置元件的模式，弹出"元件放置"操控面板，单击操控面板上的"放置"按钮，在"约束类型"选择"角度偏移"，如图 5-25 所示。

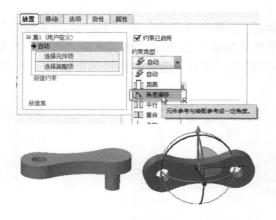

图 5-25　装配第二个零件

在工作界面，用鼠标左键单击选择第一个零件的上表面，移动鼠标左键单击选择第二个零件的前表面，然后在操控面板上的"角度偏移"文本框中输入 180.00，单击操控面板上的"✓"按钮即可完成两个零件的"角度偏移"约束命令，如图 5-26 所示。

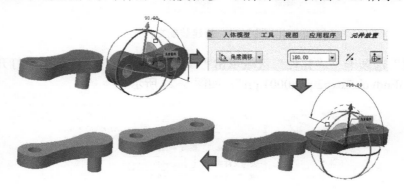

图 5-26　"角度偏移"约束

5.1.6 "平行"约束

设置工作目录。单击"主页"→"选择工作目录",系统弹出"选择工作目录"对话框,选择"G:\End\ch5\exp3",单击"确定"按钮即可,如图 5-27 所示。

图 5-27　设置工作目录

单击"文件"→"新建",弹出"新建"对话框,单击"装配"→"设计",输入名称"exp3",取消勾选"使用默认模板"复选框,然后单击"确定"按钮弹出"新文件选项",选择"mmns_asm_design"选项,单击"确定"按钮即可新建一个装配文件,按照如图 5-28 所示的步骤新建文件。

图 5-28　新建装配文件

在"模型"选项卡的"元件"区域单击"组装"按钮,系统弹出"打开"对话框,选择打开"G:\End\ ch5\exp3\part0001.prt",如图 5-29 所示。

图 5-29　"打开"对话框

　　系统进入放置元件的模式，弹出"元件放置"操控面板，在绘图区单击选择零件坐标系和装配坐标系，系统自动约束为重合，单击操控面板上的"✔"按钮完成装配第一个零件的命令，如图 5-30 所示。

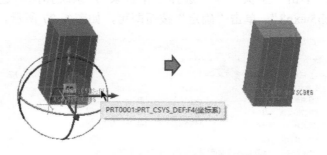

图 5-30　装配第一个零件

　　在"模型"选项卡的"元件"区域单击"组装"按钮，系统弹出"打开"对话框，选择打开"G:\End\ch5\exp3\part0002.prt"，系统进入放置元件的模式，弹出"元件放置"操控面板，单击操控面板的"放置"按钮，在"约束类型"中选择"平行"，如图 5-31 所示。

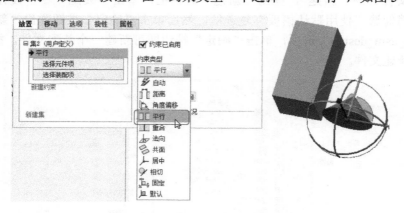

图 5-31　装配第二个零件

　　在工作界面，用鼠标左键单击选择第一个零件的前表面，移动鼠标左键单击选择第二个零件的下表面，单击操控面板的"✔"按钮即可完成两个零件的"平行"约束命令，如图 5-32 所示。

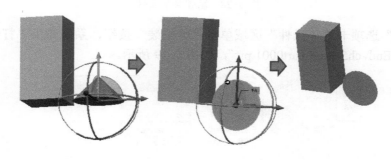

图 5-32　"平行"约束

5.1.7 "重合"约束

设置工作目录。单击"主页"→"选择工作目录",系统弹出"选择工作目录"对话框,选择"G:\End\ch5\exp4",单击"确定"按钮即可,如图 5-33 所示。

图 5-33　设置工作目录

单击"文件"→"新建",弹出"新建"对话框,单击"装配"→"设计",输入名称"exp4",取消勾选"使用默认模板"复选框,然后单击"确定"按钮弹出"新文件选项",选择"mmns_asm_design"选项,单击"确定"按钮即可新建一个装配文件,按照如图 5-34 所示的步骤新建装配文件。

图 5-34　新建装配文件

在"模型"选项卡的"元件"区域单击"组装"按钮,系统弹出"打开"对话框,选择打开"G:\End\ch5\exp4\part0001.prt",如图 5-35 所示。

图 5-35　"打开"对话框

　　系统进入放置元件的模式，弹出"元件放置"操控面板，在绘图区单击选择零件坐标系和装配坐标系，系统自动约束为重合，单击操控面板上的"✔"按钮完成装配第一个零件的命令，如图 5-36 所示。

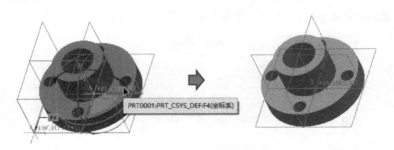

图 5-36　装配第一个零件

　　在"模型"选项卡的"元件"区域单击"🗔组装"按钮，系统弹出"打开"对话框，选择打开"G:\End\ch5\exp4\part0002.prt"，系统进入放置元件的模式，弹出"元件放置"操控面板，单击操控面板的"放置"，在"约束类型"选择"⊥重合"，如图 5-37 所示。

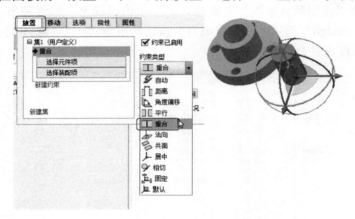

图 5-37　装配第二个零件

　　在工作界面，用鼠标左键单击选择第一个零件的轴，移动鼠标左键单击选择第二个零件的轴，系统自动约束两个零件为"重合"，如图 5-38 所示。

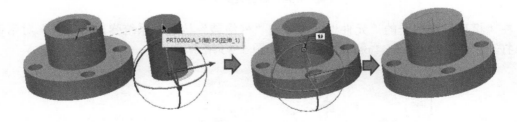

图 5-38　"重合"约束

　　继续在工作界面用鼠标左键单击选择第一个零件的顶面，移动鼠标左击单选第二个零件的顶面，单击操控面板的"✓"按钮即可使两个零件完全约束，如图 5-39 所示。

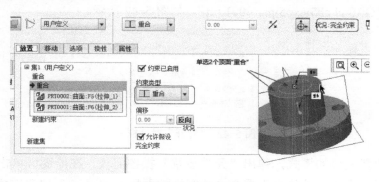

图 5-39　完全约束

5.1.8 "法向"约束

设置工作目录。单击"主页"→"选择工作目录"，系统弹出"选择工作目录"对话框，选择"G:\End\ch5\exp5"，单击"确定"按钮即可，如图 5-40 所示。

图 5-40　设置工作目录

单击"文件"→"新建"，弹出"新建"对话框，单击"装配"→"设计"，输入名称"exp5"，取消勾选"使用默认模板"复选框，然后单击"确定"按钮弹出"新文件选项"，选择"mmns_asm_design"选项，单击"确定"按钮即可新建一个装配文件，按照如图 5-41 所示的步骤新建装配文件。

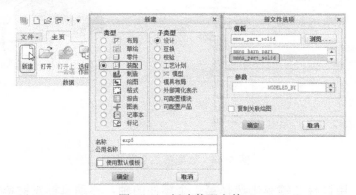

图 5-41　新建装配文件

在"模型"选项卡的"元件"区域中单击"⬛组装"按钮，系统弹出"打开"对话框，选择打开"G:\End\ch5\exp5\part0001.prt"，如图 5-42 所示。

图 5-42　"打开"对话框

系统进入放置元件的模式，弹出"元件放置"操控面板，在绘图区单击选择零件坐标系和装配坐标系，系统自动约束为重合，单击操控面板上的"✔"按钮完成装配第一个零件的命令，如图 5-43 所示。

图 5-43　装配第一个零件

在"模型"选项卡的"元件"区域中单击"⬛组装"按钮，系统弹出"打开"对话框，选择打开"G:\End\ch5\exp5\part0002.prt"，系统进入放置元件的模式，弹出"元件放置"操控面板，单击操控面板的"放置"按钮，在"约束类型"选择"↗法向"，如图 5-44 所示。

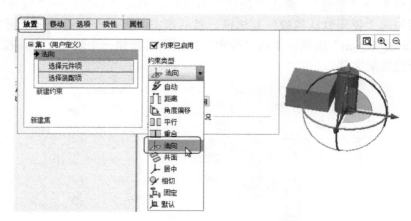

图 5-44　装配第二个零件

在工作界面，用鼠标左键单击选择第二个零件的轴，移动鼠标左键单击选择第一个零件的顶面，系统自动约束两个零件为"法向"，如图 5-45 所示。

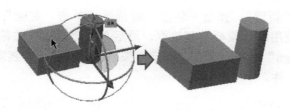

图 5-45 "法向"约束

继续在工作界面用鼠标左键单击选择第一个零件的顶面，移动鼠标左键单击选择第二个零件的底面，系统自动约束为"⊥重合"；同理，用鼠标左键单击选择第一个零件的RIGHT 面，移动鼠标左键单击选择第二个零件的 RIGHT 面，系统自动约束为"⊥重合"；同理，用鼠标左键单击选择第一个零件的 FRONT 面，移动鼠标左键单击选择第二个零件的FRONT 面，系统自动约束为"⊥重合"；单击操控面板上的"✔"按钮即可使两个零件完全约束，如图 5-46 所示。

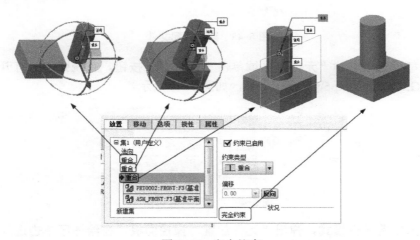

图 5-46 完全约束

5.1.9 "共面"约束

设置工作目录。单击"主页"→"选择工作目录"，系统弹出"选择工作目录"对话框，选择"G:\End\ch5\exp6"，单击"确定"按钮即可，如图 5-47 所示。

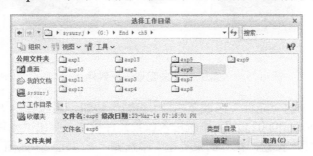

图 5-47 设置工作目录

单击"文件"→"新建",弹出"新建"对话框,单击"装配"→"设计",输入名称"exp6",取消勾选"使用默认模板"复选框,然后单击"确定"按钮弹出"新文件选项",选择"mmns_asm_design"选项,单击"确定"按钮即可新建一个装配文件,按照如图 5-48 所示的步骤新建装配文件。

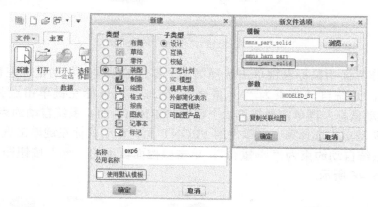

图 5-48　新建装配文件

在"模型"选项卡的"元件"区域单击"组装"按钮,系统弹出"打开"对话框,选择打开"G:\End\ch5\exp6\part0001.prt",如图 5-49 所示。

图 5-49　"打开"对话框

系统进入放置元件模式,弹出"元件放置"操控面板,在绘图区单击选择零件坐标系和装配坐标系,系统自动约束为重合,单击操控面板上的"✔"按钮完成装配第一个零件的命令,如图 5-50 所示。

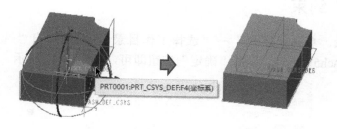

图 5-50　装配第一个零件

在"模型"选项卡的"元件"区域单击"组装"按钮,系统弹出"打开"对话框,选择打开"G:\End\ch5\exp6\part0002.prt",系统进入放置元件模式,弹出"元件放置"操控面板,单击操控面板上的"放置"按钮,在"约束类型"中选择"共面",如图 5-51 所示。

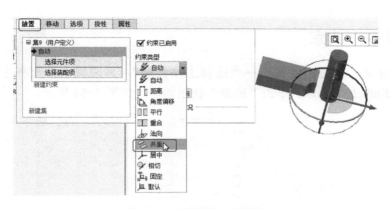

图 5-51　装配第二个零件

在工作界面，用鼠标左键单击选择第二个零件的轴，移动鼠标左键单击选择第一个零件的顶面一边，系统自动约束两个零件为"共面"，如图 5-52 所示。

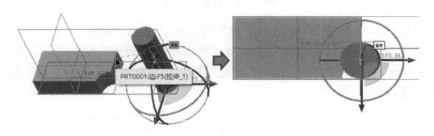

图 5-52　"共面"约束

继续在工作界面用鼠标左键单击选择第一个零件的 FRONT 面，移动鼠标左键单击选择第二个零件的 FRONT 面，系统自动约束为"工 重合"；同理，用鼠标左键单击选择第一个零件的底面，移动鼠标左键单击选择第二个零件的底面，系统自动约束为"工 重合"，单击操控面板上的"✔"按钮即可使两个零件完全约束，如图 5-53 所示。

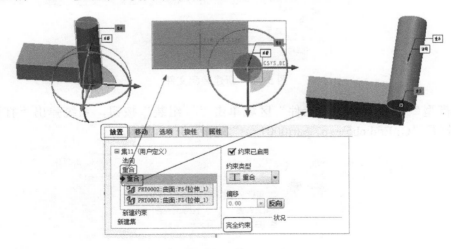

图 5-53　完全约束

5.1.10 "居中"约束

设置工作目录。单击"主页"→"选择工作目录",系统弹出"选择工作目录"对话框,选择"G:\End\ch5\exp7",单击"确定"按钮即可,如图 5-54 所示。

图 5-54 设置工作目录

单击"文件"→"新建",弹出"新建"对话框,单击"装配"→"设计",输入名称"exp7",取消勾选"使用默认模板"复选框,然后单击"确定"按钮弹出"新文件选项",选择"mmns_asm_design"选项,单击"确定"按钮即可新建一个装配文件,按照如图 5-55 所示的步骤新建装配文件。

图 5-55 新建装配文件

在"模型"选项卡中的"元件"区域单击"组装"按钮,系统弹出"打开"对话框,选择打开"G:\End\ch5\exp7\part0001.prt",如图 5-56 所示。

图 5-56 "打开"对话框

系统进入放置元件的模式，弹出"元件放置"操控面板，在绘图区单击选择零件坐标系和装配坐标系，系统自动约束为"重合"，单击操控面板上的"✔"按钮完成装配第一个零件的命令，如图 5-57 所示。

图 5-57　装配第一个零件

在"模型"选项卡中的"元件"区域单击"组装"按钮，系统弹出"打开"对话框，选择打开"G:\End\ch5\exp7\part0002.prt"，系统进入放置元件模式，弹出"元件放置"操控板，单击操控面板上的"放置"按钮，在"约束类型"中选择"居中"，如图 5-58所示。

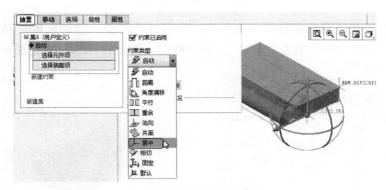

图 5-58　装配第二个零件

在工作界面，用鼠标左键单击选择第二个零件的坐标系，移动鼠标左键单击选择第一个零件的坐标系，系统自动约束两个零件为"居中"，即控制两个零件的坐标原点重合，但坐标轴不重合，如图 5-59 所示。

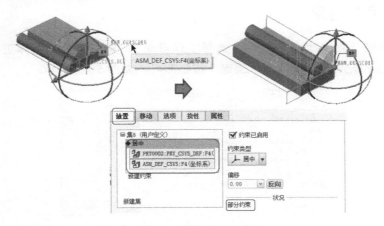

图 5-59　"居中"约束

5.1.11 "相切"约束

完成"居中"约束后，由于两个零件的装配尚属于部分约束，还应继续添加约束使之成为完全约束。

在工作界面中用鼠标左键单击选择第二个零件的圆柱面，移动鼠标左键单击选择第一个零件的顶面，系统自动约束两个零件为"相切"，如图 5-60 所示。

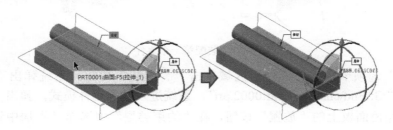

图 5-60 "相切"约束

继续在工作界面用鼠标左键单击选择第一个零件的前面，移动鼠标左键单击选择第二个零件的前面，系统自动约束为"重合"，单击操控面板上的"✔"按钮即可使两个零件完全约束，如图 5-61 所示。

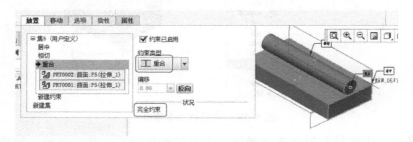

图 5-61 完全约束

5.1.12 "固定"约束

设置工作目录。单击"主页"→"选择工作目录"，系统弹出"选择工作目录"对话框，选择"G:\End\ch5\exp8"，单击"确定"按钮即可，如图 5-62 所示。

图 5-62 设置工作目录

单击"文件"→"新建",弹出"新建"对话框,单击"装配"→"设计",输入名称"exp8",取消勾选"使用默认模板"复选框,然后单击"确定"按钮弹出"新文件选项",选择"mmns_asm_design"选项,单击"确定"按钮即可新建一个装配文件,按照如图 5-63 所示的步骤新建文件。

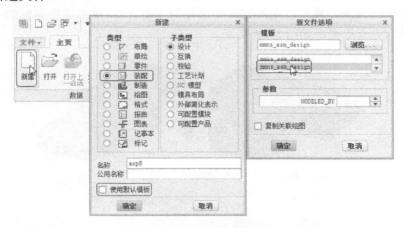

图 5-63　新建装配文件

在"模型"选项卡中的"元件"区域单击"组装"按钮,系统弹出"打开"对话框,选择打开"G:\End\ch5\exp8\part0001.prt",如图 5-64 所示。

图 5-64　"打开"对话框

系统进入放置元件的模式,弹出"元件放置"操控面板,在"约束类型"中选择"固定",单击操控面板上的"✔"按钮完成"固定"约束命令,表示把元件固定在当前位置,即完全约束,如图 5-65 所示。

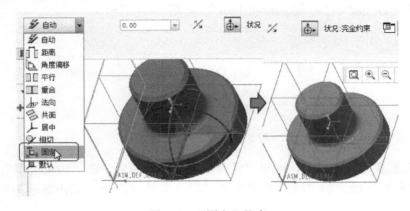

图 5-65　"固定"约束

在"模型"选项卡的"元件"区域单击"组装"按钮，系统弹出"打开"对话框，选择打开"G:\End\ch5\exp8\part0002.prt"，系统进入放置元件的模式，在工作界面，用鼠标左键单击选中第二个零件的轴，移动鼠标左键单击选中第一个零件的轴，系统自动约束两个零件为"重合"；同理，继续用鼠标左键单击选中第二个零件的底面，移动鼠标左键单击选择第一个零件的轴顶面，系统自动约束两个零件为"重合"；单击操控面板的"✓"按钮即可使两个零件为完全约束，如图 5-66 所示。

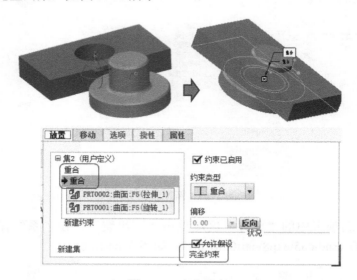

图 5-66 完全约束

5.1.13 "默认"约束

"默认"约束指使零件的默认坐标系与装配环境的默认坐标系重合，装配第一个零件时一般用此约束。此处利用 5.1.12 小节的实例，在装配第一个零件时采取如下步骤，其余步骤如装配第二个零件、添加完全约束等与 5.1.12 小节操作一样。

在"模型"选项卡的"元件"区域中单击"组装"按钮，系统弹出"打开"对话框，选择打开"G:\End\ch5\exp8\part0001.prt"，如图 5-67 所示。

图 5-67 "打开"对话框

系统进入放置元件的模式，弹出"元件放置"操控面板，在"约束类型"中选择"默认"，单击操控面板上的"✓"按钮完成"默认"约束命令，系统显示为完全约束，如图 5-68 所示。

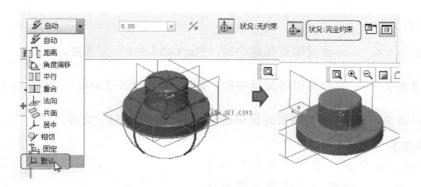

图 5-68 "默认"约束

5.2 实例·知识点——联轴器的装配

本节以创建图 5-69 所示的联轴器模型的装配作为例子来讲解装配设计的方法。

图 5-69 联轴器模型

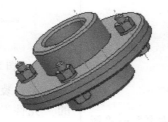思路·点拨

图 5-69 所示的联轴器组件主要由左轴套、右轴套、螺栓、垫片、螺母等零件构成，绘制过程如下：第一步装配左轴套，第二步装配右轴套，第三步装配螺栓，第四步装配垫片，第五步装配螺母，利用到重合约束、阵列命令。绘制流程如图 5-70 所示。

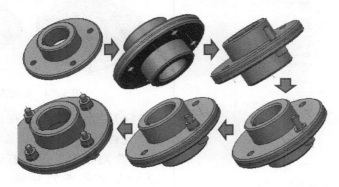

图 5-70 绘制流程

【光盘文件】

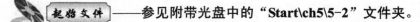

起始文件——参见附带光盘中的"Start\ch5\5-2"文件夹。

结果文件——参见附带光盘中的"End\ch5\5-2\5-2.asm"文件。

动画演示——参见附带光盘中的"AVI\ch5\5-2.avi"文件。

【操作步骤】

（1）设置工作目录。单击"主页"→"选择工作目录"，系统弹出"选择工作目录"对话框，选择"G:\End\ch5\5-2"，单击"确定"按钮即可，如图5-71所示。

图5-71　设置工作目录

（2）新建装配文件。单击"主页"→"新建"，弹出"新建"对话框，单击"装配"→"设计"，输入名称"5-2"，取消勾选"使用默认模板"复选框，如图5-72所示，然后单击"确定"按钮弹出"新文件选项"对话框，选择"mmns_asm_design"选项，单击"确定"按钮即可新建一个装配文件，如图5-73所示。

图5-72　新建装配文件

图5-73　"新文件选项"对话框

（3）装配左轴套。在"模型"选项卡中的"元件"区域单击"组装"按钮，系统弹出"打开"对话框，选择打开"G:\End\ch5\5-2\1.prt"，系统弹出"元件放置"操控面板，选择"默认"，单击操控面板上的"✓"按钮完成装配左轴套的命令，如图5-74所示。

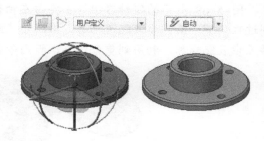

图5-74　装配左轴套

（4）装配右轴套。在"模型"选项卡中的"元件"区域单击"组装"，系统弹出"打开"对话框，选择打开"G:\End\ch5\5-2\2.prt"，如图5-75所示。

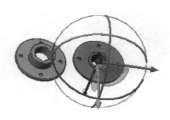

图 5-75　装配右轴套

（5）添加第一个约束。单击操控面板上的"放置"选项卡，在绘图区单击选择左轴套的圆形端面，然后单击选择右轴套的圆形端面，如图 5-76 所示。

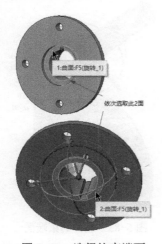

图 5-76　选择约束端面

将操控面板上的"放置"选项卡的"约束类型"手动选择为"工 重合"，单击"新建约束"按钮以便添加第二个约束，如图 5-77 所示。

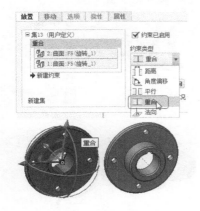

图 5-77　设置约束类型

（6）添加第二个约束。在绘图区单击选择左轴套的内侧端面，然后单击选择右轴套的内侧端面，如图 5-78 所示。

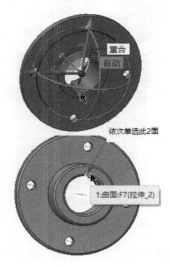

图 5-78　选择约束端面

将操控面板上的"放置"选项卡的"约束类型"手动选择为"角度偏移"，偏移角度为 180.00，单击"新建约束"按钮以便添加第三个约束，如图 5-79 所示。

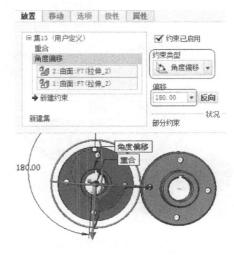

图 5-79　设置约束类型

（7）添加第三个约束。在绘图区单击选择左轴套的轴，然后单击选择右轴套的轴，如图 5-80 所示。

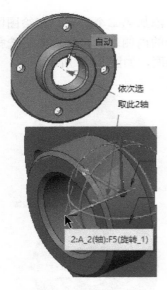

图 5-80　选择约束端面

将操控面板上的"放置"选项卡的"约束类型"选择为"⬚ 重合"，此时约束状况为"完全约束"，单击操控面板上的"✔"按钮完成装配右轴套的命令，如图 5-81 所示。

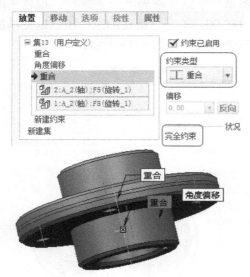

图 5-81　设置约束类型

（8）装配螺栓。在"模型"选项卡的"元件"区域单击"🔩组装"按钮，系统弹出"打开"对话框，选择打开"G:\End\ch5\5-2\3.prt"，如图 5-82 所示。

图 5-82　装配螺栓

（9）添加第一个约束。在绘图区单击选择螺栓的下端面，然后单击选择右轴套的下端面，如图 5-83 所示。

图 5-83　选择约束端面

将操控面板上的"放置"选项卡的"约束类型"系统自动选择为"⬚ 重合"，单击"新建约束"按钮以便添加第二个约束，如图 5-84 所示。

图 5-84　设置约束类型

（10）添加第二个约束。在绘图区单击选择螺栓的轴，然后单击选择右轴套的轴，将操控面板上的"放置"选项卡的"约束类型"选择为" 工 重合 "，此时约束状况为"完全约束"，单击操控面板上的" ✓ "按钮完成装配螺栓命令，如图 5-85 所示。

型"选择为" 工 重合 "，此时约束状况为"完全约束"，单击操控面板上的" ✓ "按钮完成装配垫片的命令，如图 5-88 所示。

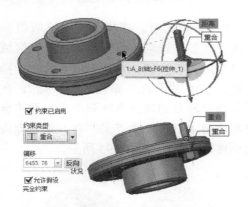

图 5-85　添加第二个约束

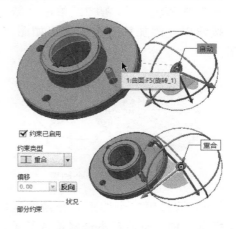

图 5-87　添加第一个约束

（11）装配垫片。在"模型"选项卡中的"元件"区域单击" 组装"按钮，系统弹出"打开"对话框，选择打开"G:\End\ch5\5-2\4.prt"，如图 5-86 所示。

图 5-86　装配垫片

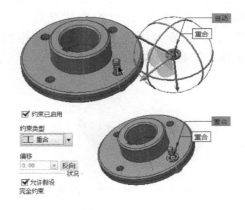

图 5-88　添加第二个约束

（12）添加第一个约束。在绘图区单击选择垫片的端面，然后单击选择左轴套的端面，将操控面板上的"放置"选项卡的"约束类型"选择为" 工 重合 "，单击"新建约束"按钮以便添加第二个约束，如图 5-87 所示。

（13）添加第二个约束。在绘图区单击选择垫片的轴，然后单击选择左轴套的轴，将操控面板上的"放置"选项卡的"约束类

（14）装配螺母。在"模型"选项卡中的"元件"区域单击" 组装"按钮，系统弹出"打开"对话框，选择打开"G:\End\ch5\5-2\5.prt"，如图 5-89 所示。

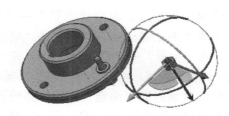

图 5-89　装配螺母

（15）添加第一个约束。在绘图区单击选择螺母的端面，然后单击选择垫片的端面，将操控面板上的"放置"选项卡的"约束类型"选择为"⊥ 重合"，单击"新建约束"按钮以便添加第二个约束，如图 5-90 所示。

图 5-90　添加第一个约束

（16）添加第二个约束。在绘图区单击选择螺母的轴，然后单击选择垫片的轴，将操控面板的"放置"选项卡的"约束类型"选择为"⊥ 重合"，此时约束状况为"完全约束"，单击操控面板上的"✔"按钮完成装配螺母的命令，如图 5-91 所示。

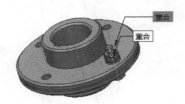

图 5-91　添加第二个约束

（17）创建组。在模型树中选择"3.PRT、4.PRT、5.PRT"，单击右键选择"组"命令，如图 5-92 所示。

图 5-92　创建组

（18）阵列组。在模型树中选取组，然后在"模型"选项卡中的"修饰符"区域单击"⊞ 阵列"按钮，系统弹出"阵列"操控面板，在"填充 ▼"单击选择"轴"，在绘图区选择轴套的轴作为阵列中心，系统自动阵列填满 4 孔，单击"✔"按钮即可完成阵列元件的命令，如图 5-93 所示。

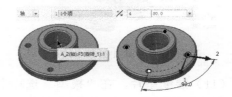

图 5-93　阵列组

（19）保存文件。完成后的联轴器如图 5-94 所示。

图 5-94　联轴器

5.2.1　创建、删除与修改元件

设置工作目录。单击"主页"→"选择工作目录"，系统弹出"选择工作目录"对话框，选择"G:\End\ch5\exp9"，单击"确定"按钮即可，如图 5-95 所示。

单击"主页"→"打开"，选择打开"G:\End\ch5\exp9\exp9.asm"，然后在"模型"选项卡中的"元件"区域单击"创建"按钮，系统弹出"元件创建"对话框，如图 5-96 所示。

单击对话框的"确定"按钮，系统弹出"创建选项"的对话框，在"创建方法"中选择"定位默认基准"，在"定位基准方法"中选择"轴垂直于平面"，单击"确定"按钮，零件呈现效果如图 5-97 所示。

图 5-95　设置工作目录

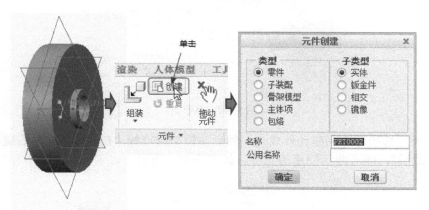

图 5-96　"元件创建"对话框

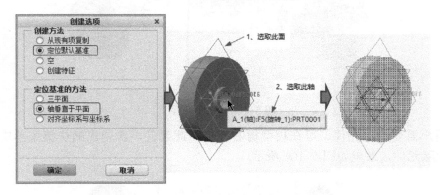

图 5-97　"创建选项"对话框

　　系统进入创建零件的工作环境，然后在"模型"选项卡→"形状"区域单击"拉伸"
按钮，系统弹出"拉伸"操控面板和"草绘"对话框，单选零件的 RIGHT 平面，然后单击
"确定"按钮进入草绘界面，单击"草绘视图"按钮使草绘平面与屏幕平行，与此同时系统
弹出"参考"对话框，在绘图区单击选择模型的小圆，如图 5-98 所示。

　　单击"关闭"按钮，系统进入草绘工作环境，在"草绘"操控面板的"草绘"区域单
击"圆"按钮，在参考小圆绘制圆，单击"✔"按钮返回"拉伸"操控面板，在
"▲"下拉选择"⊟"，在长度文本框中输入 20.00，如图 5-99 所示。

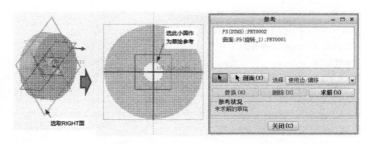

图 5-98　添加参考

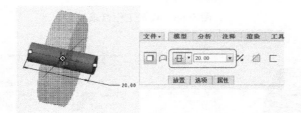

图 5-99　草绘圆

单击"✔"按钮即可创建元件成功，然后在模型树选择"EXP9.ASM"右键弹出快捷菜单，选择"激活"，即可激活创建的元件，如图 5-100 所示。

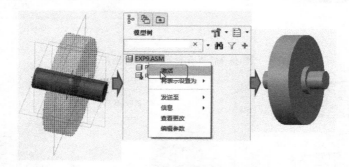

图 5-100　创建元件

如果用户需要删除元件，可在模型树右键单击此元件，在弹出的快捷菜单中选择"删除"即可删除元件，效果如图 5-101 所示。

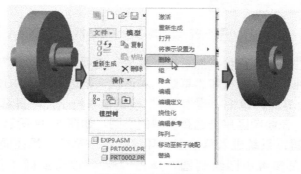

图 5-101　删除元件

如果用户需要编辑修改元件，单击模型树"🔻▾"→"树过滤器"，弹出"模型树项"对话框，勾选"特征"，然后再在模型树右键单击需要修改的元件截面，选择"编辑"命令，在绘图区输入修改的尺寸，最后在快速访问工具栏中单击"💾重新生成"按钮，即可再生编辑后的元件，如图 5-102 所示。

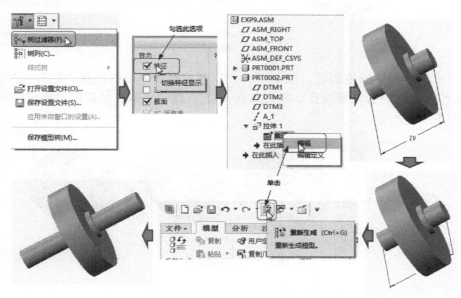

图 5-102　修改元件

5.2.2　阵列元件

设置工作目录。单击"主页"→"选择工作目录"，系统弹出"选择工作目录"对话框，选择"G:\End\ch5\exp10"，单击"确定"按钮即可，如图 5-103 所示。

图 5-103　设置工作目录

单击"主页"→"打开"，选择打开"G:\End\ch5\exp10\exp10.asm"，在模型树左键单击选择"PRT0002.PRT"，然后在"模型"选项卡中的"修饰符"区域单击"▦阵列"按钮，如图 5-104 所示。

图 5-104　阵列按钮

系统弹出"阵列"操控面板，在"填充 ▼"下拉列表中单击选择"轴"，在绘图区选择 A_1 轴作为阵列中心，系统自动阵列填满 4 孔，单击"✔"按钮即可完成阵列元件的命令，如图 5-105 所示。

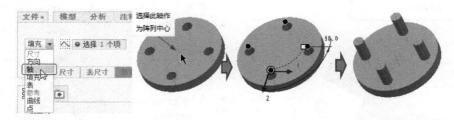

图 5-105　阵列元件

5.2.3　镜像元件

设置工作目录。单击"主页"→"选择工作目录"，系统弹出"选择工作目录"对话框，选择"G:\End\ch5\exp11"，单击"确定"按钮即可，如图 5-106 所示。

图 5-106　设置工作目录

单击"主页"→"打开"，选择打开"G:\End\ch5\exp11\exp11.asm"，在"模型"选项卡中的"元件"区域单击"创建"按钮，系统弹出"元件创建"对话框，在"子类型"选择"镜像"，如图 5-107 所示。

系统弹出"镜像零件"对话框，在模型树选择"PRT0002.PRT"作为零件参考，在绘图区选择"RIGHT"面作为平面参考，单击"确定"按钮即可完成镜像元件的命令，如图 5-108 所示。

图 5-107　元件创建

图 5-108　镜像元件

5.2.4　替换元件

设置工作目录。单击"主页"→"选择工作目录",系统弹出"选择工作目录"对话框,选择"G:\End\ch5\exp12",单击"确定"按钮即可,如图 5-109 所示。

图 5-109　设置工作目录

单击"主页"→"打开",选择打开"G:\End\ch5\exp12\exp12.asm",在模型树中右键单击"PRT0002.PRT"弹出快捷命令菜单,选择"替换"命令,如图 5-110 所示。

图 5-110　"替换"命令

系统弹出"替换"对话框，在"替换为"选项中选中"不相关元件"，在"单击此处添加项"选项中单击"📂打开"按钮，系统弹出"打开"对话框，选择"PRT0003.PRT"，如图 5-111 所示。

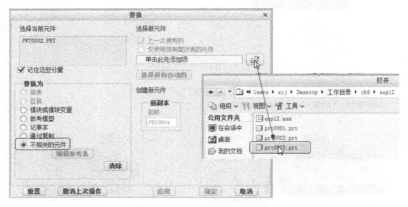

图 5-111 "替换"对话框

单击"打开"按钮返回"替换"对话框，单击"确定"按钮返回"元件放置"操控面板，"约束类型"中选择"📐固定"，单击"✅"按钮即可完成替换元件的命令，如图 5-112 所示。

图 5-112 替换元件

5.2.5 移动元件

设置工作目录。单击"主页"→"选择工作目录"，系统弹出"选择工作目录"对话框，选择"G:\End\ch5\exp13"，单击"确定"按钮即可，如图 5-113 所示。

图 5-113 设置工作目录

单击"主页"→"打开",选择打开"G:\End\ch5\exp13\exp13.asm",在模型树右键单击"PRT0002.PRT",在弹出的快捷菜单中选择"编辑定义"命令,如图 5-114 所示。

图 5-114　编辑定义

系统弹出"元件放置"对话框,在绘图区移动鼠标靠近零件,单击操控圆球,同时移动鼠标到合适位置,单击"✓"按钮即可完成移动元件的命令,如图 5-115 所示。

图 5-115　移动元件

5.3　要点·应用

本节以若干个简单案例,演示本章各知识点的应用。

5.3.1　应用1——螺钉旋具模型

本节以创建图 5-116 所示的螺钉旋具模型的装配作为例子来讲解装配设计的方法。

图 5-116　螺钉旋具模型

思路·点拨 ✎

图 5-116 所示的螺钉旋具组件主要由刀柄、刀杆等零件构成,绘制过程如下:第一步装配刀柄,第二步装配刀杆,利用到重合约束。绘制流程如图 5-117 所示。

图 5-117　绘制流程

【光盘文件】

起始文件——参见附带光盘中的"Start\ch5\5-3"文件夹。

结果文件——参见附带光盘中的"End\ch5\5-3\5-3.asm"文件。

动画演示——参见附带光盘中的"AVI\ch5\5-3.avi"文件。

【操作步骤】

（1）设置工作目录。单击"主页"→"选择工作目录"，系统弹出"选择工作目录"对话框，选择"G:\End\ch5\5-3"，单击"确定"按钮即可，如图 5-118 所示。

图 5-118　设置工作目录

（2）新建装配文件。单击"主页"→"新建"，弹出"新建"对话框，单击"装配"→"设计"，输入名称"5-3"，取消勾选"使用默认模板"复选框，如图 5-119 所示，然后单击"确定"按钮弹出"新文件选项"对话框，选择"mmns_asm_design"选项，单击"确定"按钮即可新建一个装配文件，如图 5-120 所示。

（3）装配刀柄。在"模型"选项卡中的"元件"区域单击"组装"按钮，系统弹出"打开"对话框，选择打开"G:\End\ch5\5-

3\1.prt"，系统弹出"元件放置"操控面板，选择"默认"，单击操控面板上的"✓"按钮完成装配刀柄的命令，如图 5-121 所示。

图 5-119　新建装配文件

图 5-120　"新文件选项"对话框

图 5-121　装配刀柄

（4）装配刀柄。在"模型"选项卡中的"元件"区域单击"组装"按钮，系统弹出"打开"对话框，选择打开"G:\End\ch5\5-3\2.prt"，如图 5-122 所示。

图 5-122　装配刀杆

（5）添加第一个约束。单击操控面板上的"放置"选项卡，在绘图区单击刀柄的内端面，然后单击选择刀杆的底端面，如图 5-123 所示。

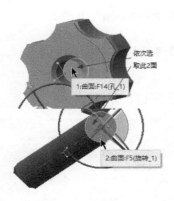

图 5-123　选择约束端面

操控板的"放置"选项卡的"约束类型"系统自动选择为"重合"，单击"新建约束"按钮以便添加第二个约束，如图 5-124 所示。

（6）添加第二个约束。在绘图区单击选择刀柄的轴，然后单击选择刀杆的轴，如图 5-125 所示。

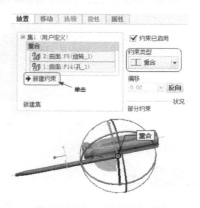

图 5-124　设置约束类型

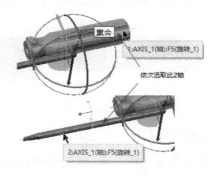

图 5-125　选择约束轴

将操控面板的"放置"选项卡的"约束类型"系统自动选择为"重合"，单击操控面板上的"对勾"按钮完成装配刀杆的命令，如图 5-126 所示。

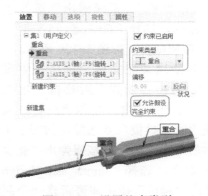

图 5-126　设置约束类型

5.3.2 应用2——眼镜盒

本节以创建图 5-127 所示的眼镜盒模型的装配作为例子来讲解装配设计的方法。

图 5-127 眼镜盒模型

思路·点拨

图 5-127 所示的眼镜盒组件主要由眼镜盒、眼镜盖等零件构成，绘制过程如下：第一步装配眼镜盒，第二步装配眼镜盖，利用到重合约束。绘制流程如图 5-128 所示。

图 5-128 绘制流程

【光盘文件】

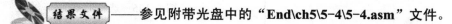起始文件——参见附带光盘中的"Start\ch5\5-4"文件夹。

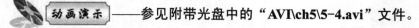结果文件——参见附带光盘中的"End\ch5\5-4\5-4.asm"文件。

动画演示——参见附带光盘中的"AVI\ch5\5-4.avi"文件。

【操作步骤】

（1）设置工作目录。单击"主页"→"选择工作目录"，系统弹出"选择工作目录"对话框，选择"G:\End\ch5\5-4"，单击"确定"按钮即可，如图 5-129 所示。

（2）新建装配文件。单击"主页"→"新建"，弹出"新建"对话框，单击"装配"→"设计"，输入名称"5-4"，取消勾选"使用默认模板"复选框，如图 5-130 所示，然后单击"确定"按钮弹出"新文件选项"对话框，选择"mmns_asm_design"选项，单击"确定"按钮即可新建一个装配文件，如图 5-131 所示。

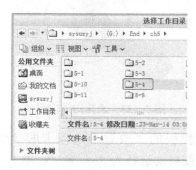

图 5-129 设置工作目录

图 5-130　新建装配文件

图 5-131　"新文件选项"对话框

（3）装配眼镜盒。在"模型"选项卡中的"元件"区域单击"组装"按钮，系统弹出"打开"对话框，选择打开"G:\End\ch5\5-4\1.prt"，系统弹出"元件放置"操控面板，选择"默认"，单击操控面板上的"✔"按钮完成装配眼镜盒的命令，如图 5-132 所示。

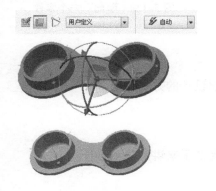

图 5-132　装配眼镜盒

（4）装配眼镜盖。在"模型"选项卡中的"元件"区域单击"组装"按钮，系统弹出"打开"对话框，选择打开"G:\End\ch5\5-4\2.prt"，如图 5-133 所示。

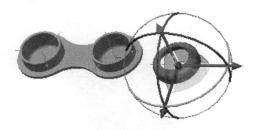

图 5-133　装配眼镜盖

（5）添加第一个约束。单击操控面板上的"放置"选项卡，在绘图区单击眼镜架的凹圆轴，然后单击选择眼镜盖的凸圆轴，如图 5-134 所示。

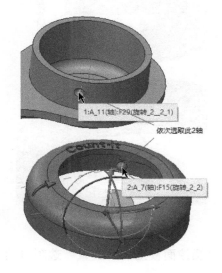

图 5-134　选择约束端面

将操控面板上的"放置"选项卡的"约束类型"手动选择为"重合"，单击"✕"按钮以匹配凸凹圆，然后单击"新建约束"按钮以便添加第二个约束，如图 5-135 所示。

（6）添加第二个约束。在绘图区单击选择眼镜架的轴，然后单击选择眼镜盖的轴，如图 5-136 所示。

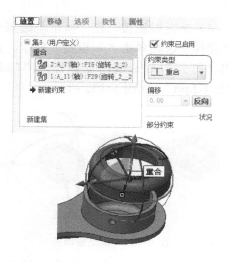

图 5-135　设置约束类型

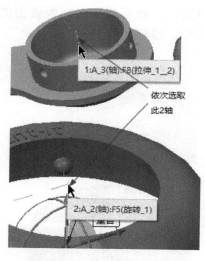

图 5-136　选择约束轴

将操控面板上的"放置"选项卡的"约

束类型"系统自动选择为"⊐⊏ 定向"，单击操控面板上的"✔"按钮完成装配眼镜盖的命令，如图 5-137 所示。

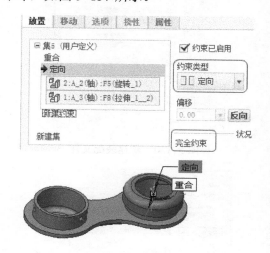

图 5-137　设置约束类型

（7）装配下一个零件。同理，在"模型"选项卡中的"元件"区域单击"组装"按钮，系统弹出"打开"对话框，选择打开"G:\End\ch5\5-4\2.prt"，按照以上装配过程即可完成装配下一个零件的命令，如图 5-138 所示。

图 5-138　装配下一个零件

5.4　能力·提高

本节以若干个典型的案例，进一步深入演示装配设计的方法。

5.4.1　案例 1——拨叉

本节以创建图 5-139 所示的拨叉模型的装配作为例子来讲解装配设计的方法。

图 5-139 拨叉模型

思路·点拨

图 5-139 所示的拨叉组件主要由底架、顶针、侧架等零件构成，绘制过程如下：第一步装配底架，第二步装配顶针，第三步装配侧架，利用到重合约束、阵列命令。绘制流程如图 5-140 所示。

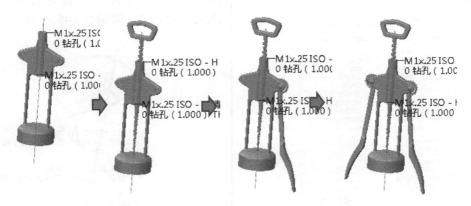

图 5-140 绘制流程

【光盘文件】

起始文件——参见附带光盘中的"Start\ch5\5-5"文件夹。

结果文件——参见附带光盘中的"End\ch5\5-5\5-5.asm"文件。

动画演示——参见附带光盘中的"AVI\ch5\5-5.avi"文件。

【操作步骤】

（1）设置工作目录。单击"主页"→"选择工作目录"，系统弹出"选择工作目录"对话框，选择"G:\End\ch5\5-5"，单击"确定"按钮即可，如图 5-141 所示。

图 5-141　设置工作目录

（2）新建装配文件。单击"主页"→"新建"，弹出"新建"对话框，单击"装配"→"设计"，输入名称"5-5"，取消勾选"使用默认模板"复选框，如图 5-142 所示，然后单击"确定"按钮弹出"新文件选项"对话框，选择"mmns_asm_design"选项，单击"确定"按钮即可新建一个装配文件，如图 5-143 所示。

图 5-142　新建装配文件

图 5-143　"新文件选项"对话框

（3）装配底架。在"模型"选项卡中的"元件"区域单击"组装"按钮，系统弹出"打开"对话框，选择打开"G:\End\ch5\5-5\1.prt"，系统弹出"元件放置"操控面板，选择"默认"，单击操控面板上的"✓"按钮完成装配底架的命令，如图 5-144 所示。

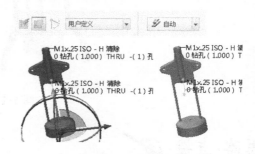

图 5-144　装配底架

（4）装配顶针。在"模型"选项卡中的"元件"区域单击"组装"按钮，系统弹出"打开"对话框，选择打开"G:\End\ch5\5-5\2.prt"，如图 5-145 所示。

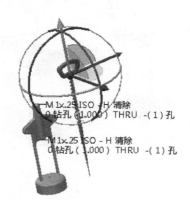

图 5-145　装配顶针

（5）添加第一个约束。单击操控面板上的"放置"选项卡，在绘图区单击选择底架的轴，然后单击选择顶针的轴，如图 5-146 所示。

将操控面板的"放置"选项卡的"约束类型"系统自动选择为"重合"，单击"新建约束"按钮以便添加第二个约束，如图 5-147 所示。

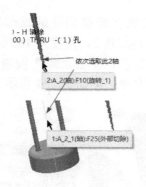

图 5-146　选择约束轴

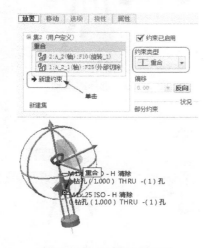

图 5-147　设置约束类型

（6）添加第二个约束。在绘图区单击选择底架的下端面，然后单击选择顶针的下端面，如图 5-148 所示。

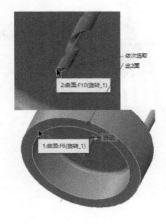

图 5-148　选择约束端面

将操控面板上的"放置"选项卡的"约束类型"选择为"⊥重合"，此时约束状况为"完全约束"，单击操控面板上的"✔"按钮完成装配顶针的命令，如图 5-149 所示。

图 5-149　设置约束类型

（7）装配侧架。在"模型"选项卡中的"元件"区域单击"组装"按钮，系统弹出"打开"对话框，选择打开"G:\End\ch5\5-5\3.prt"，如图 5-150 所示。

图 5-150　装配侧架

（8）添加第一个约束。在绘图区单击选择侧架的后端面，然后单击选择顶针的内后端面，如图 5-151 所示。

将操控面板上的"放置"选项卡的"约束类型"系统自动选择为"⊥重合"，单击"新建约束"按钮以便添加第二个约束，如图 5-152 所示。

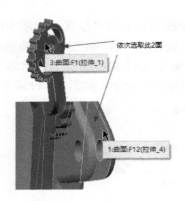

图 5-151　选择约束端面

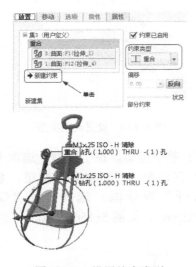

图 5-152　设置约束类型

（9）添加第二个约束。在绘图区单击选择侧架的轴，然后单击选择顶针的轴，将操控面板的"放置"选项卡的"约束类型"系统自动选择为"工 重合"，此时约束状况为"完全约束"，单击操控面板上的"✓"按钮完成装配侧架的命令，如图 5-153 所示。

（10）阵列。在模型树中选取 3.PRT，然后在"模型"选项卡中的"修饰符"区域单击"⊞阵列"按钮，系统弹出"阵列"操控面板，在"填充 ▼"下拉列表中单击选择

"轴"，在绘图区选择顶针的轴作为阵列中心，输入阵列数量 2，角度为 180.0，系统自动阵列填，2 孔，单击"✓"按钮即可完成阵列元件的命令，如图 5-154 所示。

图 5-153　选择约束轴

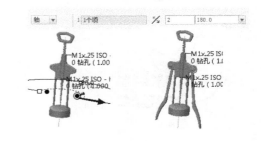

图 5-154　阵列

（11）保存文件。最终完成效果如图 5-155 所示。

图 5-155　拨叉

5.4.2　案例 2──滑轮机构

本节以创建图 5-156 所示的滑轮机构模型的装配作为例子来讲解装配设计的方法。

图 5-156　滑轮机构模型

思路·点拨

图 5-156 所示的滑轮机构组件主要由托架、铜套、滑轮、轴、垫片、螺母等零件构成，绘制过程如下：第一步装配托架，第二步装配铜套，第三步装配滑轮，第四步装配轴，第五步装配垫片，第六步装配螺母，利用到重合约束。绘制流程如图 5-157 所示。

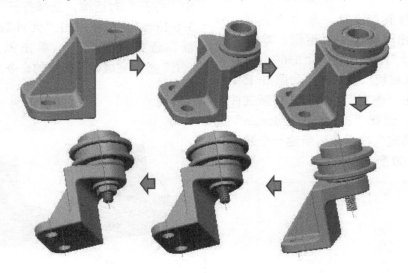

图 5-157　绘制流程

【光盘文件】

起始文件——参见附带光盘中的"Start\ch5\5-6"文件夹。

结果文件——参见附带光盘中的"End\ch5\5-6\5-6.asm"文件。

动画演示——参见附带光盘中的"AVI\ch5\5-6.avi"文件。

【操作步骤】

（1）设置工作目录。单击"主页"→"选择工作目录"，系统弹出"选择工作目录"对话框，选择"G:\End\ch5\5-6"，单击"确定"按钮即可，如图 5-158 所示。

图 5-158　设置工作目录

（2）新建装配文件。单击"主页"→"新建"，弹出"新建"对话框，单击"装配"→"设计"，输入名称"5-6"，取消勾选"使用默认模板"复选框，如图 5-159 所示，然后单击"确定"按钮弹出"新文件选项"对话框，选择"mmns_asm_design"选项，单击"确定"按钮即可新建一个装配文件，如图 5-160 所示。

图 5-159　新建装配文件

图 5-160　"新文件选项"对话框

（3）装配托架。在"模型"选项卡中的"元件"区域单击"组装"按钮，系统弹出"打开"对话框，选择打开"G:\End\ch5\5-6\1.prt"，系统弹出"元件放置"操控面板，选择"默认"，单击操控面板上的"✔"按钮完成装配托架的命令，如图 5-161 所示。

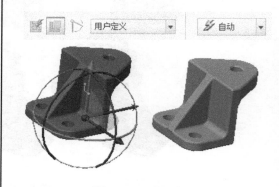

图 5-161　装配托架

（4）装配铜套。在"模型"选项卡中的"元件"区域单击"组装"按钮，系统弹出"打开"对话框，选择打开"G:\End\ch5\5-6\2.prt"，如图 5-162 所示。

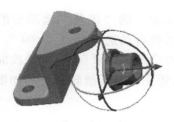

图 5-162　装配铜套

（5）添加第一个约束。单击操控面板上的"放置"选项卡，在绘图区单击选择铜套的底端面，然后单击选择托架的上端面，如图 5-163 所示。

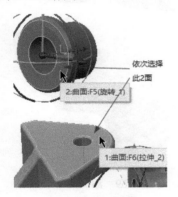

图 5-163　选择约束端面

将操控面板上的"放置"选项卡的"约束类型"手动选择为"⊥重合"，单击"新建约束"以便添加第二个约束，如图 5-164 所示。

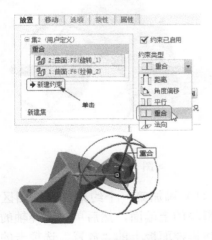

图 5-164　设置约束类型

（6）添加第二个约束。在绘图区单击选择铜套的轴，然后单击选择托架的轴，如图 5-165 所示。

将操控面板上的"放置"选项卡的"约束类型"手动选择为"⊥重合"，此时约束状况为"完全约束"，单击操控面板上的"✓"按钮完成装配铜套的命令，如图 5-166 所示。

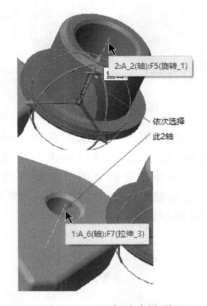

图 5-165　选择约束端面

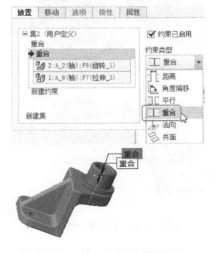

图 5-166　设置约束类型

（7）装配滑轮。在"模型"选项卡中的"元件"区域单击"🖳组装"按钮，系统弹出"打开"对话框，选择打开"G:\End\ch5\5-6\3.prt"，如图 5-167 所示。

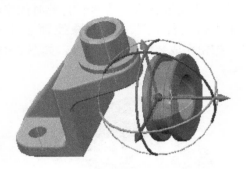

图 5-167　装配滑轮

（8）添加第一个约束。在绘图区单击选择铜套的上端面，然后单击选择滑轮的下端面，将操控面板上的"放置"选项卡的"约束类型"手动选择为"⊥重合"，如图 5-168 所示。

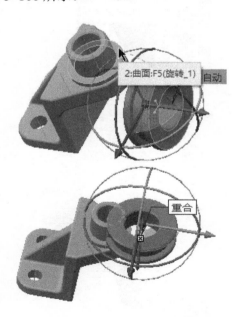

图 5-168　添加第一个约束

（9）添加第二个约束。在绘图区单击选择铜套的轴，然后单击选择滑轮的轴，

将操控面板上的"放置"选项卡的"约束类型"系统自动选择为"⊥重合"，此时约束状况为"完全约束"，单击操控面板上的"✔"按钮完成装配滑轮命令，如图 5-169 所示。

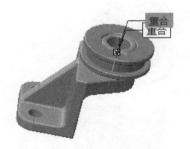

图 5-169　添加第二个约束

（10）装配轴。在"模型"选项卡中的"元件"区域单击"🖳组装"按钮，系统弹出"打开"对话框，选择打开"G:\End\ch5\5-6\4.prt"，如图 5-170 所示。

图 5-170　装配轴

（11）添加第一个约束。在绘图区单击选择滑轮的上端面，然后单击选择轴的下端面，将操控面板上的"放置"选项卡的"约

束类型"手动选择为"⼯ 重合",如图 5-171
所示。

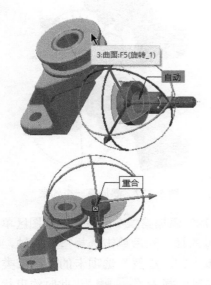

图 5-171　添加第一个约束

（12）添加第二个约束。在绘图区单击
选择轴的轴，然后单击选择滑轮的轴，将操
控面板上的"放置"选项卡的"约束类型"
系统自动选择为"⼯ 重合"，此时约束状况
为"完全约束"，单击操控面板上的"✓"
按钮完成装配轴的命令，如图 5-172 所示。

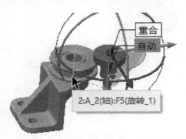

图 5-172　添加第二个约束

（13）装配垫片。在"模型"选项卡中
的"元件"区域单击"组装"按钮，系统
弹出"打开"对话框，选择打开"G:\End\
ch5\5-6\5.prt"，如图 5-173 所示。

图 5-173　装配垫片

（14）添加第一个约束。在绘图区单击选
择托架的下端面，然后单击选择垫片的上端
面，将操控面板上的"放置"选项卡的"约
束类型"手动选择为"⼯ 重合"，如图 5-174
所示。

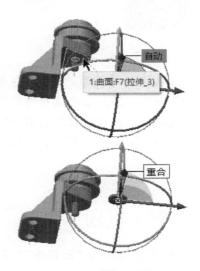

图 5-174　添加第一个约束

（15）添加第二个约束。在绘图区单击选
择托架的轴，然后单击选择垫片的轴，将操控
面板上的"放置"选项卡的"约束类型"系统
手动选择为"⼯ 重合"，此时约束状况为"完
全约束"，单击操控面板上的"✓"按钮完成
装配垫片的命令，如图 5-175 所示。

图 5-175 添加第二个约束

（16）装配螺母。在"模型"选项卡中的"元件"区域单击"组装"按钮，系统弹出"打开"对话框，选择打开"G:\End\ch5\5-6\6.prt"，如图 5-176 所示。

图 5-176 装配螺母

（17）添加第一个约束。在绘图区单击选择垫片的下端面，然后单击选择螺母的上端面，将操控面板上的"放置"选项卡的"约束类型"手动选择为"重合"，如图 5-177 所示。

图 5-177 添加第一个约束

（18）添加第二个约束。在绘图区单击选择螺母的轴，然后单击选择垫片的轴，将操控面板上的"放置"选项卡的"约束类型"系统自动选择为"重合"，此时约束状况为"完全约束"，单击操控面板上的"✓"按钮完成装配螺母的命令，如图 5-178 所示。

图 5-178 添加第二个约束

5.5 习题·巩固

1. 设置工作目录为"End\ch5\5-7"，利用"Start\ch5\5-7"文件夹中的各零件，创建如图 5-179 所示的装配图。

起始文件——参见附带光盘中的"Start\ch5\5-7"文件夹。

结果文件——参见附带光盘中的"End\ch5\5-7\5-7.asm"文件。

动画演示——参见附带光盘中的"AVI\ch5\5-7.avi"文件。

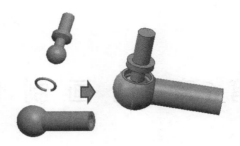

图 5-179　练习 1

2．设置工作目录为"End\ch5\5-8"，利用"Start\ch5\5-8"文件夹中的各零件，创建如图 5-180 所示的装配图。

起始文件——参见附带光盘中的"**Start\ch5\5-8**"文件夹。

结果文件——参见附带光盘中的"**End\ch5\5-8\5-8.asm**"文件。

动画演示——参见附带光盘中的"**AVI\ch5\5-8.avi**"文件。

图 5-180　练习 2

3．设置工作目录为"End\ch5\5-9"，利用"Start\ch5\5-9"文件夹中的各零件，创建如图 5-181 所示的装配图。

起始文件——参见附带光盘中的"**Start\ch5\5-9**"文件夹。

结果文件——参见附带光盘中的"**End\ch5\5-9\5-9.asm**"文件。

动画演示——参见附带光盘中的"**AVI\ch5\5-9.avi**"文件。

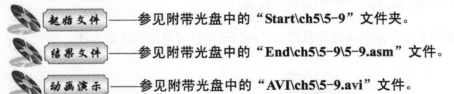

图 5-181　练习 3

第 6 章 动画制作

　　动画制作是一种让装配体运动起来的方法，可直接使用鼠标拖动组件，仿照动画影片的制作方法，在每一步产生关键帧，最后继续播放这些关键帧制作动画。本章首先以典型实例引申出常用动画制作命令的讲解，接着分别介绍各个命令的创建方法，最后选取若干实例进行要点的应用、提高和巩固。

 本讲内容

　　➘ 实例·知识点——齿轮轴系
　　➘ 要点·应用
　　➘ 能力·提高
　　➘ 习题·巩固

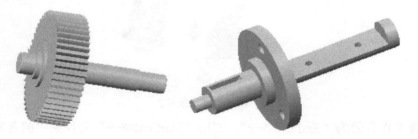

6.1 实例·知识点——齿轮轴系

　　本节以创建图 6-1 所示的齿轮轴系的动画为例子来讲解动画制作的方法。

图 6-1 齿轮轴系的动画

思路·点拨

图 6-1 所示的齿轮轴条组件主要由轴、键、齿轮等零件构成，制作过程如下：第一步新建动画，第二步创建快照，第三步定义关键帧，第四步播放并保存动画。制作流程如图 6-2 所示。

图 6-2 制作流程

【光盘文件】

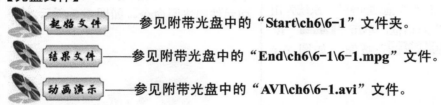

起始文件——参见附带光盘中的"**Start\ch6\6-1**"文件夹。

结果文件——参见附带光盘中的"**End\ch6\6-1\6-1.mpg**"文件。

动画演示——参见附带光盘中的"**AVI\ch6\6-1.avi**"文件。

【操作步骤】

（1）打开模型。单击工具栏中的"打开"按钮，选择"G:\End\ch6\6-1\6-1.asm"，单击"打开"按钮即可打开模型，如图 6-3 所示。

（2）新建动画。在"应用程序"选项卡中的"运动"区域中单击"动画"按钮，系统弹出"动画"操控面板，然后单击操控面板上的"新建动画"下拉菜单的"快照"按钮，系统弹出"定义动画"对话框，单击"确定"按钮新建一个动画，如图 6-4 所示。

图 6-3 打开模型

图 6-4 "定义动画"对话框

（3）定义主体。单击操控面板上的"机构设计"区域→"主体定义"，系统弹出"主体"对话框，单击"每个主体一个零件"按钮，即可自动为每个零件添加主体，如图 6-5 所示。

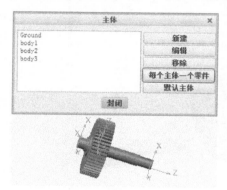

图 6-5 定义主体

（4）创建快照。在"动画"选项卡的"机构设计"区域中单击"拖动元件"，系统弹出"拖动"和"选择"对话框，单击"▶快照"按钮，单击"▼高级拖动选项"按钮，如图 6-6 所示。

图 6-6 "拖动"对话框

单击""按钮给模型组件拍照即可完成拖动元件的快照命令，如图 6-7 所示。

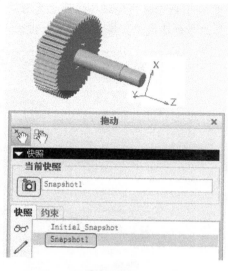

图 6-7 拖动元件的快照 1

单击对话框上的"主体拖动"按钮，然后单击对话框的高级拖动选项"Z 向平移"，在绘图区选择齿轮模型沿 Z 向平移，单击""按钮给模型组件拍照即可完成拖动元件的快照命令，如图 6-8 所示。

图 6-8 拖动元件的快照 2

同理，单击对话框上的"主体拖动"按钮，然后单击对话框的高级拖动选项"X 向平移"按钮，在绘图区选择键模型沿 X 向平移，单击"" 按钮给模型组件拍照即可完成拖动元件的快照命令，单击"关闭"按钮完成拍照命令，如图 6-9 所示。

图 6-9　拖动元件的快照 3

（5）定义关键帧。在"动画"选项卡中的"创建动画"区域中单击"关键帧序列"按钮，系统弹出"关键帧序列"对话框，选择"Snapshot1"，单击"" 按钮预览选定快照，在时间框中输入 0，单击"+ 按钮添加"到关键帧序列表中，如图 6-10 所示。

图 6-10　"关键帧序列"对话框

同理，选择"Snapshot2"，单击"" 按钮预览选定快照，在时间框中输入 5.0，单击"+ 添加"按钮到关键帧序列表中，如图 6-11 所示。

图 6-11　"关键帧序列"对话框

同理，选择"Snapshot3"，单击"" 按钮预览选定快照，在时间框中输入 10.0，单击"+ 添加"按钮到关键帧序列表中，单击"确定"按钮完成添加关键帧命令，如图 6-12 所示。

图 6-12　"关键帧序列"对话框

（6）播放动画。工作界面出现时间线，单击"▶生成并运行动画"按钮可运行动画，在"动画"选项卡中的"回放"区域单击"回放"按钮，系统弹出"回放"对话框，如图 6-13 所示。

图 6-13　播放动画

（7）保存动画。单击"回放"对话框的"⟨⟩播放当前结果集"按钮，弹出"动画播放"控制条即可完成回放命令，如图 6-14 所示。

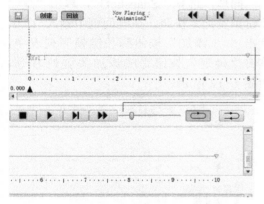

图 6-14　"动画播放"控制条

单击"💾"按钮，系统弹出"捕获"对话框，单击"浏览"按钮选择保存位置，接受默认视频参数，单击"确定"按钮即可完成保存动画的命令，如图 6-15 所示。

图 6-15　保存动画

6.1.1　新建动画命令

单击"文件"→"新建"→"装配"，输入名称"xjdh"，取消勾选"使用默认模板"复选框，然后单击"确定"按钮弹出"新文件选项"，选择"mmns_asm_design"选项，按照如图 6-16 所示的步骤新建文件。

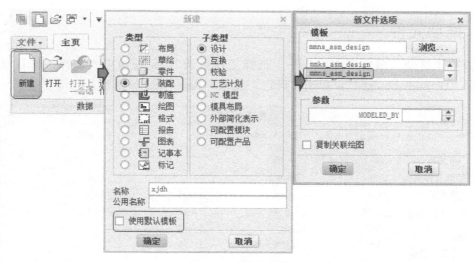

图 6-16　新建文件

在"应用程序"选项卡的"运动"区域中单击"动画"按钮，系统弹出"动画"操控面板，如图 6-17 所示。

图 6-17　"动画"操控面板

单击操控面板上的"新建动画"按钮，系统弹出"定义动画"对话框，单击"确定"按钮即可完成命令，如图 6-18 所示。

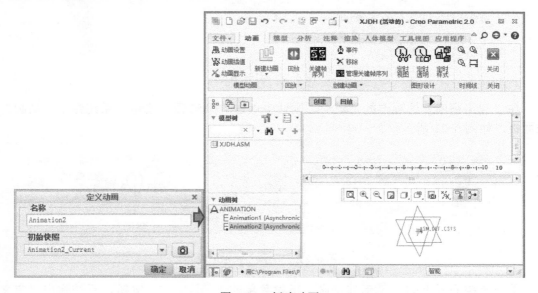

图 6-18　新建动画

6.1.2 拖动元件

设置工作目录。单击"主页"→"选择工作目录",系统弹出"选择工作目录"对话框,选择"G:\End\ch6\exp1",单击"确定"按钮即可,如图 6-19 所示。

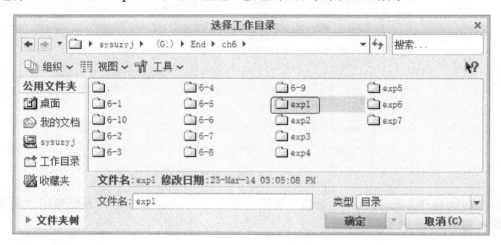

图 6-19 设置工作目录

单击工具栏中的"📂打开"按钮,选择"G:\End\ch6\exp1\exp1.asm",单击"打开"按钮即可打开模型,如图 6-20 所示。

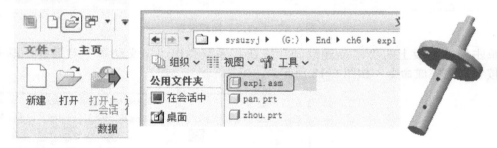

图 6-20 打开模型

在"应用程序"选项卡的"运动"区域中单击"📷动画"按钮,系统弹出"动画"操控面板,如图 6-21 所示。

图 6-21 "动画"操控面板

单击操控面板上的"🖼新建动画"下拉菜单的"📷快照" 按钮,系统弹出"定义动画"对话框,单击"确定"按钮新建一个动画,如图 6-22 所示。

图 6-22　定义动画

在"动画"选项卡的"机构设计"区域中单击"🖐 拖动元件"按钮,系统弹出"拖动"和"选择"对话框,如图 6-23 所示。

图 6-23　"拖动"和"选择"对话框

在绘图区的模型任意位置单击左键,拖动鼠标,单击"🖳 拍下当前配置的快照"按钮,给模型组件拍照即可完成拖动元件的快照命令,如图 6-24 所示。

图 6-24　拖动元件

6.1.3　定义主体

设置工作目录。单击"主页"→"选择工作目录",系统弹出"选择工作目录"对话框，选择"G:\End\ch6\exp1"，单击"确定"按钮即可，如图 6-25 所示。

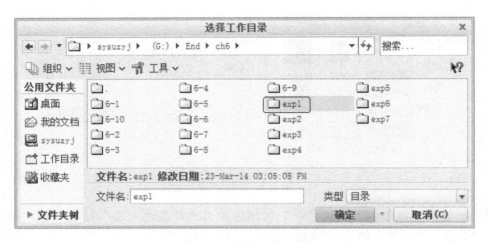

图 6-25　设置工作目录

单击工具栏中的"打开"按钮，选择"G:\End\ch6 \exp1\exp1.asm"，单击"打开"按钮即可打开模型，如图 6-26 所示。

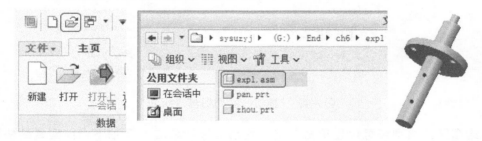

图 6-26　打开模型

在"应用程序"选项卡的"运动"区域中单击"动画"按钮，系统弹出"动画"操控面板，如图 6-27 所示。

图 6-27　"动画"操控面板

单击操控面板上的"模拟动画"→"新建动画"，系统弹出"定义动画"对话框，单击"确定"按钮新建一个动画，如图 6-28 所示。

图 6-28　新建动画

单击操控面板上的"机构设计"→"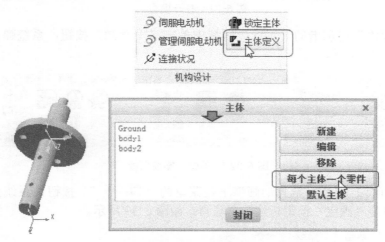 主体定义"，系统弹出"主体"对话框，单击"每个主体一个零件"按钮，即可自动为每个零件添加主体，如图 6-29 所示。

图 6-29　添加主体

6.1.4　关键帧

设置工作目录。单击"主页"→"选择工作目录"，系统弹出"选择工作目录"对话框，选择"G:\End\ch6\exp2"，单击"确定"按钮即可，如图 6-30 所示。

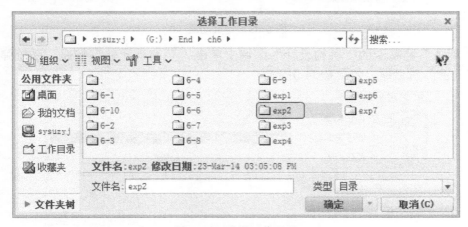

图 6-30　设置工作目录

单击工具栏中的"🗁打开"按钮,选择"G:\End \ch6 \exp2\exp2.asm",单击"打开"按钮即可打开模型,如图6-31所示。

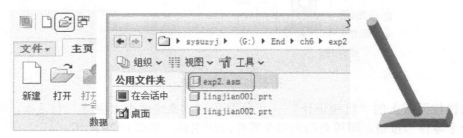

图6-31　打开模型

在"应用程序"选项卡的"运动"区域中单击"📹动画"按钮,系统弹出"动画"操控面板,如图6-32所示。

图6-32　"动画"操控面板

单击操控面板上的"🔲新建动画"下拉菜单的"📷快照"按钮,系统弹出"定义动画"对话框,单击"确定"按钮新建一个动画,如图6-33所示。

图6-33　定义动画

在"动画"选项卡的"机构设计"区域中单击"🖐拖动元件"按钮,系统弹出"拖动"和"选择"对话框,如图6-34所示。

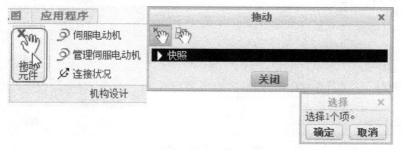

图6-34　"拖动"和"选择"对话框

在绘图区的模型任意位置单击左键并拖动鼠标，单击"拍下当前配置的快照" 按钮，给模型组件拍照即可完成拖动元件的快照命令，如图 6-35 所示。

图 6-35　拖动元件

在"动画"选项卡中的"创建动画"区域中单击" 关键帧序列" 按钮，系统弹出"关键帧序列"对话框，如图 6-36 所示。

图 6-36　"关键帧序列"对话框

单击"关键帧序列"的"关键帧"下拉按钮，在弹出的列表框中选择"Snapshot1"，单击右边的" 添加"按钮，在"时间"框中即出现添加的关键帧，单击"确定"按钮即可完成添加关键帧的命令，如图 6-37 所示。

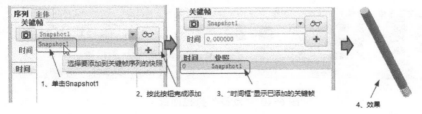

图 6-37　添加关键帧

6.1.5　连接状况

设置工作目录。单击"主页"→"选择工作目录"，系统弹出"选择工作目录"对话框，选择"G:\End\ch6\exp3"，单击"确定"按钮即可，如图 6-38 所示。

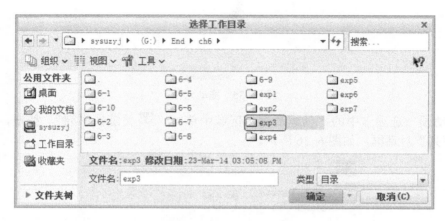

图 6-38　设置工作目录

单击工具栏中的"□打开"按钮，选择"G:\End\ch6 \exp3\exp3.asm"，单击"打开"按钮即可打开模型，如图 6-39 所示。

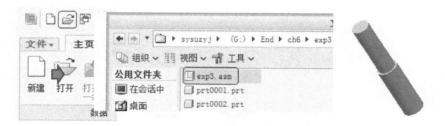

图 6-39　打开模型

在"应用程序"选项卡中的"运动"区域中单击"🎥动画"按钮，系统弹出"动画"操控面板，如图 6-40 所示。

图 6-40　"动画"操控面板

单击操控面板上的"🔲新建动画"下拉菜单的"📷快照"按钮，系统弹出"定义动画"对话框，单击"确定"按钮新建一个动画，如图 6-41 所示。

图 6-41　定义动画

在"动画"选项卡的"机构设计"区域中单击"⚙连接状况"按钮,系统弹出"连接状况"和"选择"对话框,如图 6-42 所示。

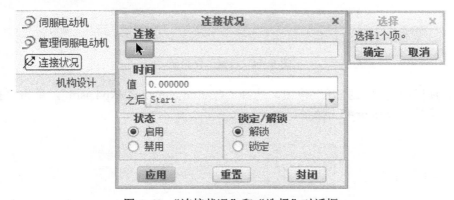

图 6-42　"连接状况"和"选择"对话框

在绘图区单击选择模型上的连接,在"连接状况"对话框单击"时间"→"Start"后的下拉菜单选择"End of Animation2",单击"应用"→"封闭"即可完成添加连接的命令,如图 6-43 所示。

图 6-43　添加连接

6.1.6　定时视图

设置工作目录。单击"主页"→"选择工作目录",系统弹出"选择工作目录"对话框，选择"G:\End\ch6\exp4"，单击"确定"按钮即可，如图 6-44 所示。

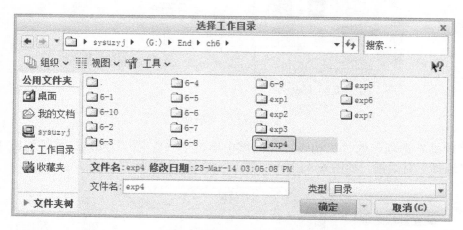

图 6-44　设置工作目录

单击工具栏中的"📁打开"按钮，选择"G:\End\ch6\exp4\exp4.asm"，单击"打开"按钮即可打开模型，如图 6-45 所示。

图 6-45　打开模型

在"应用程序"选项卡的"运动"区域中单击"🎥动画"按钮，系统弹出"动画"操控面板，如图 6-46 所示。

图 6-46　"动画"操控面板

单击操控面板上的"图形设计"区域中的"🔲定时视图"按钮，系统弹出"定时视图"对话框，在"定时视图"对话框中单击"时间"→"Start"→"End of Animation1"，单击"应用"→"关闭"即可完成创建定时视图的命令，如图 6-47 所示。

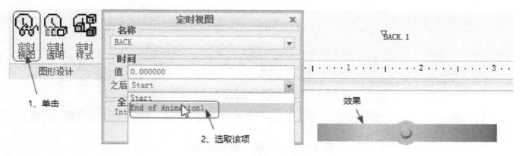

图 6-47　创建定时视图

6.1.7　透明视图

设置工作目录。单击"主页"→"选择工作目录",系统弹出"选择工作目录"对话框,选择"G:\End\ch6\exp5",单击"确定"按钮即可,如图 6-48 所示。

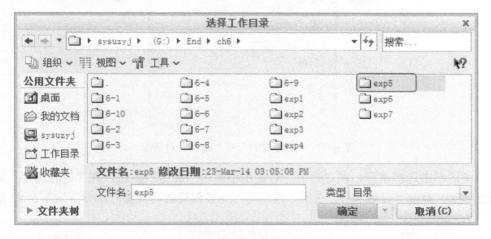

图 6-48　设置工作目录

单击工具栏中的"　打开"按钮,选择"G:\End\ch6\exp5\exp5.asm",单击"打开"按钮即可打开模型,如图 6-49 所示。

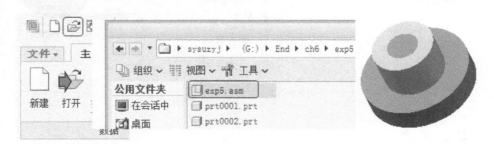

图 6-49　打开模型

在"应用程序"选项卡中的"运动"区域中单击"　动画"按钮,系统弹出"动画"

操控面板，如图 6-50 所示。

图 6-50 "动画"操控面板

单击操控面板上的"图形设计"区域中的"⊞ 定时透明"按钮，系统弹出"定时透明"和"选择"对话框，如图 6-51 所示。

图 6-51 "定时透明"和"选择"对话框

在绘图区单击选择模型，在"选择"对话框中单击"确定"按钮，在"定时透明"对话框中设置透明度，单击"应用"→"关闭"按钮即可完成创建透明视图的命令，如图 6-52 所示。

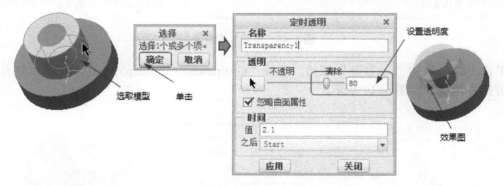

图 6-52 创建透明视图

6.1.8 定义样式

单击工具栏中的"⊡ 打开"按钮，再次选择"G:\End\ch6\exp6\exp4.asm"，单击"打开"按钮即可打开模型，如图 6-53 所示。

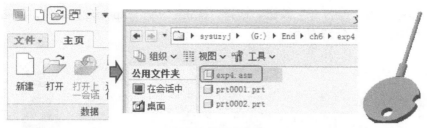

图 6-53　打开模型

在"应用程序"选项卡中的"运动"区域中单击"🎥动画"按钮，系统弹出"动画"操控面板，如图 6-54 所示。

图 6-54　动画操控面板

单击操控面板上的"图形设计"区域中的"🎬定时样式"，系统弹出"定时样式"对话框，单击"应用"→"关闭"按钮即可完成创建定时样式的命令，如图 6-55 所示。

图 6-55　创建定时样式

6.1.9　编辑和移除对象

设置工作目录。单击"主页"→"选择工作目录"，系统弹出"选择工作目录"对话框，选择"G:\End\ch6\exp6"，单击"确定"按钮即可，如图 6-56 所示。

图 6-56　设置工作目录

单击工具栏中的"📂打开"按钮，选择"G:\End\ch6 \exp6\exp6.asm"，单击"打开"按钮即可打开模型，如图 6-57 所示。

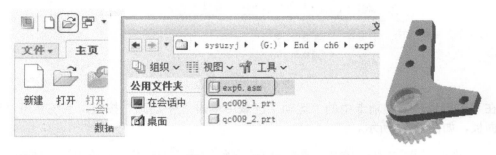

图 6-57　打开模型

在"应用程序"选项卡中的"运动"区域中单击"📹动画"按钮，系统弹出"动画"操控面板，如图 6-58 所示。

图 6-58　"动画"操控面板

单击操控面板上的"图形设计"区域中的"🐛定时视图"按钮，系统弹出"定时视图"对话框，设置时间参数，同时在"定时视图"对话框单击"时间"→"Start"→"End of Animation1"，单击"应用"→"关闭"按钮即可完成创建定时视图的命令，如图 6-59 所示。

图 6-59　创建定时视图

同理，再创建一个定时视图，如图 6-60 所示。

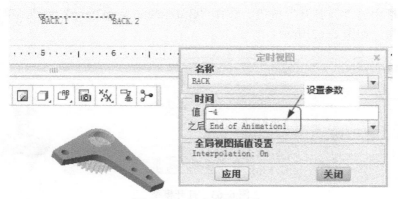

图 6-60　创建定时视图 2

在时间表选择名称，单击右键弹出编辑菜单，单击"编辑"按钮弹出"定时视图"对话框，可以编辑时间参数文本框的值，单击"应用"→"关闭"按钮即可完成编辑对象的命令；同理，单击右键弹出编辑菜单，单击"移除"按钮即可完成移除对象的命令，如图 6-61 所示。

图 6-61　编辑和移除对象

6.1.10　回放工具

设置工作目录。单击"主页"→"选择工作目录"，系统弹出"选择工作目录"对话框，选择"G:\End\ch6\exp7"，单击"确定"按钮即可，如图 6-62 所示。

图 6-62　设置工作目录

单击工具栏中的"🖼打开"按钮，选择"G:\End\ch6 \exp7\exp7.asm"，单击"打开"按钮即可打开模型，如图 6-63 所示。

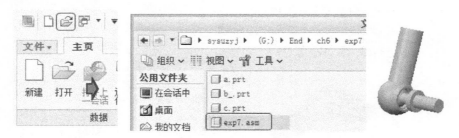

图 6-63　打开模型

在"应用程序"选项卡中的"运动"区域中单击"🎥动画"按钮，系统弹出"动画"操控面板，如图 6-64 所示。

图 6-64　"动画"操控面板

单击操控面板上"模拟动画"区域中的"🖼新建动画"按钮，系统弹出"定义动画"对话框，单击"确定"按钮新建一个动画，如图 6-65 所示。

图 6-65　新建动画

单击操控面板上的"机构设计"区域中的"🔲主体定义"按钮，系统弹出"主体"对话框，单击"每个主体一个零件"按钮，即可自动为每个零件添加主体，如图 6-66 所示。

图 6-66　添加主体

单击"封闭"按钮完成主体的添加。在"动画"选项卡的"机构设计"区域中单击"拖动元件"按钮,系统弹出"拖动"对话框,单击对话框上的"主体拖动"按钮,然后单击对话框的高级拖动选项"Z 向平移"按钮,在绘图区选择各模型,每次将一个零件沿 Z 向平移后拍照,单击"关闭"按钮完成拍照命令,如图 6-67 所示。

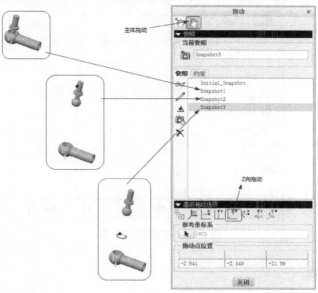

图 6-67 为每个零件拍照

在"动画"选项卡的"创建动画"区域中单击"关键帧序列"按钮,系统弹出"关键帧序列"对话框,单击"关键帧"下拉按钮,在弹出的下拉列表框中依次选择"Snapshot1""Snapshot2""Snapshot3",单击右边的"添加"按钮,在"时间"框中即出现添加的关键帧,单击"确定"按钮即可完成添加关键帧命令,如图 6-68 所示。

图 6-68 添加关键帧

工作界面出现时间线，单击"▶ 生成并运行动画"按钮可运行动画；在"动画"选项卡的"回放"区域单击"◀▶ 回放"按钮，系统弹出"回放"对话框，单击对话框的"◀▶ 播放当前结果集"按钮，弹出"动画播放"控制条即可完成回放命令，如图 6-69 所示。

图 6-69 使用回放工具

6.1.11 导出工具

继续在"动画"选项卡中的"回放"区域单击"◀▶ 回放"下拉菜单的"导出"按钮，弹出"确认"对话框，单击"是"按钮即可完成导出命令，如图 6-70 所示。

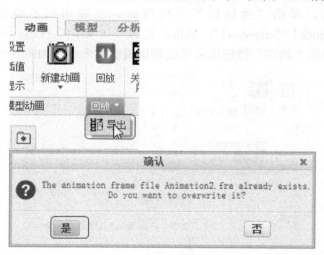

图 6-70 使用导出工具

6.2 要点·应用

本节以若干个简单的案例，演示本章各知识点的应用。

6.2.1 应用 1——蜗轮

本节以创建图 6-71 所示的蜗轮的动画为例子来讲解动画制作的方法。

图 6-71 蜗轮的动画

思路·点拨

图 6-71 所示的蜗轮组件主要由蜗轮、蜗轮齿等零件构成，制作过程如下：第一步定义定时透明 1，第二步定义定时透明 2，第三步播放并保存动画。制作流程如图 6-72 所示。

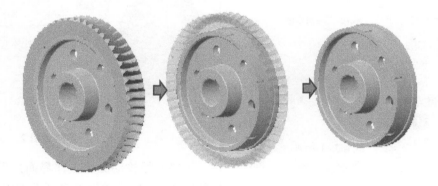

图 6-72 制作流程

【光盘文件】

起始文件——参见附带光盘中的"Start\ch6\6-2"文件夹。

结果文件——参见附带光盘中的"End\ch6\6-2\6-2.mpg"文件。

动画演示——参见附带光盘中的"AVI\ch6\6-2.avi"文件。

【操作步骤】

（1）打开模型。单击工具栏中的"□打开"按钮，选择"G:\End\ch6\6-2\6-2.asm"，单击"打开"按钮即可打开模型，如图 6-73 所示。

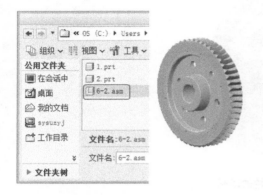

图 6-73　打开模型

（2）定义定时透明。在"应用程序"选项卡的"运动"区域中单击"🎥动画"按钮，系统弹出"动画"操控面板，如图 6-74 所示。

图 6-74　"动画"操控面板

单击操控面板上的"图形设计"区域中的"🔲定时透明"按钮，系统弹出"定时透明"和"选择"对话框，单击"▶"按钮在绘图区选择蜗轮齿模型，单击"确定"按钮，接受默认名字为 Transparency1，然后在时间栏输入 5，透明值设置为 0，单击"应用"按钮完成第一个定时透明的定义，如图 6-75 所示。

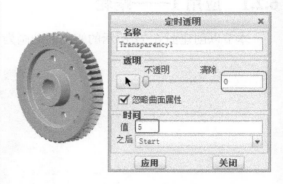

图 6-75　定时透明 1

同理，再次单击"▶"按钮在绘图区选择蜗轮齿模型，单击"确定"按钮，接受默认名字为 Transparency2，然后在时间栏输入 10，在透明值输入 100，单击"应用"按钮完成第二个定时透明的定义，单击"关闭"按钮，如图 6-76 所示。

图 6-76　定时透明 2

（3）播放动画。工作界面出现时间线，单击"▶生成并运行动画"按钮可运行动画，在"动画"选项卡的"回放"区域单击"🔲回放"按钮，系统弹出"回放"对话框，如图 6-77 所示。

（4）保存动画。单击"回放"对话框的"🔲播放当前结果集"按钮，弹出"动画播放"控制条即可完成回放命令，如图 6-78 所示。

图 6-77 播放动画

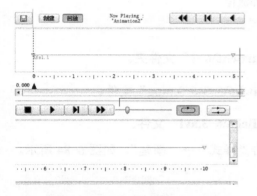

图 6-78 "动画播放" 控制条

单击 " 🖫 " 按钮，系统弹出 "捕获" 对话框，单击 "浏览" 按钮选择保存位置，接受默认视频参数，单击 "确定" 按钮即可完成保存动画的命令，如图 6-79 所示。

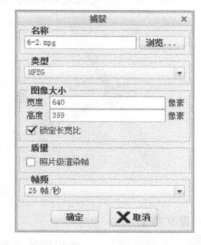

图 6-79 保存动画

（5）透明动画效果如图 6-80 所示。

图 6-80 透明动画效果

6.2.2 应用 2——螺旋桨

本节以创建图 6-81 所示的螺旋桨的动画为例子来讲解动画制作的方法。

图 6-81 螺旋桨的动画

思路·点拨

图 6-81 所示的螺旋桨组件主要由螺旋桨、杠、齿轮等零件构成，制作过程如下：第一步创建定时样式，第二步定义定时样式，第三步播放并保存动画。制作流程如图 6-82 所示。

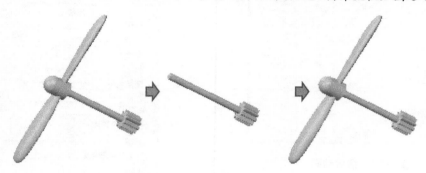

图 6-82　制作流程

【光盘文件】

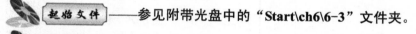——参见附带光盘中的"Start\ch6\6-3"文件夹。

——参见附带光盘中的"End\ch6\6-3\6-3.mpg"文件。

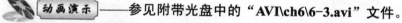——参见附带光盘中的"AVI\ch6\6-3.avi"文件。

【操作步骤】

（1）打开模型。单击工具栏中的" 打开"按钮，选择"G:\End\ch6\6-3\6-3.asm"，单击"打开"按钮即可打开模型，如图 6-83 所示。

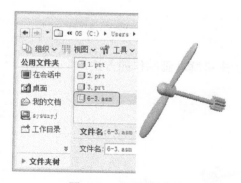

图 6-83　打开模型

（2）创建定时样式。在"模型"选项卡中的"模型显示"区域单击" 管理视图"按钮，系统弹出"视图管理器"对话框，单击"样式"→"新建"，如图 6-84 所示。

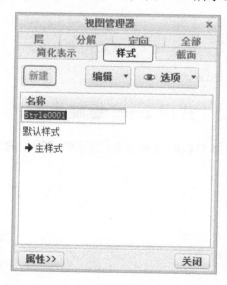

图 6-84　"视图管理器"对话框

按〈Enter〉键，系统弹出"编辑"对话框，在绘图区选择需要遮蔽的模型，单击

"✔"按钮完成定时样式的创建，如图 6-85
所示。

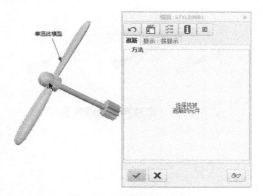

图 6-85 "编辑"对话框

（3）定义定时样式。在"应用程序"选
项卡的"运动"区域中单击"📹动画"按
钮，系统弹出"动画"操控面板，如图 6-86
所示。

图 6-86 "动画"操控面板

单击操控面板上的"图形设计"区域中
的"📷定时样式"按钮，系统弹出"定时样
式"对话框，在"样式名"下拉列表框中选
择"主样式"，时间栏输入 0，单击"应用"
按钮，如图 6-87 所示。

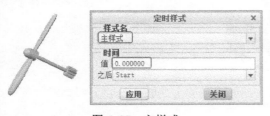

图 6-87 主样式

同理，在"样式名"下拉列表框中选择

"STYLE0001"，时间栏输入 5，单击"应
用"按钮，如图 6-88 所示。

图 6-88 STYLE0001

同理，在"样式名"下拉列表框中选择
"主样式"，时间栏输入 10，单击"应用"按
钮，如图 6-89 所示。

图 6-89 主样式

（4）播放动画。工作界面出现时间线
时，单击"▶生成并运行动画"按钮可运
行动画，在"动画"选项卡中的"回放"区
域单击"📢回放"按钮，系统弹出"回放"
对话框，如图 6-90 所示。

图 6-90 播放动画

（5）保存动画。单击"回放"对话框的
"📢播放当前结果集"按钮，弹出"动画播
放"控制条即可完成回放命令，如图 6-91
所示。

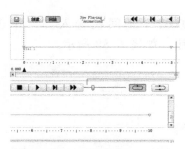

图 6-91 "动画播放"控制条

单击"💾"按钮，系统弹出"捕获"对话框，单击"浏览"选择保存位置，接受默认视频参数，单击"确定"按钮即可完成保存动画的命令，如图 6-92 所示。

图 6-92 保存动画

（6）定时样式动画效果，如图 6-93 所示。

图 6-93 定时样式动画效果

6.3 能力·提高

本节以若干个典型的案例，进一步深入演示动画设计的方法。

6.3.1 案例 1——玩具飞机

本节以创建图 6-94 所示的玩具飞机的动画为例子来讲解动画设计的方法。

图 6-94 玩具飞机的动画

思路·点拨

图 6-94 所示的玩具飞机组件由许多零件构成，制作过程如下：第一步新建动画，第二步创建快照，第三步定义关键帧，第四步播放并保存动画。制作流程如图 6-95 所示。

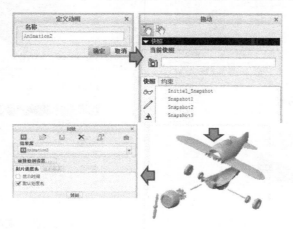

图 6-95　制作流程

【光盘文件】

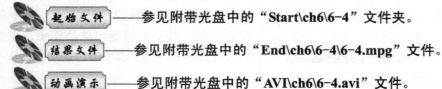

起始文件——参见附带光盘中的"Start\ch6\6-4"文件夹。

结果文件——参见附带光盘中的"End\ch6\6-4\6-4.mpg"文件。

动画演示——参见附带光盘中的"AVI\ch6\6-4.avi"文件。

【操作步骤】

（1）打开模型。单击工具栏中的"打开"按钮，选择"G:\End\ch6\6-4\6-4.asm"，单击"打开"按钮即可打开模型，如图 6-96 所示。

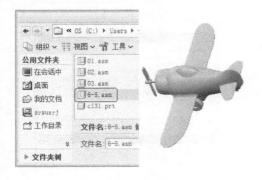

图 6-96　打开模型

（2）新建动画。在"应用程序"选项卡中的"运动"区域中单击"动画"按钮，系统弹出"动画"操控面板，然后单击操控面板上的"新建动画"下拉菜单的"快照"按钮，系统弹出"定义动画"对话框，单击"确定"按钮新建一个动画，如图 6-97 所示。

图 6-97　"定义动画"对话框

（3）定义主体。单击操控面板中的"机构设计"区域中的"主体定义"按钮，系统弹出"主体"对话框,单击"每个主体一个零件"按钮,即可自动为每个零件添加主体,如图6-98所示。

单击"📷"按钮给模型组件拍照即可完成拖动元件的快照命令,如图6-100所示。

图6-98 定义主体

图6-100 拖动元件的快照1

（4）创建快照。在"动画"选项卡的"机构设计"区域中单击"拖动元件"按钮,系统弹出"拖动"对话框,单击"▶快照"按钮后,再单击"▼高级拖动选项"按钮,如图6-99所示。

单击对话框上的"主体拖动"按钮,然后单击对话框的高级拖动选项"Y向平移",在绘图区选择齿轮模型沿Y向平移,单击"📷"按钮给模型组件拍照即可完成拖动元件的快照命令,如图6-101所示。

图6-99 "拖动"对话框

图6-101 拖动元件的快照2

同理，单击对话框上的"🖐主体拖动"按钮，然后单击对话框的高级拖动选项"⬜X 向平移"按钮，在绘图区选择键模型沿 X 向平移，单击"📷"按钮给模型组件拍照即可完成拖动元件的快照命令，单击"关闭"按钮完成拍照命令，如图 6-102 所示。

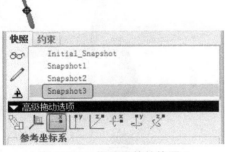

图 6-102　拖动元件的快照 3

同理，在绘图区选择键模型沿 X 向平移，单击"📷"按钮拍照，如图 6-103 所示。

图 6-103　拖动元件的快照 4

同理，在绘图区选择键模型沿 X 向平移，单击"📷"按钮拍照，如图 6-104 所示。

图 6-104　拖动元件的快照 5

同理，在绘图区选择键模型沿 X 向平移，单击"📷"按钮拍照，如图 6-105 所示。

图 6-105　拖动元件的快照 6

同理，在绘图区选择键模型沿 Z 向平移，单击"📷"按钮拍照，如图 6-106 所示。

图 6-106　拖动元件的快照 7

　　同理，在绘图区选择键模型沿 Z 向平移，单击"📷"按钮拍照，如图 6-107 所示。

图 6-107　拖动元件的快照 8

　　同理，在绘图区选择键模型沿 Z 向平移，单击"📷"按钮拍照，如图 6-108 所示。

　　同理，在绘图区选择键模型沿 Z 向平移，单击"📷"按钮拍照，如图 6-109 所示。

图 6-108　拖动元件的快照 9

图 6-109　拖动元件的快照 10

　　同理，在绘图区选择键模型沿 Z 向平移，单击"📷"按钮拍照，如图 6-110 所示。

　　（5）定义关键帧。在"动画"选项卡的"创建动画"区域中单击"🎬关键帧序列"按钮，系统弹出"关键帧序列"对话框，选择"Snapshot1"，单击"👓"按钮预览选定快照，在时间框中输入 0，单击"➕添加"按钮到关键帧序列表中，如图 6-111 所示。

图 6-110　拖动元件的快照 11

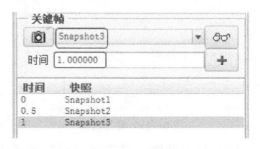

同理，选择"Snapshot3"，单击"👓"按钮预览选定快照，在时间框中输入 1.0，单击"➕添加"按钮到关键帧序列表中，单击"确定"按钮完成添加关键帧命令，如图 6-113 所示。

图 6-111　"关键帧序列"对话框 1

同理，选择"Snapshot2"，单击"👓"按钮预览选定快照，在时间框中输入 0.5，单击"➕添加"按钮到关键帧序列表中，如图 6-112 所示。

图 6-113　"关键帧序列"对话框 3

同理，依次类推，"Snapshot4"～"Snapshot11"分别设立的时间值为 2、3、4、5、6、7、8、9，如图 6-114 所示。

图 6-114　"关键帧序列"对话框 4

（6）播放动画。工作界面出现时间线时，单击"▶生成并运行动画"按钮可运行动画，在"动画"选项卡中的"回放"区域单击"⏭回放"按钮，系统弹出"回放"对话框，如图 6-115 所示。

图 6-112　"关键帧序列"对话框 2

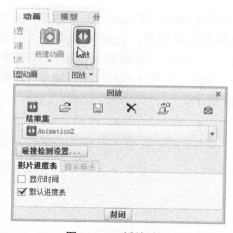

图 6-115　播放动画

（7）保存动画。单击"回放"对话框的"▣播放当前结果集"按钮后，弹出"动画播放"控制条即可完成回放命令，如图 6-116 所示。

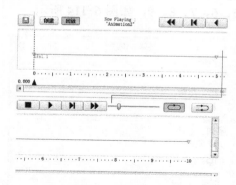

图 6-116　"动画播放"控制条

单击"▣"按钮，系统弹出"捕获"对话框，单击"浏览"按钮选择保存位置，接受默认视频参数，单击"确定"按钮即可完成保存动画的命令，如图 6-117 所示。

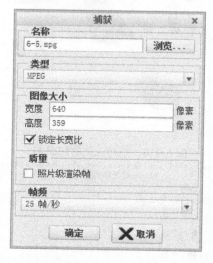

图 6-117　保存动画

6.3.2　案例 2——轴承座

本节以创建图 6-118 所示的轴承座的动画为例子来讲解动画设计的方法。

图 6-118　轴承座的动画

思路·点拨

图 6-118 所示的轴承座组件由许多零件构成，制作过程如下：第一步新建动画，第二步创建快照，第三步定义关键帧，第四步播放并保存动画。制作流程如图 6-119 所示。

图 6-119　制作流程

【光盘文件】

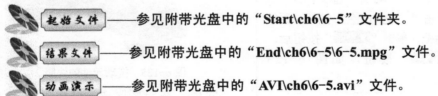

起始文件——参见附带光盘中的"Start\ch6\6-5"文件夹。

结果文件——参见附带光盘中的"End\ch6\6-5\6-5.mpg"文件。

动画演示——参见附带光盘中的"AVI\ch6\6-5.avi"文件。

【操作步骤】

（1）打开模型。单击工具栏中的"📂打开"按钮，选择"G:\End\ch6\6-5\6-5.asm"，单击"打开"按钮即可打开模型，如图 6-120 所示。

（2）新建动画。在"应用程序"选项卡的"运动"区域中单击"🎥动画"按钮，系统弹出"动画"操控面板，然后单击操控面板上的"🗐新建动画"下拉菜单的"📷 快照 "按钮，系统弹出"定义动画"对话框，单击"确定"按钮新建一个动画，如图 6-121 所示。

图 6-120　打开模型

图 6-121　"定义动画"对话框

（3）定义主体。单击操控面板上的"机构设计"区域中的" 主体定义 "按钮，系统弹出"主体"对话框，单击"每个主体一个零件"按钮，即可自动为每个零件添加主体，如图 6-122 所示。

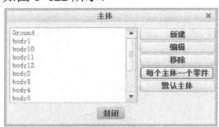

图 6-122　定义主体

（4）创建快照。在"动画"选项卡的"机构设计"区域中单击" 拖动元件"按钮，系统弹出"拖动"对话框，单击" 快照"按钮后，单击" 高级拖动选项"按钮，如图 6-123 所示。

图 6-123　"拖动"对话框

单击" "按钮给模型组件拍照即可完成拖动元件的快照命令，如图 6-124 所示。

图 6-124　拖动元件的快照 1

同理，在绘图区选择键模型沿 Z 向平移，单击" "按钮拍照，如图 6-125 所示。

图 6-125　拖动元件的快照 2

同理，在绘图区选择键模型沿 Z 向平移，单击" "按钮拍照，如图 6-126 所示。

图 6-126　拖动元件的快照 3

同理，在绘图区选择键模型沿 Z 向平移，单击 "📷" 按钮拍照，如图 6-127 所示。

图 6-127　拖动元件的快照 4

同理，在绘图区选择键模型沿 Z 向平移，单击 "📷" 按钮拍照，如图 6-128 所示。

图 6-128　拖动元件的快照 5

同理，在绘图区选择键模型沿 Y 向平移，单击 "📷" 按钮拍照，如图 6-129 所示。

图 6-129　拖动元件的快照 6

同理，在绘图区选择键模型沿 Y 向平移，单击 "📷" 按钮拍照，如图 6-130 所示。

图 6-130　拖动元件的快照 7

同理，在绘图区选择键模型沿 Y 向平移，单击 "📷" 按钮拍照，如图 6-131 所示。

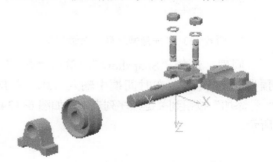

图 6-131　拖动元件的快照 8

同理，在绘图区选择键模型沿 Z 向平移，单击 "📷" 按钮拍照，如图 6-132 所示。

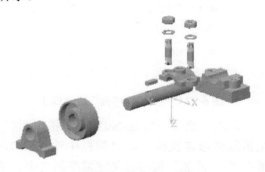

图 6-132　拖动元件的快照 9

（5）定义关键帧。在"动画"选项卡中的"创建动画"区域中单击"🎬关键帧序列"按钮，系统弹出"关键帧序列"对话框，选择"Snapshot1"，单击"👓"按钮预览选定快照，在时间框中输入 0，单击"➕添加"按钮到关键帧序列表中，如图 6-133 所示。

图 6-133　"关键帧序列"对话框 1

同理，选择"Snapshot2"，单击"👓"预览选定快照，在时间框中输入 1.0，单击"➕添加"按钮到关键帧序列表中，如图 6-134 所示。

图 6-134　"关键帧序列"对话框 2

同理，选择"Snapshot3"，单击"👓"按钮预览选定快照，在时间框中输入 2.0，单击"➕添加"按钮到关键帧序列表中，单击"确定"按钮完成添加关键帧的命令，如图 6-135 所示。

图 6-135　"关键帧序列"对话框 3

同理，依次类推"Snapshot4"～"Snapshot9"分别设立的时间值为 3、4、5、6、7、8，如图 6-136 所示。

图 6-136　"关键帧序列"对话框 4

（6）播放动画。工作界面出现时间线时，单击"▶生成并运行动画"按钮可运行动画，在"动画"选项卡中的"回放"区域单击"🔘回放"按钮，系统弹出"回放"对话框，如图 6-137 所示。

图 6-137　播放动画

（7）保存动画。单击"回放"对话框的"播放当前结果集"按钮后，弹出"动画播放"控制条即可完成回放命令，如图6-138所示。

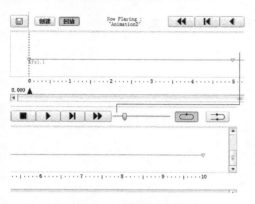

图 6-138 "动画播放"控制条

单击"🖫"按钮，系统弹出"捕获"对话框，单击"浏览"按钮选择保存位置，接受默认视频参数，单击"确定"按钮即可完成保存动画的命令，如图 6-139 所示。

图 6-139 保存动画

6.4 习题·巩固

1. 设置工作目录为"End\ch6"，打开文件"Start\ch6\6-6.prt"，利用本章动画制作的命令，创建如图 6-140 所示的具有 3 个 Snapshot 的动画。

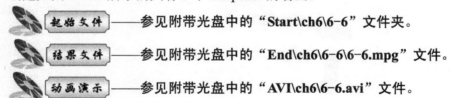

起始文件——参见附带光盘中的"Start\ch6\6-6"文件夹。

结果文件——参见附带光盘中的"End\ch6\6-6\6-6.mpg"文件。

动画演示——参见附带光盘中的"AVI\ch6\6-6.avi"文件。

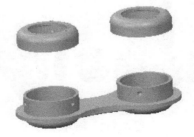

图 6-140 练习 1

2. 设置工作目录为"End\ch6"，打开文件"Start\ch6\6-7.prt"，利用本章动画制作的命令，创建如图 6-141 所示的具有 4 个 Snapshot 的动画。

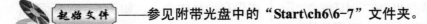 起始文件 ——参见附带光盘中的"Start\ch6\6-7"文件夹。

结果文件 ——参见附带光盘中的"End\ch6\6-7\6-7.mpg"文件。

动画演示 ——参见附带光盘中的"AVI\ch6\6-7.avi"文件。

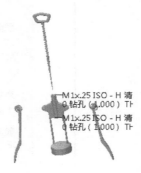

图 6-141　练习 2

3．设置工作目录为"End\ch6"，打开文件"Start\ch6\6-8.prt"，利用本章动画制作的命令，创建如图 6-142 所示的具有 8 个 Snapshot 的动画。

起始文件 ——参见附带光盘中的"Start\ch6\6-8"文件夹。

结果文件 ——参见附带光盘中的"End\ch6\6-8\6-8.mpg"文件。

动画演示 ——参见附带光盘中的"AVI\ch6\6-8.avi"文件。

图 6-142　练习 3

第 7 章　工　程　制　图

使用 Creo 完成对零件的设计和装配后，进入创建工程图模块，该模块可呈现零件的各视图、尺寸、公差和精度特征，为各类设计参与者提供了交流的工具。二维工程图与三维零件相互关联，若修改了三维零件，二维工程图也自动更新同步。本章首先以典型实例来讲解工程制图，接着分别介绍创建视图、编辑视图、标注尺寸、公差和文本等内容，最后选取若干实例进行要点的应用、提高和巩固。

 ## 本讲内容

- ➘ 实例·知识点——建立模型 1 工程图
- ➘ 实例·知识点——建立模型 2 工程图
- ➘ 要点·应用
- ➘ 能力·提高
- ➘ 习题·巩固

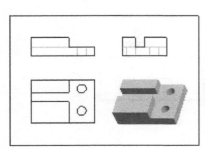

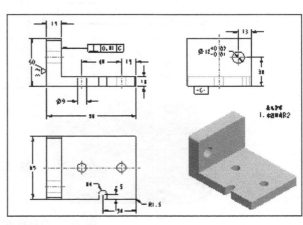

7.1　实例·知识点——建立模型 1 工程图

本节以创建图 7-1 所示模型 1 工程图为例子来讲解工程制图的方法。

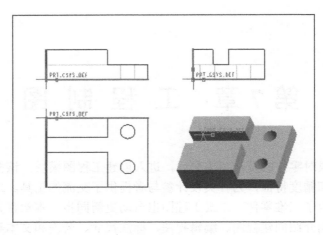

图 7-1　模型 1 工程图

思路·点拨

图 7-1 所示的模型 1 工程图是在第三视角环境下绘制的，主要由主视图、俯视图、右视图构成，绘制过程如下：第一步创建主视图和设置显示样式，第二步创建俯视图，第三步创建右视图，第四步移动解锁视图。绘制流程如图 7-2 所示。

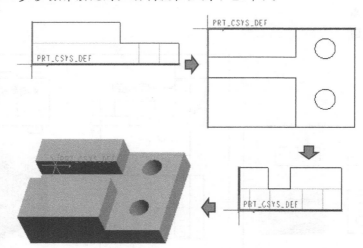

图 7-2　绘制流程

【光盘文件】

起始文件——参见附带光盘中的"Start\ch7\7-1\7-1.prt"文件。

结果文件——参见附带光盘中的"End\ch7\7-1\7-1.drw"文件。

动画演示——参见附带光盘中的"AVI\ch7\7-1.avi"文件。

【操作步骤】

（1）设置工作目录。单击"主页"→"选择工作目录"，系统弹出"选择工作目录"对话框，选择"G:\End\ch7\7-1"，单击"确定"按钮即可，如图7-3所示。

图 7-3　设置工作目录

（2）新建绘图。单击"文件"→"新建"，或单击主页中的"□新建"按钮，弹出"新建"对话框，选择类型为"绘图"，名称默认为"7-1"，取消勾选"使用默认模板"复选框，单击"确定"按钮，如图7-4所示。

图 7-4　"新建"对话框

弹出"新建绘图"对话框，选择"空"模板，方向设置为"横向"，大小选择"A4"，如图7-5所示。

图 7-5　"新建绘图"对话框

在"默认模型"中选择"7-1"模型，创建工程图"7-1.drw"，单击"确定"按钮，如图7-6所示。

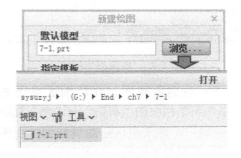

图 7-6　导入零件

（3）添加主视图。单击菜单栏中的"布局"→"模型视图"→"□常规"，在绘图区单击右下方确定主视图位置，系统弹出"绘图视图"对话框，在"模型视图名"中选择 FRONT，"默认方向"选择为"用户定义"，如图7-7所示。

图 7-7 "绘图视图"对话框

（4）设置显示样式。在"类别"中选择"视图显示"，在"显示样式"下拉列表框中选择"隐藏线"，单击"应用"按钮，然后单击"关闭"按钮完成设置，如图 7-8 所示。

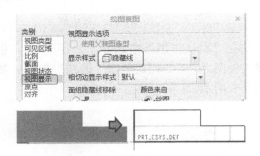

图 7-8 "隐藏线"样式

（5）添加俯视图。在绘图区单击主视图，单击菜单栏中的"布局"→"模型视图"→"投影"，在绘图区拖动鼠标到主视图的上边获取俯视投影视图，如图 7-9 所示。

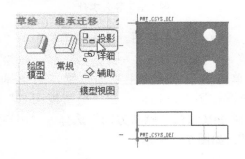

图 7-9 俯视图

（6）设置显示样式。双击俯视图，系统弹出"绘图视图"对话框，在"类别"中选择"视图显示"，在"显示样式"下拉列表框中选择"消隐"，单击"应用"按钮，然后单击"关闭"按钮完成设置，如图 7-10 所示。

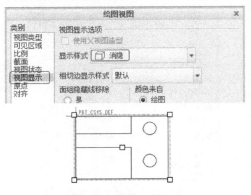

图 7-10 "消隐"样式

（7）添加左视图。在绘图区单击主视图，单击菜单栏中的"布局"→"模型视图"→"投影"，在绘图区拖动鼠标到主视图右边获取左视图投影视图，如图 7-11 所示。

图 7-11 左视图

（8）设置显示样式。双击右视图，系统弹出"绘图视图"对话框，在"类别"中选择"视图显示"，在"显示样式"下拉列表框中选择"隐藏线"，单击"应用"按钮，然后单击"关闭"按钮完成设置，如图 7-12 所示。

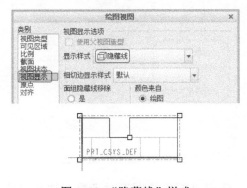

图 7-12 "隐藏线"样式

（9）添加轴测图。单击菜单栏中的"布局"→"模型视图"→"🗔常规"，在绘图区单击左上方确定轴测图位置，系统弹出"绘图视图"对话框，在"默认方向"中选择"等轴测"，如图 7-13 所示。

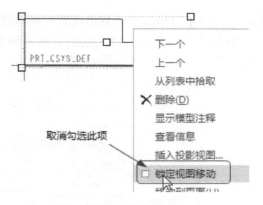

取消勾选此项

图 7-14　解锁视图

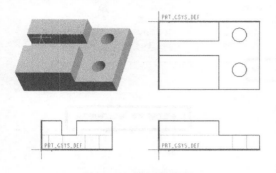

图 7-13　添加轴测图

（10）移动视图成第一视角。由于尚未设置工程图设计环境，Creo 默认视图为第三视角，故需手动解锁视图，如图 7-14 所示，移动视图成我国的第一视角习惯，即俯视图放在主视图下方，左视图放在主视图右边，如图 7-15 所示。

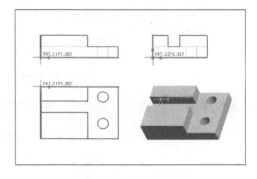

图 7-15　第一视角

7.1.1　Creo 工程图概述

Creo Parametric 通过 Pro/DETAIL 模块处理工程图，主要操作如下：

1）自定义绘图环境。用户可创建自定义绘图格式，使用不同绘图标准和图框，同时还可使用绘图的多个页面。

2）创建三维模型的工程图。创建工程图的不同视图，所有视图与三维模型关联，即如果在模型中或视图中更改了尺寸，其他视图也相应自动更新。

3）添加注解。在工程制图过程中，用户可添加注解、文本信息和符号信息。

4）交流格式。Creo 可将绘图文件保存成不同的格式并导出到其他系统，也可以将其他系统的文件导入 Creo 绘图模式。

5）活动窗口。用户可对"模型树"、"绘图树"或图形窗口中的对象使用快捷菜单来修改。当绘图窗口处于活动状态时，用户可以中断当前进程，激活要修改的绘图对象。

7.1.2　设置工程图环境

在 Creo 工程图模式中，PTC 公司设计软件时默认使用的是第三视角，我国通常默认的视角是第一视角，即俯视图放在主视图下方，左视图放在主视图右边。为了符合我国设计使用者的习惯，可修改系统环境配置，使其符合第一视角的投影方式。

新建工程图文件，进入绘制工程图环境，单击菜单栏中的"文件"→"准备"→"绘图属性"，如图 7-16 所示。

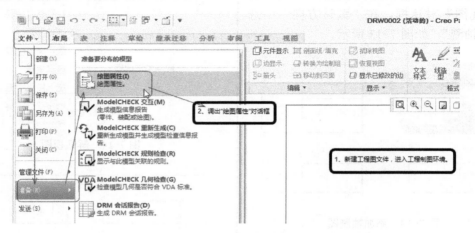

图 7-16　进入工程制图环境

系统弹出"绘图属性"对话框，单击"详细信息选项"中的"更改"按钮，如图 7-17 所示。

图 7-17　"绘图属性"对话框

系统弹出"选项"对话框，在"选项"文本框中输入"projection_type"，把它的参数更改为"first_angle"，单击"添加\更改"按钮即可打开"第一视角"，如图 7-18 所示。

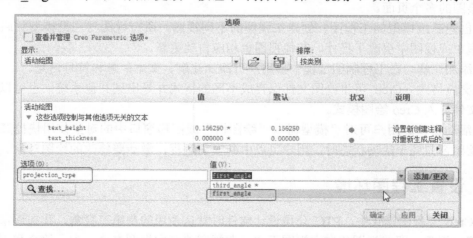

图 7-18　添加"第一视角"

设置绘图环境"标注 3D 尺寸"参数时，在"选项"文本框中输入"allow_3d_dimensions"，把它的参数更改为"yes"，单击"添加\更改"按钮即可标注 3D 尺寸，如图 7-19 所示。

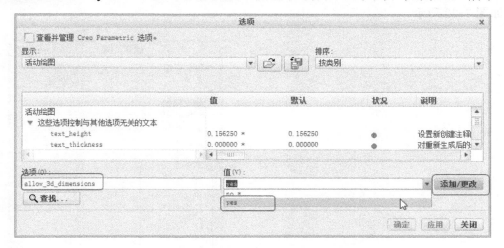

图 7-19　标注 3D 尺寸

7.1.3　新建工程图

设置工作目录"G:\End\ch7\exp1"，单击"文件"→"新建"或单击主页中的"□ 新建"按钮，弹出"新建"对话框，选择类型为"绘图"，名称默认为"drw0001"，取消勾选"使用默认模板"复选框，单击"确定"按钮，弹出"新建绘图"对话框，在此对话框中可选择适合的工程图模板或图框，如图 7-20 所示。

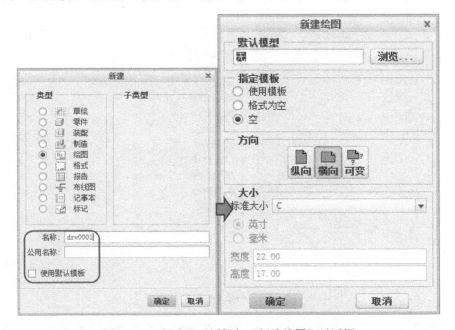

图 7-20　"新建"对话框与"新建绘图"对话框

"新建绘图"对话框的"指定模板"有 3 个选项:"使用模板"、"格式为空"和"空",它们的区别主要如图 7-21 所示。若用户勾选"使用模板",则需选取系统中的一个默认模板,如图 7-22 所示。

图 7-21 "指定模板"

图 7-22 "使用模板"选项

一般在实际工程图制作中,用户会选择"格式为空"选项,此时系统只生成图框、标题栏,单击"浏览"按钮选择不同图框格式,如图 7-23 所示。

图 7-23 "格式为空"选项

若用户需要选择不同的图幅如 A3、A4 等,则选择"空"模板,然后在"新建绘图"对话框的"方向"栏中选择"纵向"或"横向",在"大小"栏中选择不同的大小图幅;如果用户需要自定义图幅,则需在"方向"栏中选择"可变",然后选择尺寸的单位,在尺寸文本框中输入相应的尺寸即可,如图 7-24 所示。

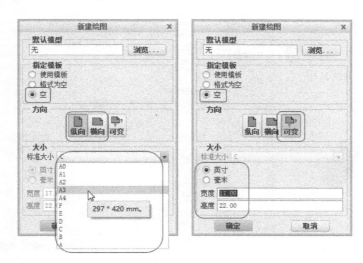

图 7-24 "空"选项

7.1.4 创建基本视图

创建基本视图的步骤如下。

（1）新建绘图

设置工作目录为"G:\End\ch7 \exp1",选择"空"模板,方向设置为"横向",大小选择"A4",单击"浏览"按钮选择"zhijia"模型,创建工程图"drw0001.drw",单击"确定"按钮进入绘图环境,如图 7-25 所示。

图 7-25 新建绘图

（2）设置主视图

单击菜单栏中的"布局"→"模型视图"→" 常规"，在绘图区左下方单击确定主视图位置，系统弹出"绘图视图"对话框，如图7-26所示。

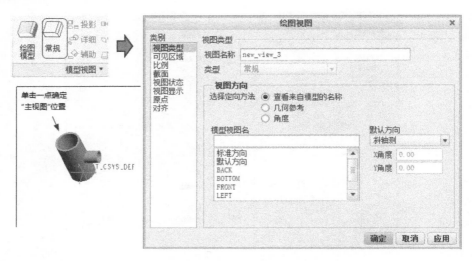

图7-26 "绘图视图"对话框

（3）放置参考1

在"绘图视图"对话框的"类别"中选择"视图类型"，在"视图方向"中勾选"几何参考"，在"参考1"中选择"前"，然后单击选取在绘图区的曲面，如图7-27所示。

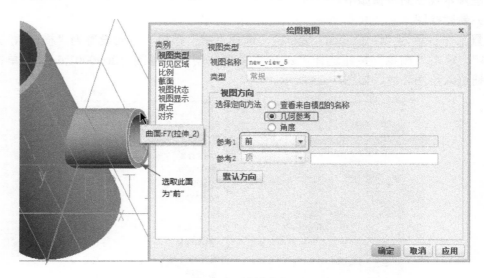

图7-27 放置参考1

（4）放置参考2

在"绘图视图"对话框的"类别"中选择"视图类型"，在"视图方向"中勾选"几何参考"，在"参考2"中选择"底部"，然后单击选取在绘图区的曲面，如图7-28所示。

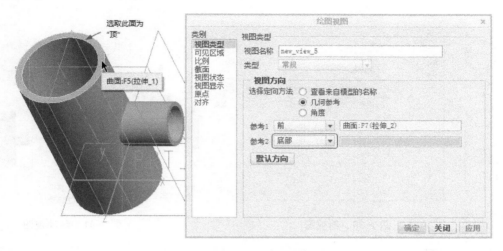

图 7-28　放置参考 2

（5）投影视图

在绘图区单击主视图，单击菜单栏中的"布局"→"模型视图"→"投影"，在绘图区拖动鼠标获取投影视图，如图 7-29 所示。同理，获得另外一个视图的投影视图。

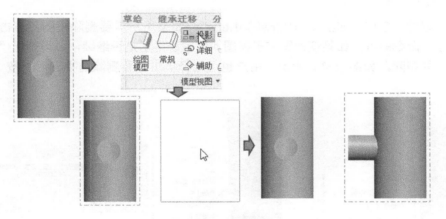

图 7-29　投影视图

（6）剖视图

双击投影视图，弹出"模型视图"对话框，在"类别"中选择"截面"，在"截面选项"中勾选"2D 截面"，单击" ＋ "按钮添加剖视截面，系统自动生成一个全剖视图，如图 7-30 所示。单击工具栏中的" 💾 "按钮保存工程图为"drw0001.drw"。

7.1.5　移动和锁定视图

（1）移动视图

打开工程图"G:\End\ch7 \exp1\drw0001.drw"，可使各视图在工程图中的放置显得合理美观，如果移动的视图有子视图，则子视图也随着主视图移动，如图 7-31 所示。

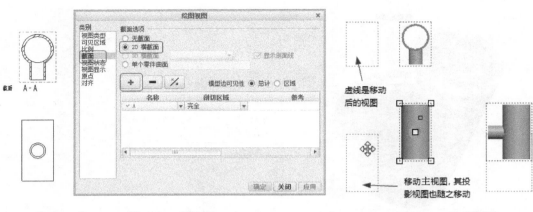

图 7-30　剖视图　　　　　　　　　　　　　　图 7-31　移动视图

（2）锁定视图

如果需要锁定视图，则右键单击该视图，勾选"锁定视图移动"，如图 7-32 所示。如果需要解锁视图，取消勾选"锁定视图移动"即可。

7.1.6　删除视图

打开工程图"G:\End\ch7 \exp1\drw0001.drw"，如果用户需要删除视图，右击该视图，选择"删除"命令即可，如果该视图有子视图，则系统提示是否继续，如果选择"是"则子视图也会一并删除，如图 7-33 所示。用户也可选择单击需要删除的视图后，按〈Delete〉键删除。

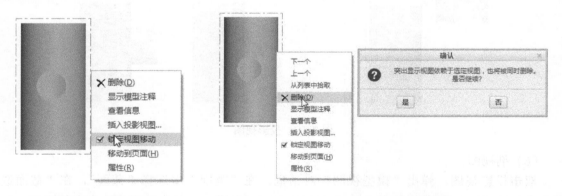

图 7-32　锁定视图　　　　　　　　　　　　图 7-33　删除视图

7.1.7　视图的显示

打开工程图"G:\End\ch7\exp1\drw0001.drw"，双击视图，系统弹出"绘图视图"对话框，在"类别"中选择"视图显示"，在"显示样式"下拉列表框中选择"消隐"，然后单击"应用"按钮，单击"确定"按钮完成视图的显示，如图 7-34 所示。

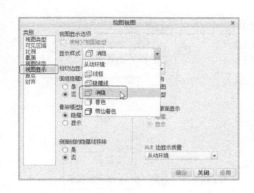
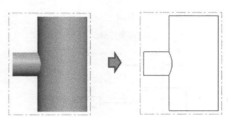

图 7-34　显示样式

7.2　实例·知识点——建立模型 2 工程图

本节以建立图 7-35 所示模型 2 工程图为例子来讲解工程制图的方法。

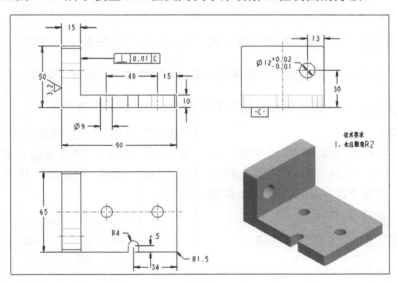

图 7-35　模型 2 工程图

思路·点拨

图 7-35 所示的模型 2 工程图是在第一视角环境下绘制的，主要由主视图、俯视图、右视图构成，绘制过程如下：第一步创建各视图和设置显示样式，第二步添加尺寸和公差，第三步添加粗糙度，第四步添加注释文本。绘制流程如图 7-36 所示。

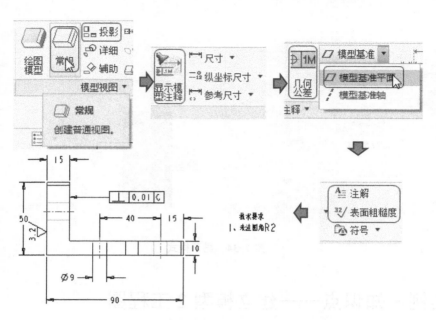

图 7-36　绘制流程

【光盘文件】

起始文件——参见附带光盘中的"Start\ch7\7-2\7-2.prt"文件。

结果文件——参见附带光盘中的"End\ch7\7-2\7-2.drw"文件。

动画演示——参见附带光盘中的"AVI\ch7\7-2.avi"文件。

【操作步骤】

（1）设置工作目录。单击"主页"→"选择工作目录"，系统弹出"选择工作目录"对话框，选择"G:\End\ch7\7-2"，单击"确定"按钮，如图 7-37 所示。

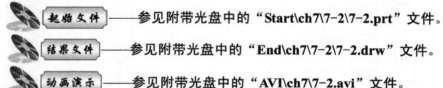

图 7-37　设置工作目录

（2）新建绘图。单击"文件"→"新建"或单击主页中的"□新建"按钮，弹出"新建"对话框，选择类型为"绘图"，名称默认为"7-2"，取消勾选"使用默认模板"复选框，单击"确定"按钮，如图 7-38 所示。

图 7-38　"新建"对话框

弹出"新建绘图"对话框,在"指定模板"中勾选"空",方向设置为"横向",大小选择"A4",如图7-39所示。

图7-39 "新建绘图"对话框

在"默认模型"中选择"7-2"模型,创建工程图"7-2.drw",单击"确定"按钮,如图7-40所示。

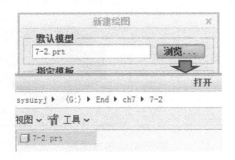

图7-40 导入零件

(3)添加主视图。单击菜单栏中的"布局"→"模型视图"→"🗌常规",在绘图区单击左上方确定主视图位置,系统弹出"绘图视图"对话框,在"模型视图名"中选择"FRONT",如图7-41所示。

(4)设置显示样式1。在"类别"中选择"视图显示",在"显示样式"中选择"隐藏线",单击"应用"按钮,然后单击"关闭"按钮完成设置,如图7-42所示。

图7-41 "绘图视图"对话框

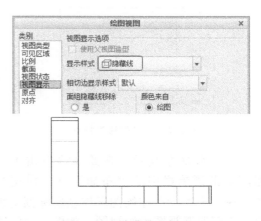

图7-42 "隐藏线"样式1

(5)添加俯视图。在绘图区单击主视图,单击菜单栏中的"布局"→"模型视图"→"🔲投影",在绘图区拖动鼠标到主视图的下边获取俯视投影视图,如图7-43所示。

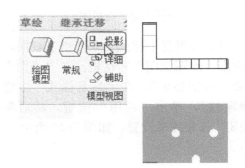

图7-43 俯视图

（6）设置显示样式 2。双击俯视图，系统弹出“绘图视图”对话框，在“类别”栏中选择“视图显示”，在“显示样式”下拉列表框中选择“隐藏线”，单击“应用”按钮，然后单击“关闭”按钮完成设置，如图 7-44 所示。

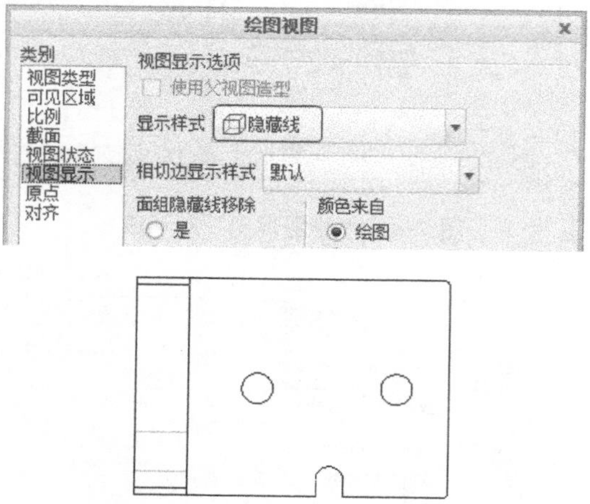

图 7-44 “隐藏线”样式 2

（7）添加左视图。在绘图区单击主视图，单击菜单栏中的“布局”→“模型视图”→“投影”，在绘图区拖动鼠标到主视图右边获取左视图投影视图，如图 7-45 所示。

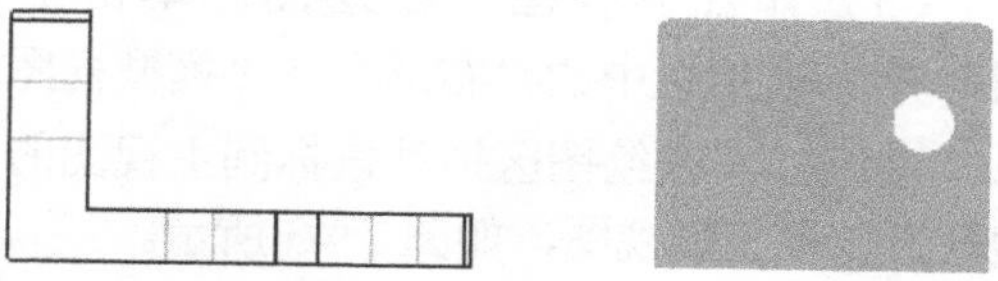

图 7-45 左视图

（8）设置显示样式 3。双击左视图，系统弹出“绘图视图”对话框，在“类别”中选择“视图显示”，在“显示样式”中选择“隐藏线”，单击“应用”按钮，然后单击“关闭”按钮完成设置，如图 7-46 所示。

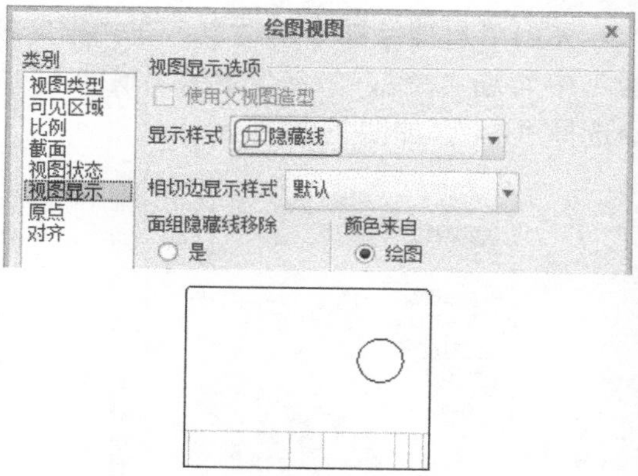

图 7-46 “隐藏线”样式 3

（9）添加轴测图。单击菜单栏中的“布局”→“模型视图”→“常规”，在绘图区单击左上方确定轴测图位置，系统弹出“绘图视图”对话框，在“默认方向”选择“等轴测”，如图 7-47 所示。

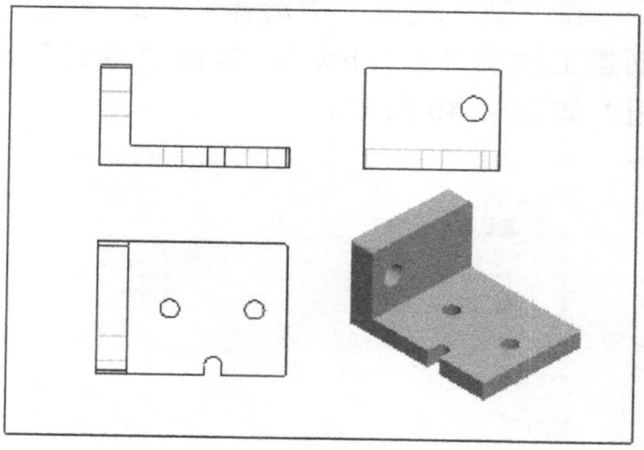

图 7-47 等轴测图

（10）显示尺寸。单击菜单栏中的“注释”选项卡中的→“注释”→“显示模型注释”，系统弹出“显示模型注释”对话框，然后在绘图区单击主视图，单击对话框中的“ ”，然后选择“ ”，再单击“ ”，然后选择“ ”，如图 7-48 所示，绘图区即可显示尺寸和中心线，如图 7-49 所示。

图 7-48 "显示模型注释"对话框

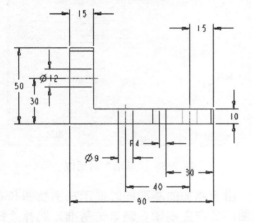

图 7-49 尺寸和中心线

（11）清理尺寸。单击菜单栏中的"注释"选项卡中的→"注释"→"▤清理尺寸"，系统弹出"清除尺寸"对话框，如图 7-50

图 7-50 清除尺寸

所示，然后单击主视图，然后按图 7-51 所示对"放置"进行设置。

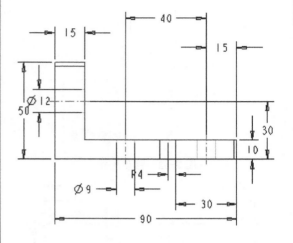

图 7-51 主视图尺寸

同理，单击"▦显示模型注释"按钮以显示右视图和俯视图的尺寸和中心线，如图 7-52 所示。

（12）调整尺寸。在右视图右键单击尺寸 65，选择"将项移动到视图"，然后单击俯视图，即可把尺寸 65 移动到俯视图，如图 7-53 所示。

同理，调整各视图的尺寸，如图 7-54 所示。

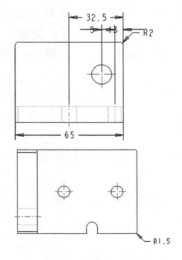

图 7-52 右视图和俯视图尺寸

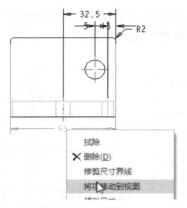

图 7-53　移动尺寸

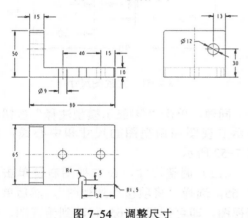

图 7-54　调整尺寸

（13）添加尺寸公差。本工程图需对尺寸 φ12 添加尺寸公差。双击该尺寸，系统弹出"尺寸属性"对话框，在"属性"选项卡的"公差模式"下拉列表框中选择"正-负"，上公差输入+0.02，下公差输入-0.01，单击"确定"按钮即可，如图 7-55 所示。

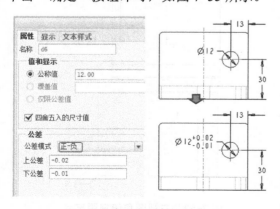

图 7-55　添加尺寸公差

（14）添加几何公差。单击菜单栏中的"注释"功能选项卡，单击"注释"→"⬛ 模型基准平面"，系统弹出"基准"对话框，名称输入"C"，单击"在曲面上…"和"-A-"按钮，然后在主视图边上单击，单击"确定"按钮即可，如图 7-56 所示。

图 7-56　"基准"对话框

由于添加的基准同时显示在主视图和右视图，故在主视图右键单击基准，选择"拭除"命令，同时调整右视图的基准显示，如图 7-57 所示。

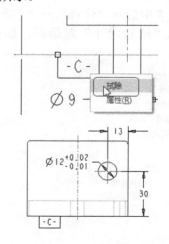

图 7-57　基准

单击菜单栏中的"注释"选项卡，单击"注释"→"⬛ 几何公差"，系统弹出"几何公差"对话框,单击"⊥"按钮,在" 模型参考 "选项卡的参考"类型"选择"曲面",单击选定的边;在放置"类型"栏中选择"法向引线",弹出"引线类型"菜单管理器,选择"箭头",单击选定的边,然后在放置的位置单击鼠标中键,如图 7-58 所示;在" 基准参考 "选项卡的"基本"选择"C";在" 公差值 "选项卡的公差值输入 0.01,最后单击"确定"按钮,如图 7-59 所示。

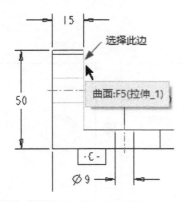

图 7-58　选取曲面

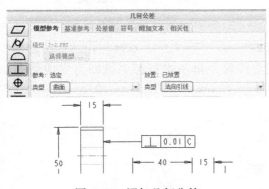

图 7-59　添加几何公差

（15）添加粗糙度。单击菜单栏中的"注释"选项卡,单击"注释"→" 表面粗糙度 ",系统弹出"得到符号"菜单管理器,单击"检索"按钮,系统弹出"打开"对话框,选择" machined "→" standardl.sym "→

"打开"按钮,返回"实例依附"菜单管理器,选择"图元",在绘图区单击线段,在系统提示的文本框中中输入 3.2,再单击" ✓ "按钮即可完成命令,如图 7-60 所示。

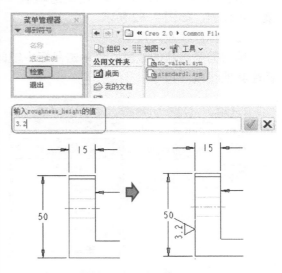

图 7-60　添加粗糙度

（16）添加注释文本。单击菜单栏中的"注释"单击"注释"→" 注解 ",系统弹出"注解类型"菜单管理器,选择"无引线",然后选择"输入"、"标准"、"默认"以及"进行注解",系统弹出"选择点"对话框,在绘图区空白处单击,系统弹出"文本符号"和"输入注解"文本框,输入注解"技术要求"后,单击" ✓ "按钮即可完成命令,返回"注解类型"菜单管理器,单击"完成"按钮,双击文字即可编辑里面的内容,如图 7-61 所示。

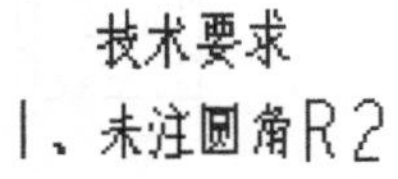

技术要求
1、未注圆角R2

图 7-61　添加注释文本

7.2.1 创建尺寸

创建尺寸的步骤如下。

（1）创建标准。打开工程图 "G:\End\ch7\exp1\drw0001.drw"

单击菜单栏中的"注释"功能选项卡→"注释"→" 尺寸 "，系统弹出"依附类型"菜单管理器，如图 7-62 所示。

（2）标注线段间尺寸

单击需要标注的线段，再单击鼠标中键即可完成命令，如图 7-63 所示。同理按此步骤标注其他线段间尺寸。

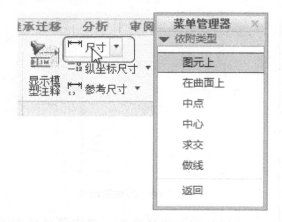

图 7-62 创建标注

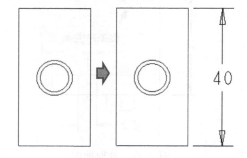

图 7-63 标注线段间尺寸

（3）标注圆弧中心与线段尺寸

单击菜单栏中的"注释"功能选项卡→"注释"→" 尺寸 "，系统弹出"依附类型"菜单管理器，选择"中心"命令，单击选择圆与线段，再单击鼠标中键即可完成命令，如图 7-64 所示。

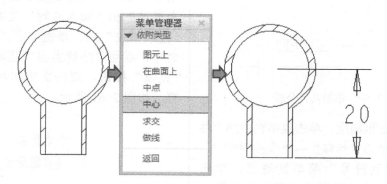

图 7-64 标注圆弧中心与线段尺寸

（4）标注直径

按照前面标注线段间距离的方法标注好大小，然后修改尺寸，双击尺寸 10，系统弹出"尺寸属性"对话框，在"显示"选项卡的"前缀"处单击，然后单击"文本符号"按钮，选择"Ø",单击"确定"按钮即可添加直径符号,如图 7-65 所示。

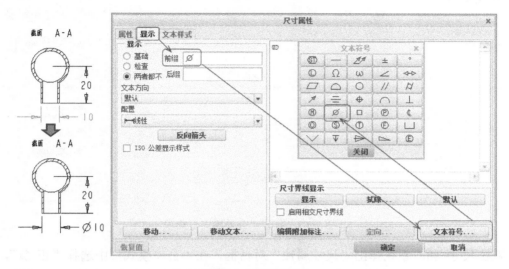

图 7-65　标注直径

（5）标注半径

单击菜单栏中的"注释"选项卡中的"注释"按钮,然后单击"尺寸"按钮,系统弹出"依附类型"菜单管理器,单击圆弧,然后单击鼠标中键即可,如图 7-66 所示。

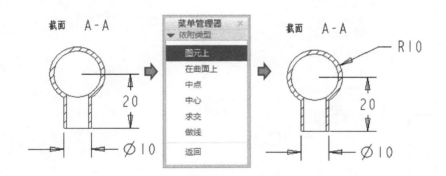

图 7-66　标注半径

7.2.2　显示尺寸公差

打开工程图"G:\End\ch7 \exp1\drw0001.drw",系统默认尺寸中没有公差,用户需要打开"公差模式",单击菜单栏中的" 文件 ▾ " → " 准备 (R) " → " 🗋绘图属性",系统弹出"绘图属性"对话框,单击"详细信息选项"的"更改"按钮,系统弹出"选项"对话框,在"选项"文本框中输入"tol_display",把它的参数更改为"yes",单击"添加\更改"按钮即可打开"公差模式"选项,如图 7-67 所示。

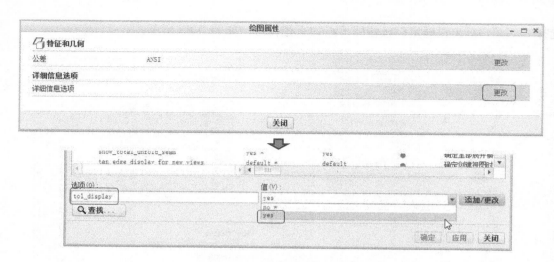

图 7-67　打开"公差模式"选项

双击尺寸 40，系统弹出"尺寸属性"对话框，在"公差模式"中选择"正-负"，在上公差输入+0.01，下公差输入-0.01，单击"确定"按钮即可完成命令，如图 7-68 所示。

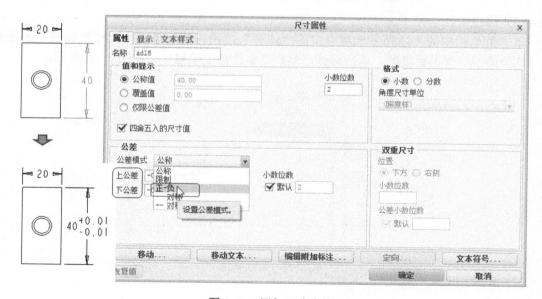

图 7-68　添加尺寸公差

7.2.3　显示几何公差

几何公差有直线度、平行度、垂直度、同轴度、对称度、圆度等。单击菜单栏中的"注释"选项卡单击"注释"按钮，然后单击" D 1M 几何公差"按钮，系统弹出"几何公差"对话框，在对话框左边可以选择各类型，如图 7-69 所示。

图 7-69 "几何公差"对话框

此处以添加"○圆度"为例演示。打开工程图"G:\ch7\exp1\drw0001.drw",单击"几何公差"对话框左边的"○圆度"按钮,然后单击"选择图元"按钮,在绘图区选择圆轮廓线段,然后单击"放置几何公差"按钮,在"类型"选择"带引线",系统弹出"菜单管理器",单击"图元上",单击"完成"按钮,在绘图区单击轮廓线段,即可完成命令,如图 7-70 所示。

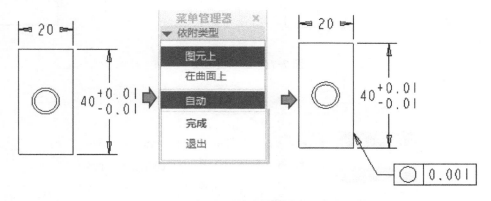

图 7-70 添加几何公差

7.2.4 显示粗糙度

打开工程图"G:\End\ch7\exp1\drw0001.drw",单击菜单栏中的"注释"选项卡,单击"注释"→"表面粗糙度",系统弹出"得到符号"菜单管理器,单击"检索"按钮,系统弹出"打开"菜单,选择"machined"→"standardl.sym"→"打开",返回"实例依附"菜单管理器,选择"图元",在绘图区单击线段,在系统提示的文本框中输入 3.0,再单击"✓"按钮即可完成命令,如图 7-71 所示。

7.2.5 添加注释文本

打开工程图"G:\End\ch7\exp1\drw0001.drw",单击菜单栏中的"注释"选项卡,单击"注释"→"注解",系统弹出"注解类型"菜单管理器,选择"无引线"→"输入"→

"标准"→"默认"→"进行注解",系统弹出"选择点"对话框,在绘图区空白处单击,系统弹出"文本符号"和"输入注解"文本框,输入注解"技术要求"后,单击"✓"按钮即可完成命令,返回"注解类型"菜单管理器,单击"完成"按钮,如图 7-72 所示。

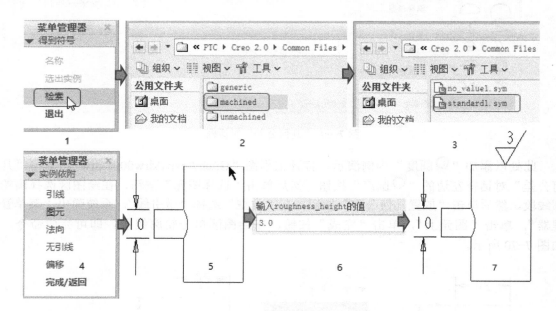

图 7-71　显示粗糙度

图 7-72　添加注释文本

　　用户可以对以上的注释文本进行编辑,双击注释文本,系统弹出"注释属性"对话框,可以在"文本"中编辑文本文字,在"文本样式"中编辑文字格式和大小,如图 7-73 所示。

图 7-73　编辑注释文本

7.2.6　添加表格

打开工程图"G:\End\ch7\exp1\drw0001.drw"，单击菜单栏中的"表"选项卡，单击"表"→" 插入表... "，系统弹出"插入表"对话框，用户设计好行数和列数，单击"确定"按钮，系统弹出"选择点"对话框，移动鼠标到合适位置放置表格即可完成命令，如图 7-74所示。

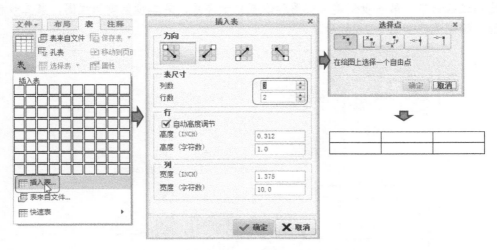

图 7-74　添加表格

7.3　要点·应用

本节以若干个简单案例，演示本章各知识点的应用。

7.3.1 应用 1——建立模型 3 工程图

本节以创建图 7-75 所示模型 3 工程图为例子来讲解工程制图的方法。

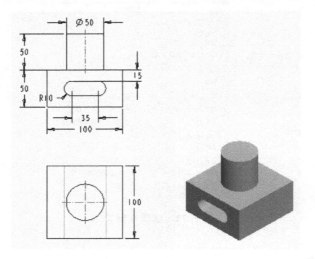

图 7-75　模型 3 工程图

思路·点拨 ✍

图 7-75 所示的模型 3 工程图是在第一视角环境下绘制的，主要由主视图、俯视图构成，绘制过程如下：第一步创建主视图和设置显示样式，第二步创建俯视图，第三步移动解锁视图。绘制流程如图 7-76 所示。

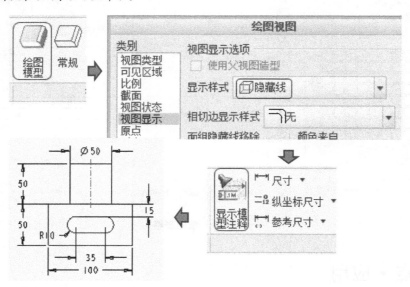

图 7-76　绘制流程

【光盘文件】

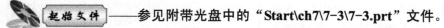

起始文件——参见附带光盘中的"Start\ch7\7-3\7-3.prt"文件。

结果文件——参见附带光盘中的"End\ch7\7-3\7-3.drw"文件。

动画演示——参见附带光盘中的"AVI\ch7\7-3.avi"文件。

【操作步骤】

（1）设置工作目录。单击"主页"→"选择工作目录"，系统弹出"选择工作目录"对话框，选择"G:\End\ch7\7-3"，单击"确定"按钮即可，如图 7-77 所示。

图 7-77　设置工作目录

（2）新建绘图。单击"文件"→"新建"或单击主页中的"　新建"按钮，弹出"新建"对话框，选择类型为"绘图"，名称默认为"7-3"，取消勾选"使用默认模板"复选框，单击"确定"按钮，如图 7-78 所示。

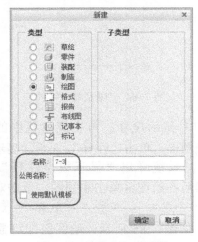

图 7-78　"新建"对话框

弹出"新建绘图"对话框后，选择"空"模板，方向设置为"横向"，大小为"A4"，如图 7-79 所示。

图 7-79　"新建绘图"对话框

"默认模型"选择"7-3"模型，创建工程图"7-3.drw"，单击"确定"按钮，如图 7-80 所示。

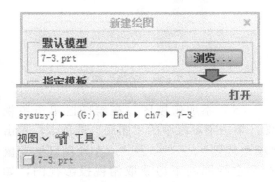

图 7-80　导入零件

（3）添加主视图。单击菜单栏中的"布局"，单击"模型视图"→"□常规"，在绘图区左上方单击确定主视图位置，系统弹出"绘图视图"对话框，"模型视图名"选择"FRONT"，"默认方向"选择"用户定义"，如图 7-81 所示。

图 7-81 "绘图视图"对话框

（4）设置显示样式。在"类别"栏选择"视图显示"，在"显示样式"下拉列表框中选择"消隐"，单击"应用"按钮，然后单击"关闭"按钮完成设置，如图 7-82 所示。

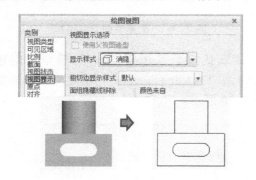

图 7-82 "消隐"样式

（5）添加俯视图。在绘图区单击主视图，单击菜单栏中的"布局"选项卡，单击"模型视图"→"□□投影"，在绘图区拖动鼠标到主视图的下边获取俯视投影视图，如图 7-83 所示。

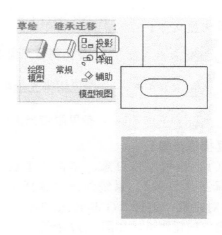

图 7-83 俯视图

（6）设置显示样式。双击俯视图，系统弹出"绘图视图"对话框，在"类别"栏选择"视图显示"，在"显示样式"下拉列表框中选择"隐藏线"，"相切边显示样式"下拉列表框中选择"无"，单击"应用"按钮，然后单击"关闭"按钮完成设置，如图 7-84 所示。

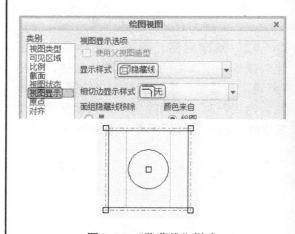

图 7-84 "隐藏线"样式

（7）显示尺寸。单击菜单栏中的"注释"选项卡，单击"注释"→"□显示模型注释"，系统弹出"显示模型注释"对话框，然后在绘图区单击主视图，单击对话框中的"├─┤"→"□"，单击"□"→"□"，如图 7-85 所示，绘图区即可显示尺寸和中心线，如图 7-86 所示。

图 7-85 "显示模型注释"对话框

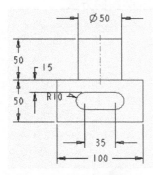

图 7-86 尺寸和中心线

（8）清理尺寸。单击菜单栏中的"注释"选项卡，单击→"注释"→"清理尺寸"，系统弹出"清除尺寸"对话框，如图 7-87 所示，然后单击主视图，按图 7-88 所示进行设置。

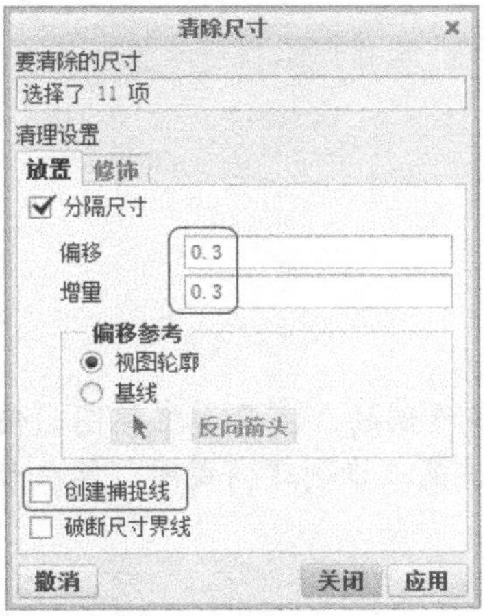

图 7-87 清除尺寸

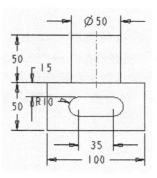

图 7-88 主视图尺寸

同理，单击"显示模型注释"按钮以显示俯视图的尺寸和中心线，如图 7-89 所示。

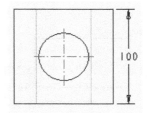

图 7-89 俯视图尺寸

（9）调整尺寸。如需调整某个尺寸，可直接单击拖动鼠标即可，调整各视图的尺寸如图 7-90 所示。

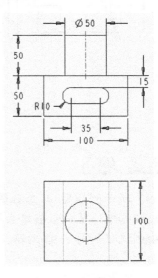

图 7-90 调整尺寸

（10）添加轴测图。单击菜单栏中的"布局"→"模型视图"→"□ 常规"，在绘图区左上方单击确定轴测图位置，系统弹出"绘图视图"对话框，在"默认方向"中选择等轴测，如图7-91所示。

图 7-91　等轴测

7.3.2　应用 2——建立模型 4 工程图

本节以创建图 7-92 所示模型 4 工程图为例子来讲解工程制图的方法。

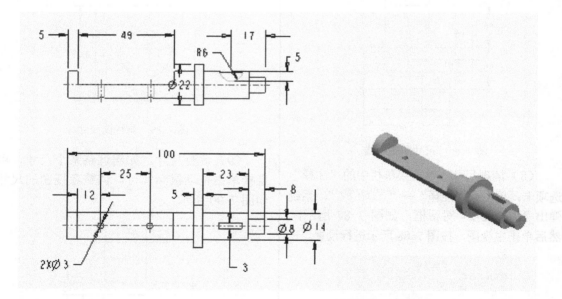

图 7-92　模型 4 工程图

思路·点拨

图 7-92 所示的模型 4 工程图是在第一视角环境下绘制的，主要由主视图、俯视图构成，绘制过程如下：第一步创建主视图和设置显示样式，第二步创建俯视图，第三步移动解锁视图。绘制流程如图 7-93 所示。

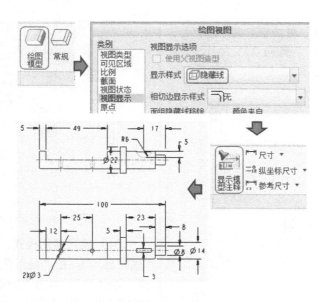

图 7-93　绘制流程

【光盘文件】

起始文件 —— 参见附带光盘中的 "Start\ch7\7-4\7-4.prt" 文件。

结果文件 —— 参见附带光盘中的 "End\ch7\7-4\7-4.drw" 文件。

动画演示 —— 参见附带光盘中的 "AVI\ch7\7-4.avi" 文件。

【操作步骤】

（1）设置工作目录。单击"主页"→"选择工作目录"，系统弹出"选择工作目录"对话框，选择"G:\End\ch7\7-4"，单击"确定"按钮即可，如图 7-94 所示。

（2）新建绘图。单击"文件"→"新建"或单击主页中的"□新建"按钮，弹出"新建"对话框，选择类型为"绘图"，名称默认为"7-4"，取消勾选"使用默认模板"复选框，单击"确定"按钮，如图 7-95 所示。

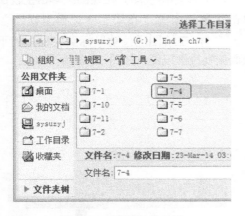

图 7-94　设置工作目录

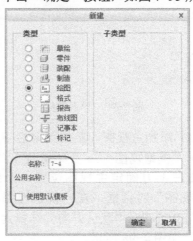

图 7-95　"新建"对话框

弹出"新建绘图"对话框,选择"空"模板,方向设置为"横向",大小选择"A4",如图7-96所示。

图7-96 "新建绘图"对话框

"默认模型"选择"7-4"模型,创建工程图"7-4.drw",单击"确定"按钮,如图7-97所示。

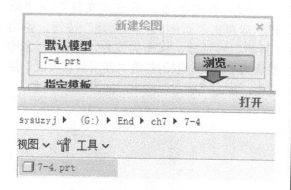

图7-97 导入零件

(3)添加主视图。单击菜单栏中的"布局"→"模型视图"→"常规",在绘图区单击左上方确定主视图位置,系统弹出"绘图视图"对话框,在"模型视图名"选择为"FRONT","默认方向"选择为"用户定义",如图7-98所示。

图7-98 "绘图视图"对话框

(4)设置显示样式。在"类别"栏中选择"视图显示",在"显示样式"下拉列表框中选择"隐藏线",单击"应用"按钮,然后单击"关闭"按钮完成设置,如图7-99所示。

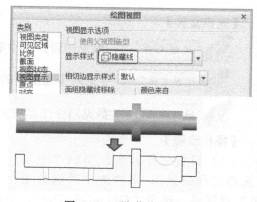

图7-99 "隐藏线"样式

(5)添加俯视图。在绘图区单击主视图,单击菜单栏中的"布局"→"模型视图"→"投影",在绘图区拉动鼠标到主视图的下边获取俯视投影视图,如图7-100所示。

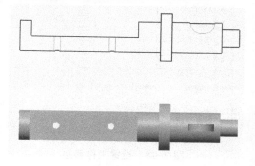

图7-100 俯视图

（6）设置显示样式。双击俯视图，系统弹出"绘图视图"对话框，在"类别"栏中选择"视图显示"，在"显示样式"下拉列表框中选择"消隐"，单击"应用"按钮，然后单击"关闭"按钮完成设置，如图 7-101 所示。

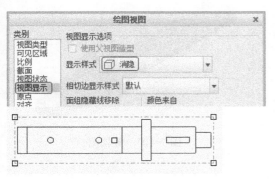

图 7-101 "消隐"样式

（7）显示尺寸。单击菜单栏中的"注释"→"注释"→"显示模型注释"，系统弹出"显示模型注释"对话框，然后在绘图区单击主视图，单击对话框的"├─┤"→"⅌"→"⅌"→"⅌"，如图 7-102 所示，绘图区即可显示尺寸和中心线，如图 7-103 所示。

图 7-102 "显示模型注释"对话框

（8）清理尺寸。单击菜单栏中的"注释"→"注释"→"清理尺寸"，系统弹出

"清除尺寸"对话框，然后单击主视图，在"放置"选项卡中进行设置，如图 7-104 所示。

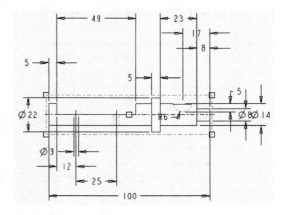

图 7-103 尺寸和中心线

图 7-104 清除尺寸

同理，单击"显示模型注释"按钮以显示俯视图的尺寸和中心线，如图 7-105 所示。

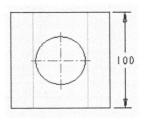

图 7-105 俯视图尺寸

（9）调整尺寸。如需调整某个尺寸，可直接单击拖动鼠标，或者右键移动尺寸到其他视图，调整后各视图的尺寸如图 7-106 所示。

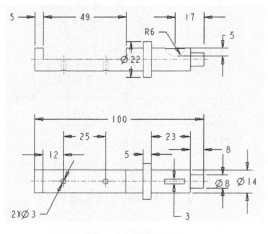

图 7-106　调整尺寸

（10）添加轴测图。单击菜单栏中的"布局"→"模型视图"→"□常规"，在绘图区单击左上方确定轴测图位置，系统弹出"绘图视图"对话框，在"默认方向"选择等轴测，如图 7-107 所示。

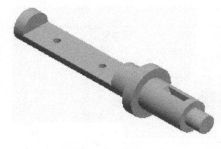

图 7-107　等轴测

7.4　能力·提高

本节以若干个典型的案例来进一步深入演示工程制图设计的方法。

7.4.1　案例 1——建立模型 5 工程图

本节以创建图 7-108 所示模型 5 工程图为例子来讲解工程制图的方法。

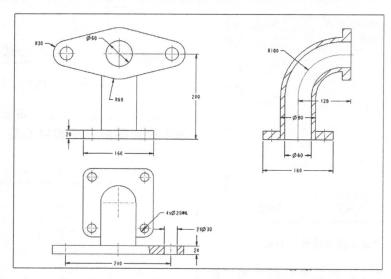

图 7-108　模型 5 工程图

思路·点拨

图 7-108 所示的模型 5 工程图是在第一视角环境下绘制的，主要由主视图、左视图、俯视图构成，绘制过程如下：第一步创建主视图和设置显示样式，第二步创建俯视图和左视图，第三步添加尺寸和设置剖视图。绘制流程如图 7-109 所示。

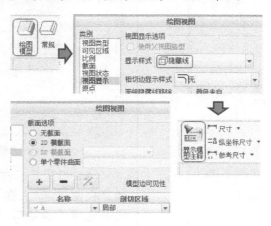

图 7-109　绘制流程

【光盘文件】

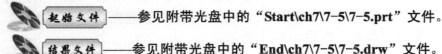

起始文件——参见附带光盘中的"Start\ch7\7-5\7-5.prt"文件。

结果文件——参见附带光盘中的"End\ch7\7-5\7-5.drw"文件。

动画演示——参见附带光盘中的"AVI\ch7\7-5.avi"文件。

【操作步骤】

（1）设置工作目录。单击"主页"→"选择工作目录"，系统弹出"选择工作目录"对话框，选择"G:\End\ch7\7-5"，单击"确定"按钮即可，如图 7-110 所示。

（2）新建绘图。单击"文件"→"新建"或单击主页中的"□新建"按钮，弹出"新建"对话框，选择类型为"绘图"，名称默认为"7-5"，取消勾选"使用默认模板"复选框，单击"确定"按钮，如图 7-111 所示。

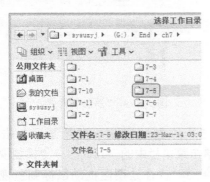

图 7-110　设置工作目录

图 7-111　"新建"对话框

弹出"新建绘图"对话框，选择"空"模板，方向设置为"横向"，大小选择"A3"，如图 7-112 所示。

图 7-112　"新建绘图"对话框

"默认模型"选择"7-5"模型，创建工程图"7-5.drw"，单击"确定"按钮，如图 7-113 所示。

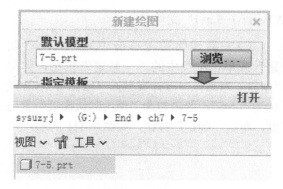

图 7-113　导入零件

（3）添加主视图。单击菜单栏中的"布局"→"模型视图"→"　常规"，在绘图区单击左上方确定主视图位置，系统弹出"绘图视图"对话框，在"模型视图名"选择为"FRONT"，"默认方向"选择为"用户定义"，如图 7-114 所示。

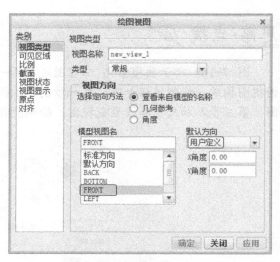

图 7-114　"绘图视图"对话框

（4）设置显示样式。在"类别"栏中选择"视图显示"，在"显示样式"下拉列表框中选择"消隐"，在"相切边显示样式"下拉列表框中选择"无"。在"类别"栏中选择"比例"，选中"自定义比例"，然后在文本框中输入 0.5，单击"应用"按钮，然后单击"关闭"按钮完成设置，如图 7-115 所示。

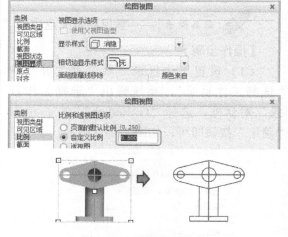

图 7-115　"消隐"样式

（5）添加俯视图。在绘图区单击主视图，单击菜单栏中的"布局"→"模型视图"→"　投影"，在绘图区拖动鼠标到主视图的下边获取俯视投影视图，如图 7-116 所示。

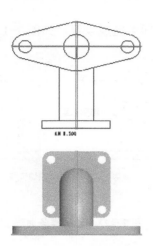

图 7-116 添加俯视图

（6）设置显示样式。双击俯视图，系统弹出"绘图视图"对话框，在"类别"栏中选择"视图显示"，在"显示样式"下拉列表框中选择"消隐"，在"相切边显示样式"下拉列表框中选择"无"，单击"应用"按钮，然后单击"关闭"按钮完成设置，如图 7-117 所示。

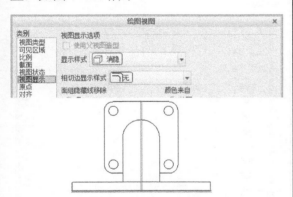

图 7-117 "消隐"样式

（7）添加左视图。在绘图区单击主视图，单击菜单栏中的"布局"→"模型视图"→"投影"，在绘图区拖动鼠标到主视图的右边获取左视投影视图，如图 7-118 所示。

（8）设置显示样式。双击俯视图，系统弹出"绘图视图"对话框，在"类别"栏中选择"视图显示"，在"显示样式"下拉列表框中选择"消隐"，在"相切边显示样式"下拉列表框中选择"无"，单击"应用"按钮，然后单击"关闭"按钮完成设置，如图 7-119 所示。

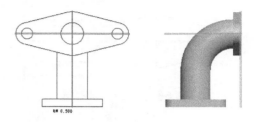

图 7-118 左视图

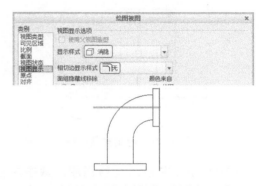

图 7-119 "消隐"样式

（9）添加俯视图局部剖视图。双击俯视图，系统弹出"绘图视图"对话框，在"截面选项"栏中选择"2D 横截面"，然后单击"➕"按钮，系统弹出"横截面创建"菜单管理器，单击"完成"按钮，系统弹出"输入剖面名"文本框，输入"A"，按〈ENTER〉键，如图 7-120 所示。

图 7-120 "绘图视图"对话框

然后在主视图选择 TOP 面，在对话框

的"剖切区域"下拉列表框中选择"局部"，首先单选边的一点，之后绘制样条曲线，单击鼠标中键封闭样条曲线，如图 7-121 所示。

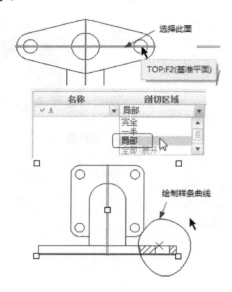

图 7-121　绘制样条曲线

（10）添加左视图全剖视图。双击左视图，系统弹出"绘图视图"对话框，在"截面选项"栏中选择"2D 横截面"，然后单击"＋"按钮，系统弹出"横截面创建"菜单管理器，单击"完成"按钮，系统弹出"输入剖面名"文本框，输入"B"，按〈ENTER〉键，如图 7-122 所示。

图 7-122　"绘图视图"对话框

然后在俯视图选择 RIGHT 面，在对话框的"剖切区域"下拉列表框中选择"完全"，单击"应用"按钮，然后单击"关闭"按钮即可完成设置，如图 7-123 所示。

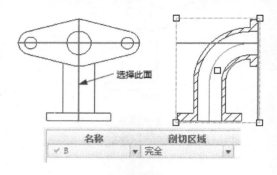

图 7-123　绘制样条曲线 2

（11）显示尺寸。单击菜单栏中的"注释"选项卡中的"注释"→"显示模型注释"，系统弹出"显示模型注释"对话框，然后在绘图区单击主视图，单击对话框的"⊢┤"，然后单击"彐"，再单击"🙎"，然后单击"彐"，绘图区即可显示尺寸和中心线，如图 7-124 所示。之后针对左视图、俯视图都进行同样的设置以显示尺寸和中心线。

图 7-124　"显示模型注释"对话框

（12）调整尺寸。如需调整某个尺寸，可直接单击拖动鼠标即可，或者右键移动尺寸到其他视图，调整后各视图的尺寸如图 7-125～图 7-127 所示。

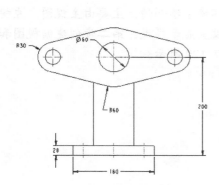

图 7-125　主视图尺寸

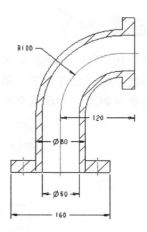

图 7-126　左视图尺寸

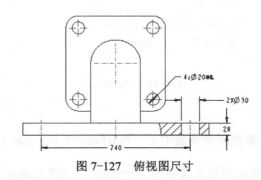

图 7-127　俯视图尺寸

7.4.2　案例 2——建立模型 6 工程图

本节以创建图 7-128 所示模型 6 工程图为例子来讲解工程制图的方法。

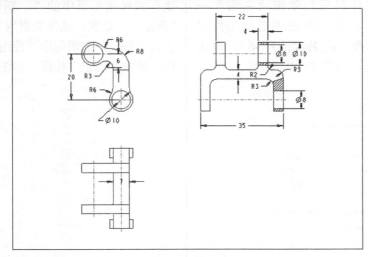

图 7-128　模型 6 工程图

思路·点拨 ✍

图 7-128 所示的模型 6 工程图是在第一视角环境下绘制的，主要由主视图、左视图、俯视图构成，绘制过程如下：第一步创建主视图和设置显示样式，第二步创建俯视图和左视图，第三步添加尺寸和设置剖视图。绘制流程如图 7-129 所示。

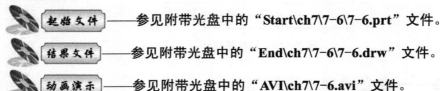

图 7-129　绘制流程

【光盘文件】

起始文件——参见附带光盘中的"Start\ch7\7-6\7-6.prt"文件。

结果文件——参见附带光盘中的"End\ch7\7-6\7-6.drw"文件。

动画演示——参见附带光盘中的"AVI\ch7\7-6.avi"文件。

【操作步骤】

（1）设置工作目录。单击"主页"→"选择工作目录"，系统弹出"选择工作目录"对话框，选择"G:\End\ch7\7-6"，单击"确定"按钮即可，如图 7-130 所示。

（2）新建绘图。单击"文件"→"新建"或单击主页中的" 新建"按钮，弹出"新建"对话框，选择类型为"绘图"，名称默认为"7-6"，取消勾选"使用默认模板"复选框，单击"确定"按钮，如图 7-131 所示。

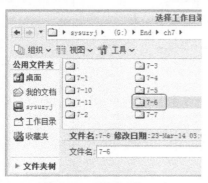

图 7-130　设置工作目录

图 7-131　"新建"对话框

弹出"新建绘图"对话框,选择"空"模板,方向设置为"横向",大小选择"A4",如图 7-132 所示。

图 7-132 "新建绘图"对话框

"默认模型"选择"7-6"模型,创建工程图"7-6.drw",单击"确定"按钮,如图 7-133 所示。

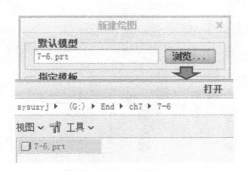

图 7-133 导入零件

(3)添加主视图。单击菜单栏中的"布局"选项卡→"模型视图"→"常规",在绘图区单击左上方确定主视图位置,系统弹出"绘图视图"对话框,在"模型视图名"选择为"FRONT","默认方向"选择为"用户定义",如图 7-134 所示。

(4)设置显示样式。在"类别"栏中选择"视图显示",在"显示样式"下拉列表

框中选择"消隐",在"相切边显示样式"下拉列表框中选择"无"。在"类别"栏中选择"比例",选中"自定义比例",然后在文本框中输入 2.0,单击"应用"按钮,然后单击"关闭"按钮完成设置,如图 7-135 所示。

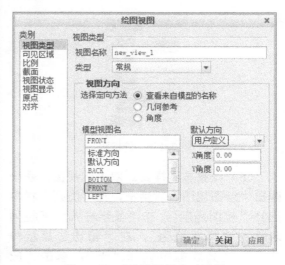

图 7-134 "绘图视图"对话框

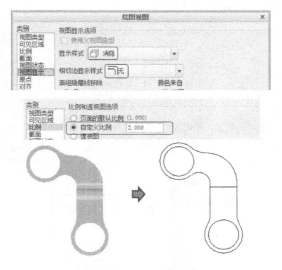

图 7-135 "消隐"样式

(5)添加俯视图。在绘图区单击主视图,单击菜单栏中的"布局"→"模型视图"→"投影",在绘图区拖动鼠标到主视图的下边获取俯视投影视图,如图 7-136 所示。

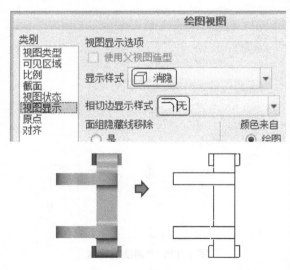

图 7-136　俯视图

（6）设置显示样式。双击俯视图，系统弹出"绘图视图"对话框，在"类别"栏中选择"视图显示"，在"显示样式"下拉列表框中选择"消隐"，在"相切边显示样式"下拉列表框中选择"无"，单击"应用"按钮，然后单击"关闭"按钮完成设置，如图 7-137 所示。

图 7-137　"消隐"样式

（7）添加左视图。在绘图区单击主视图，单击菜单栏中的"布局"→"模型视

图"→"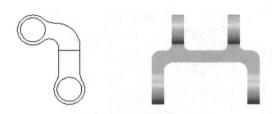投影"，在绘图区拖动鼠标到主视图的右边获取左视投影视图，如图 7-138 所示。

图 7-138　左视图

（8）设置显示样式。双击俯视图，系统弹出"绘图视图"对话框，在"类别"栏中选择"视图显示"，在"显示样式"下拉列表框中选择"消隐"，在"相切边显示样式"下拉列表框中选择"无"，单击"应用"按钮，然后单击"关闭"按钮完成设置，如图 7-139 所示。

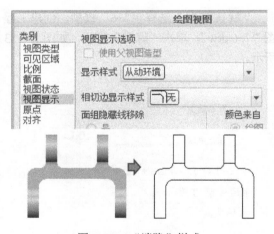

图 7-139　"消隐"样式

（9）添加左视图局部剖视图。双击左视图，系统弹出"绘图视图"对话框，在"截面选项"栏中选择"2D 横截面"，然后单击"＋"按钮，系统弹出"横截面创建"菜单管理器，单击"完成"按钮，系统弹出"输入剖面名"文本框，输入"A"，按〈ENTER〉键，如图 7-140 所示。

然后在主视图选择 DTM1 面，在对话框

的"剖切区域"下拉列表框中选择"局部"，首先在边上一点单选边的一点，之后绘制样条曲线，单击鼠标中键封闭样条曲线，如图7-141所示。

然后在主视图选择 RIGHT 面，在对话框的"剖切区域"下拉列表框中选择"局部"，首先单选边的一点，之后绘制样条曲线，单击鼠标左键封闭样条曲线，如图7-143所示。

图 7-140 "绘图视图"对话框

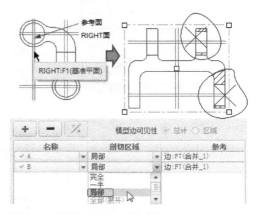

图 7-143 绘制样条曲线 2

（10）显示尺寸。单击"注释"选项卡中的"注释"→"显示模型注释"，系统弹出"显示模型注释"对话框，然后在绘图区单击主视图，单击对话框的" ⊢┤ "，然后单击" ⊱ "，再单击" 𝕈 "，然后单击" ⊱ "，绘图区即可显示尺寸和中心线，如图7-144所示。之后针对左视图、俯视图都进行同样的设置以显示尺寸和中心线。

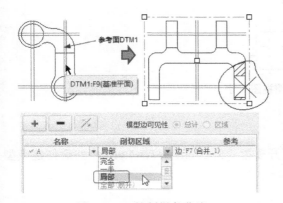

图 7-141 绘制样条曲线

添加左视图局部剖视图 2。双击左视图，系统弹出"绘图视图"对话框，在"截面选项"栏中选择"2D 横截面"，然后单击" ＋ "按钮，系统弹出"横截面创建"菜单管理器，单击"完成"按钮，系统弹出"输入剖面名"文本框，输入"B"，按〈ENTER〉键，如图7-142所示。

图 7-144 "显示模型注释"对话框

（11）调整尺寸。如需调整某个尺寸，可直接单击拖动鼠标即可，或者右键移动尺寸到其他视图，调整后各视图的尺寸如图7-145～图7-147所示。

图 7-142 "绘图视图"对话框

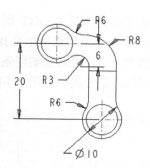

图 7-145　主视图尺寸

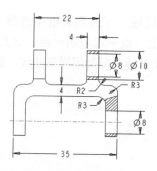

图 7-146　左视图尺寸

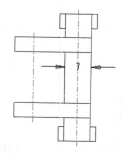

图 7-147　俯视图尺寸

7.5　习题·巩固

1．设置工作目录为"G:\End\ch7\7-7"，打开模型"Start\ch7\7-7\7-7.prt"，然后创建模型的工程图，如图 7-148 所示。

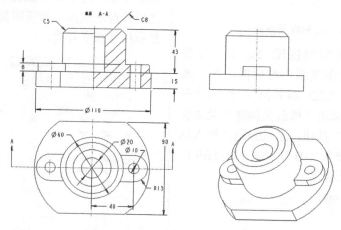

图 7-148　练习 1

起始文件──参见附带光盘中的"Start\ch7\7-7\7-7.prt"文件。

结果文件──参见附带光盘中的"End\ch7\7-7\7-7.drw"文件。

动画演示──参见附带光盘中的"AVI\ch7\7-7.avi"文件。

2．设置工作目录为"G:\End\ch7\7-8"，打开模型"Start\ch7\7-8\7-8.prt"，然后创建模型的工程图，如图 7-149 所示。

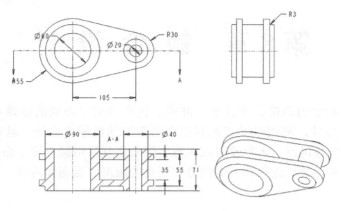

图 7-149　练习 2

起始文件——参见附带光盘中的"Start\ch7\7-8\7-8.prt"文件。

结果文件——参见附带光盘中的"End\ch7\7-8\7-8.drw"文件。

动画演示——参见附带光盘中的"AVI\ch7\7-8.avi"文件。

3．设置工作目录为"G:\End\ch7\7-9"，打开模型"Start\ch7\7-9\7-9.prt"，然后创建模型的工程图，如图 7-150 所示。

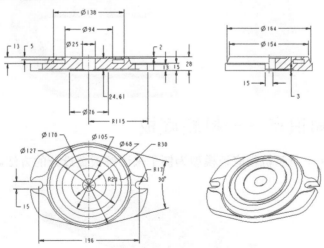

图 7-150　练习 3

起始文件——参见附带光盘中的"Start\ch7\7-9\7-9.prt"文件。

结果文件——参见附带光盘中的"End\ch7\7-9\7-9.drw"文件。

动画演示——参见附带光盘中的"AVI\ch7\-9.avi"文件。

第 8 章 钣 金 设 计

钣金是一类具有均匀厚度，通过剪、冲压、折弯等加工而成的特殊零件。钣金加工指根据薄板材料的可塑性，利用机械工具制造出所需的薄板零件形状，具有工艺简化、效率高、适合标准化生产等优点。本章首先以典型实例来讲解常用钣金设计命令，接着分别介绍各个命令的创建方法，最后选取若干实例进行要点的应用、提高和巩固。

 本讲内容

- ❯ 实例·知识点——机箱底板
- ❯ 要点·应用
- ❯ 能力·提高
- ❯ 习题·巩固

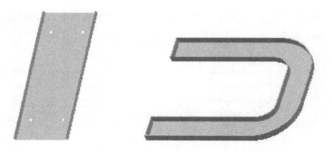

8.1　实例·知识点——机箱底板

本节以创建图 8-1 所示机箱底板模型为例子来讲解钣金设计的方法。

图 8-1　机箱底板模型

思路·点拨

图 8-1 所示的模型主要由拉伸壁、法兰壁等特征构成，绘制过程如下：第一步拉伸壁，第二步拉伸和阵列孔，第三步创建法兰壁，第四步镜像法兰壁。绘制流程如图 8-2 所示。

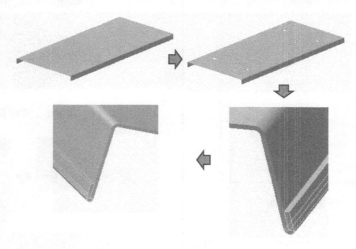

图 8-2　绘制流程

【光盘文件】

——参见附带光盘中的"End\ch8\8-1.prt"文件。

——参见附带光盘中的"AVI\ch8\8-1.avi"文件。

【操作步骤】

（1）设置工作目录。单击"主页"→"选择工作目录"，系统弹出"选择工作目录"对话框，选择"G:\End\ch8"，单击"确定"按钮即可，如图 8-3 所示。

图 8-3　设置工作目录

（2）新建文件。单击菜单栏中的"文件"→"新建"，或者在快速访问工具栏中单击" "按钮。弹出"新建"对话框，选择"零件"类型，在"子类型"栏中选择"钣金件"，输入名称"8-1"，取消勾选"使用默认模板"复选框，然后单击"确定"按钮弹出"新文件选项"，选择"mmns_part_sheetmetal"选项，单击"确定"按钮进入建模环境，如图 8-4 所示。

（3）拉伸壁。在"模型"选项卡的"形状"区域中单击" 拉伸"按钮，系统弹出"拉伸"操控面板，单击操控面板中的"参考"→"定义"，选取 FRONT 基准平面，进入草绘环境，单击菜单栏中的" "→" 线"按钮，绘制图形，返回操控面板，选择" "向两侧拉伸的长度输入 440.00，" "厚度输入 0.70，如图 8-5 所示。

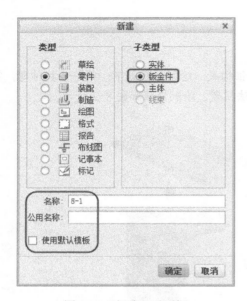

图 8-4 "新建"对话框

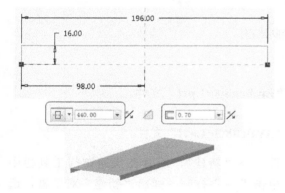

图 8-5 拉伸壁

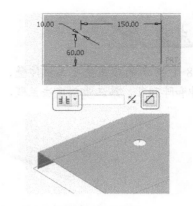

图 8-6 拉伸孔

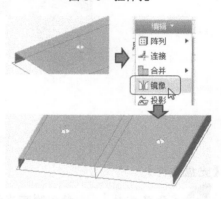

图 8-7 镜像孔 1

同理，在模型树中选择"拉伸 2"和
"镜像 1"，在"模型"选项卡中的"编辑"
区域中单击" 镜像 "按钮，然后在绘图区
选择 FRONT 面，单击" "按钮完成镜像
孔，如图 8-8 所示。

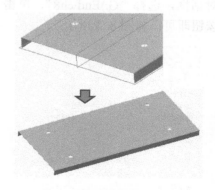

图 8-8 镜像孔 2

（4）拉伸孔。在"模型"选项卡的"形
状"区域中单击" 拉伸 "按钮，系统弹出
"拉伸"操控面板，单击操控面板中的"参
考"→"定义"，选取拉伸壁顶面，进入草
绘环境，单击菜单栏中的" "→
" 圆 "按钮，绘制图形，返回操控面板，
选择" "" "方式，如图 8-6 所示。

（5）镜像孔。在模型树中选择"拉伸
2"，在"模型"选项卡的"编辑"区域中单
击" 镜像 "按钮，然后在绘图区选择
RIGHT 面，单击" "按钮完成镜像孔，
如图 8-7 所示。

（6）法兰壁。在"模型"选项卡中的

"形状"区域中单击"🔧法兰"按钮，系统
弹出"凸缘"操控面板，如图8-9所示。

图8-9 "凸缘"操控面板

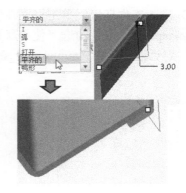

图8-10 法兰壁

在操控面板中方式选择 "平齐的"，
在绘图区修改法兰长度为 3.00，单击"✔"
按钮完成创建法兰壁，如图8-10所示。

（7）镜像法兰壁。在模型树中选择"凸
缘 1"，在"模型"选项卡中的"编辑"区域
中单击"⊮镜像"按钮，然后在绘图区选择
RIGHT 面，单击"✔"按钮完成镜像法
兰壁，如图8-11所示。

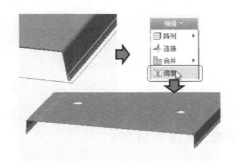

图8-11 镜像法兰壁

8.1.1 平面壁

（1）设置工作目录。单击"主页"→"选择工作目录"，系统弹出"选择工作目录"对
话框，选择"G:\End\ch8"，单击"确定"按钮即可，如图8-12所示。

图8-12 设置工作目录

（2）进入工作环境。单击"文件"→"新建"，在"子类型"栏中选择"钣金件"，输入名称"yuanpian"，取消勾选"使用默认模板"复选框，然后单击"确定"按钮，弹出"新文件选项"对话框，选择"mmns_part_sheetmetal"选项，按照如图 8-13 所示的步骤新建文件。

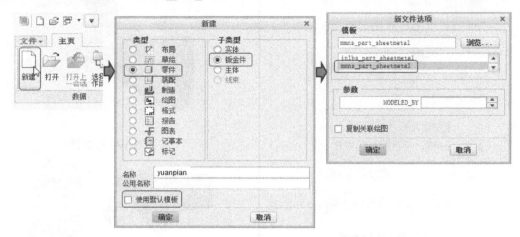

图 8-13　新建文件

（3）在"模型"选项卡中的"形状"区域中单击" 平面 "按钮，系统弹出"平面"操控面板，如图 8-14 所示。

图 8-14　"平面"操控面板

（4）单击操控面板中的"参考"→"定义"，此时系统提示选取一个平面以定义草绘平面，在工作界面中移动鼠标，选取 TOP 基准平面，参考平面和草绘方向采用系统默认，单击"草绘"按钮，进入草绘环境，单击菜单栏中的" ⬚ "按钮，使草绘平面与屏幕平行，便于草绘操作；单击" ⊙圆 ▼ "按钮，绘制图形，如图 8-15 所示。

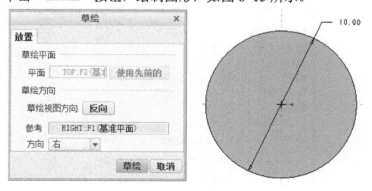

图 8-15　草绘截面

（5）单击"✔"按钮，完成截面的创建后返回操控面板，在厚度文本框中输入 0.30，单击操控面板上的"✔"按钮，完成创建平面壁的命令，如图 8-16 所示。

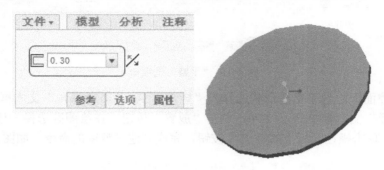

图 8-16　创建平面壁

8.1.2　平整壁

（1）设置工作目录。单击"主页"→"选择工作目录"，系统弹出"选择工作目录"对话框，选择"G:\End\ch8"，单击"确定"按钮即可，如图 8-17 所示。

（2）单击工具栏中的"🖼打开"按钮，选择"ch8 文件夹\baopian.prt"，单击"打开"按钮即可打开模型，如图 8-18 所示。

（3）在"模型"选项卡中的"形状"区域中单击"🖼平整"按钮，系统弹出"平整"操控面板，如图 8-19 所示。

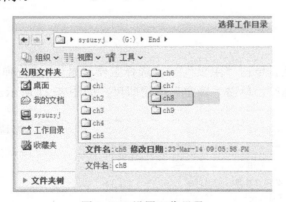

图 8-17　设置工作目录

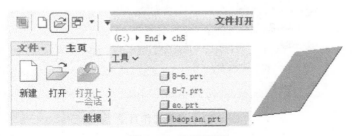

图 8-18　打开模型

图 8-19 "平整"选项卡

（4）在操控面板中的平整壁形状选择为"矩形"，在"△薄壁角"文本框中输入 45.0，在"◢折弯半径"文本框中输入 2.00，单击"放置"按钮，在绘图区选择一边，用户可以对高度进行修改，单击操控面板上的"✔"按钮，完成创建平整壁的命令，如图 8-20 所示。

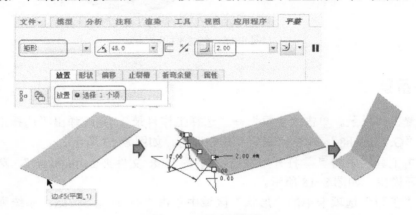

图 8-20 创建平整壁

8.1.3 法兰壁

（1）设置工作目录。单击"主页"→"选择工作目录"，系统弹出"选择工作目录"对话框，选择"G:\End\ch8"，单击"确定"按钮即可，如图 8-21 所示。

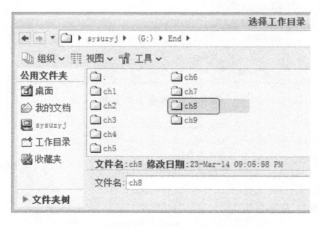

图 8-21 设置工作目录

（2）单击工具栏中的"⬛打开"按钮，选择"ch8 文件夹\falan.prt"，单击"打开"按钮即可打开模型，如图 8-22 所示。

图 8-22　打开模型

（3）在"模型"选项卡中的"形状"区域中单击"⬛法兰"按钮，系统弹出"凸缘"操控面板，如图 8-23 所示。

图 8-23　"凸缘"操控面板

（4）单击操控面板中的"放置"→"细节"，弹出"链"对话框，在绘图区选取一条边，单击"确定"按钮，得到的预览效果如图 8-24 所示。

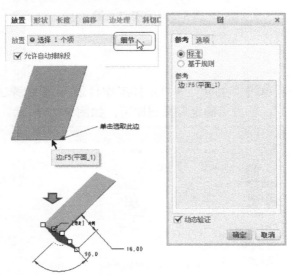

图 8-24　预览效果

（5）单击操控面板中的"形状"→"草绘"，弹出"草绘"对话框，单击"草绘"按钮进入草绘环境，单击菜单栏中的"⬚"按钮，使草绘平面与屏幕平行，便于草绘操作；单击"⌒弧▾"按钮，绘制图形，如图 8-25 所示。

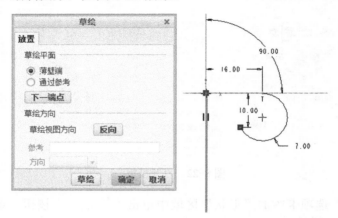

图 8-25　草绘操作

（6）单击"✔"按钮，完成截面的创建返回操控面板，在"⬚折弯半径"文本框中输入 2.00，单击操控面板上的"✔"按钮，完成创建法兰壁的命令，如图 8-26 所示。

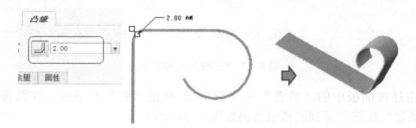

图 8-26　创建法兰壁

8.1.4　旋转壁

（1）设置工作目录。单击"主页"→"选择工作目录"，系统弹出"选择工作目录"对话框，选择"G:\End\ch8"，单击"确定"按钮即可，如图 8-27 所示。

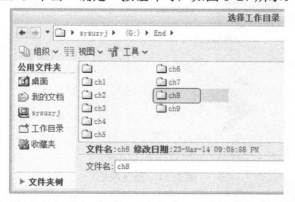

图 8-27　设置工作目录

（2）进入工作环境。单击"文件"→"新建"，在"子类型"栏中选择"钣金件"，输入名称"wan"，取消勾选"使用默认模板"复选框，然后单击"确定"按钮，弹出"新文件选项"对话框，选择"mmns_part_sheetmetal"选项，按照如图 8-28 所示的步骤新建模型。

图 8-28　新建模型

（3）在"模型"选项卡中的"形状"区域中单击"🔲旋转"按钮，系统弹出"旋转"操控面板，如图 8-29 所示。

图 8-29　"旋转"操控面板

（4）单击操控面板中的"放置"→"定义"，此时系统提示选取一个平面以定义草绘平面，在工作界面上移动鼠标，选取 FRONT 基准平面，参考平面和草绘方向采用系统默认，单击"草绘"按钮，进入草绘环境，单击菜单栏中的"🔲"按钮，使草绘平面与屏幕平行，便于草绘操作；单击"〜线▾"及"🔲圆角▾"按钮绘制图形，如图 8-30 所示。

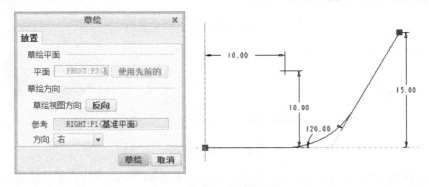

图 8-30　绘制草图

（5）单击"✔"按钮，完成截面的创建后返回操控面板，在厚度文本框中输入 1.00，单击操控面板上的"✔"按钮，完成创建旋转壁的命令，如图 8-31 所示。

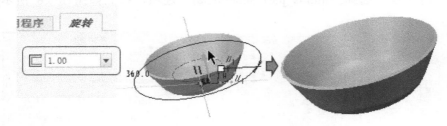

图 8-31　创建旋转壁

8.1.5　延伸壁

（1）设置工作目录。单击"主页"→"选择工作目录"，系统弹出"选择工作目录"对话框，选择"G:\End\ch8"，单击"确定"按钮即可，如图 8-32 所示。

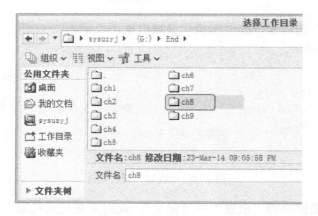

图 8-32　设置工作目录

（2）单击工具栏中的"📂打开"按钮，选择"ch8 文件夹\xiang.prt"，单击"打开"按钮即可打开模型，如图 8-33 所示。

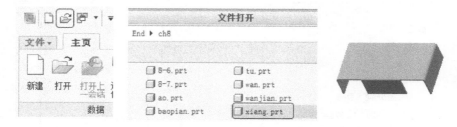

图 8-33　打开模型

（3）单击选取模型上的一边，在"模型"选项卡中的"编辑"区域中单击"🔲延伸"按钮，系统弹出"延伸"操控面板，如图 8-34 所示。

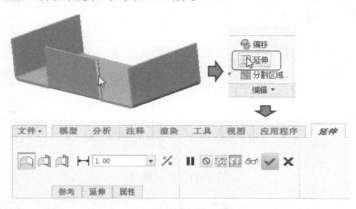

图 8-34　延伸操控面板

（4）单击操控面板上的"将壁延伸到参考平面"按钮，在绘图区选取一参考平面，单击操控面板上的"✔"按钮，完成创建延伸壁的命令，如图 8-35 所示。

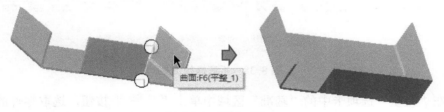

图 8-35　创建延伸壁

8.1.6　钣金的折弯

（1）设置工作目录。单击"主页"→"选择工作目录"，系统弹出"选择工作目录"对话框，选择"G:\End\ch8"，单击"确定"按钮即可，如图 8-36 所示。

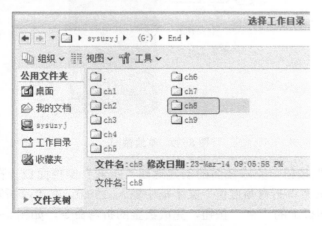

图 8-36　设置工作目录

（2）单击工具栏中的"🖼打开"按钮，选择"ch8 文件夹\wanjian.prt"，单击"打开"按钮即可打开模型，如图 8-37 所示。

图 8-37　打开模型

（3）在"模型"选项卡中的"折弯"区域中单击"🈳折弯 ▾"按钮，系统弹出"折弯"操控面板，如图 8-38 所示。

图 8-38　折弯操控面板

（4）在"模型"选项卡中的"基准"区域中单击"📐草绘"按钮，选取零件的顶面作为草绘面，系统弹出"折弯"操控面板，单击菜单栏中的"🔁"按钮，使草绘平面与屏幕平行，便于草绘操作；单击"📐线 ▾"按钮绘制图形，如图 8-39 所示。

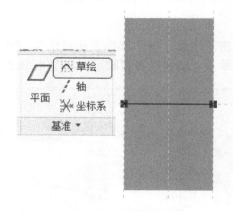

图 8-39　草绘截面

（5）单击"✔"按钮，完成截面的创建返回"折弯"操控面板，在绘图区选取以上步骤所绘制的直线，在"📐折弯角度值"文本框中输入 150.0，在"📏折弯半径"文本框中输入 0.50，单击操控面板上的"✔"按钮，完成钣金的折弯命令，如图 8-40 所示。

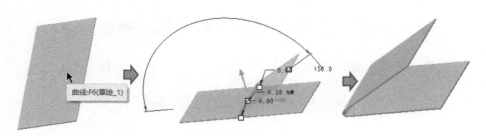

图 8-40　钣金的折弯

8.1.7　钣金的展平

（1）设置工作目录。单击"主页"→"选择工作目录"，系统弹出"选择工作目录"对话框，选择"G:\End\ch8"，单击"确定"按钮即可，如图 8-41 所示。

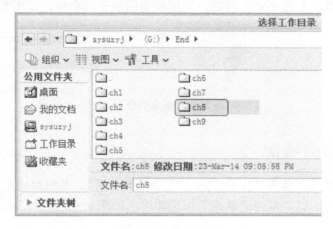

图 8-41　设置工作目录

（2）单击工具栏中的"📂打开"按钮，选择"ch8 文件夹\zhanpingjian.prt"，单击"打开"按钮即可打开模型，如图 8-42 所示。

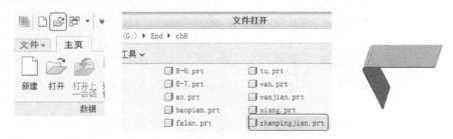

图 8-42　打开模型

（3）在"模型"选项卡中的"折弯"区域中单击"展平"按钮，系统弹出"展平"操控面板和预览图，如图 8-43 所示。

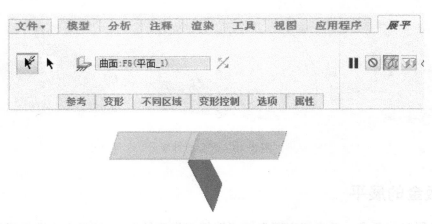

图 8-43 "展平"操控面板和预览图

（4）单击操控面板上的"✔"按钮，完成板金的展平的命令，如图 8-44 所示。

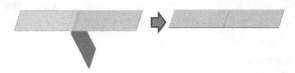

图 8-44 板金的展平

8.1.8 钣金的成型特征

（1）设置工作目录。单击"主页"→"选择工作目录"，系统弹出"选择工作目录"对话框，选择"G:\End\ch8"，单击"确定"按钮即可，如图 8-45 所示。

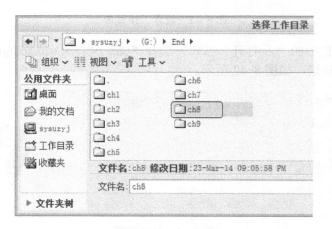

图 8-45 设置工作目录

（2）单击工具栏中的"🗁 打开"按钮，选择"ch8 文件夹\ao.prt"，单击"打开"按钮即可打开模型，如图 8-46 所示。

图 8-46　打开模型

（3）在"模型"选项卡中的"工程"区域中单击" ⚓ 成型"按钮，系统弹出"凸模"操控面板，单击" 📁 "按钮，选择"ch8 文件夹\tu.prt"，单击"打开"按钮即可，如图 8-47 所示。

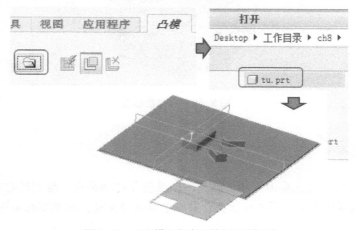

图 8-47　"凸模"操控面板和预览图

（4）单击操控面板上的"放置"按钮，设置约束，最后单击操控面板上的" ✔ "按钮，完成板金的成型命令，如图 8-48 所示。

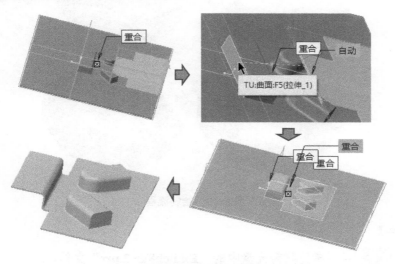

图 8-48　板金的成型

8.2　要点·应用

本节以若干个简单的案例，演示本章各知识点的应用。

8.2.1　应用 1——六角盒

本节以创建图 8-49 所示六角盒模型为例子来讲解钣金设计的方法。

图 8-49　六角盒模型

思路·点拨

图 8-49 所示的模型主要由拔模、抽壳、法兰壁等特征构成，绘制过程如下：第一步拉伸六角体，第二步拔模六角体，第三步抽壳，第四步创建法兰壁。绘制流程如图 8-50 所示。

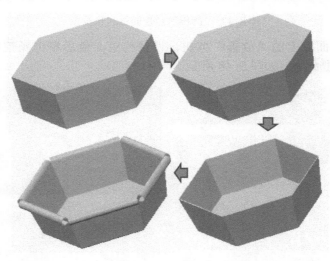

图 8-50　绘制流程

【光盘文件】

结果文件——参见附带光盘中的"End\ch8\8-2.prt"文件。

动画演示——参见附带光盘中的"AVI\ch8\8-2.avi"文件。

【操作步骤】

（1）设置工作目录。单击"主页"→"选择工作目录"，系统弹出"选择工作目录"对话框，选择"G:\End\ch8"，单击"确定"按钮即可，如图 8-51 所示。

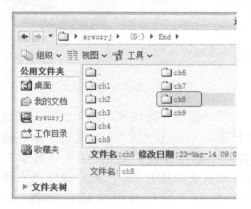

图 8-51　设置工作目录

（2）新建文件。单击菜单栏中的"文件"→"新建"，或者在快速访问工具栏中单击"□"按钮。弹出新建窗口，选择"零件"类型，输入名称"8-2"，取消勾选"使用默认模板"复选框，然后单击"确定"按钮弹出"新文件选项"对话框，选择"mmns_part_solid"选项，单击"确定"按钮进入建模环境，如图 8-52 所示。

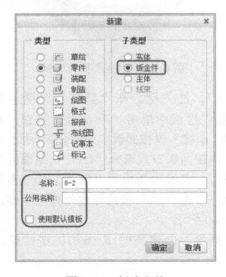

图 8-52　新建文件

（3）拉伸六角体。在"模型"选项卡中的"形状"区域中单击"拉伸"按钮，系统弹出"拉伸"操控面板，单击操控面板上的"参考"→"定义"，选取 FRONT 基准平面，进入草绘环境，单击菜单栏中的"　"按钮，单击"　线▾"按钮，绘制图形，返回操控面板选择"　"拉伸长度输入50.0，如图 8-53 所示。

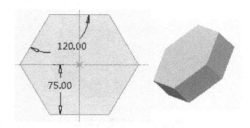

图 8-53　拉伸六角体

（4）拔模六角体。在"模型"选项卡中的"工程"区域中单击"　拔模 ▾"，系统弹出"拔模"操控面板，单击操控面板上的"参考"→"拔模曲面"，选取拔模曲面，如图 8-54 所示。

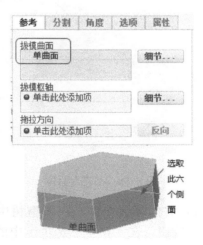

图 8-54　拔模六角体

单击操控面板上的"参考"→"拔模枢轴"，选取拔模曲面，单击六角体顶面，在操控面板的"　"文本框中输入拔模角度10.0，单击"　"按钮完成拔模六角体，如

图 8-55 所示。

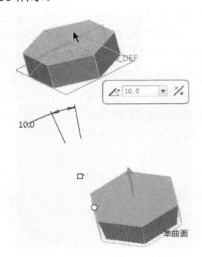

图 8-55　拔模六角体

（5）抽壳六角体。在"模型"选项卡中的"工程"区域中单击"回壳"按钮，然后在绘图区中选择六角体顶面，在操控面板的"厚度"文本框中输入 1.00，单击"✔"按钮完成抽壳，如图 8-56 所示。

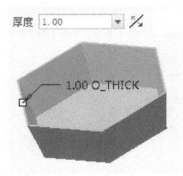

图 8-56　抽壳六面体

（6）实体转钣金体。在模型树中单击"壳 1"按钮，在"模型"选项卡中的"操作"区域的下拉菜单中单击"转换为钣金件"按钮，系统弹出"第一壁"操控面板，单击"驱动曲面"按钮，然后单击六角体底面，单击"✔"按钮完成实体转钣金体命令，如图 8-57 所示。

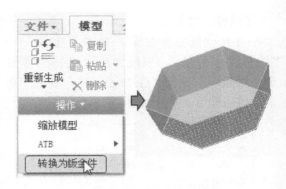

图 8-57　实体转换为钣金件

在"模型"选项卡中的"工程"区域的下拉菜单中单击"转换"按钮，系统弹出"转换"操控面板，单击"边扯裂"按钮，然后在绘图区按〈Ctrl〉键单选六条侧边，单击"✔"按钮完成，如图 8-58 所示。

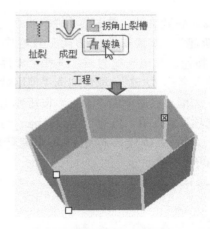

图 8-58　"转换"操控面板

（7）法兰壁。在"模型"选项卡中的"形状"区域中单击"法兰"按钮，系统弹出"凸缘"操控面板，如图 8-59 所示。

操控面板方式选择"C"，在绘图区单击一条边，在操控面板的"形状"处双击尺寸修改，单击"✔"按钮完成创建法兰壁，如图 8-60 所示。

同理，创建其他 5 条边的法兰壁，如图 8-61 所示。

图 8-59 "凸缘"操控面板

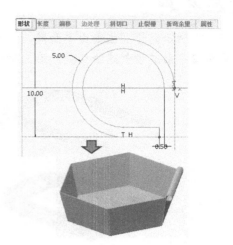

图 8-60 创建法兰壁

图 8-61 镜像法兰壁

8.2.2 应用 2——U 形槽

本节以创建图 8-62 所示 U 形槽模型为例子来讲解钣金设计的方法。

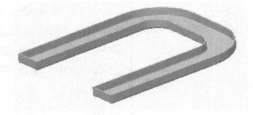

图 8-62 U 形槽模型

思路·点拨

图 8-62 所示的模型主要由平面壁、法兰壁、平整壁等特征构成，绘制过程如下：第一步创建平面壁，第二步创建法兰壁，第三步创建平整壁。绘制流程如图 8-63 所示。

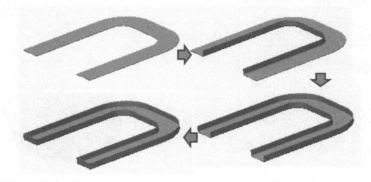

图 8-63　绘制流程

【光盘文件】

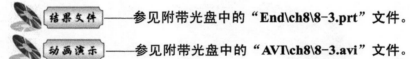

结果文件——参见附带光盘中的"End\ch8\8-3.prt"文件。

动画演示——参见附带光盘中的"AVI\ch8\8-3.avi"文件。

【操作步骤】

（1）设置工作目录。单击"主页"→"选择工作目录"，系统弹出"选择工作目录"对话框，选择"G:\End\ch8"，单击"确定"按钮即可，如图 8-64 所示。

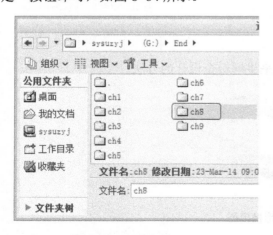

图 8-64　设置工作目录

（2）新建文件。单击菜单栏中的"文件"→"新建"，或者在快速访问工具栏中单击"□"按钮。弹出"新建"对话框，选择"零件"类型，在"子类型"栏中选择"钣金件"，输入名称"8-3"，取消勾选"使用默认模板"复选框，然后单击"确定"按钮弹出"新文件选项"对话框，选择"mmns_part_sheetmetal"选项，单击"确定"按钮进入建模环境，如图 8-65 所示。

（3）平面壁。在"模型"选项卡中的"形状"区域中单击"⬚平面"按钮，系统弹出"平面"操控面板，进入草绘环境，选取 TOP 基准平面，单击菜单栏中的"⬚"按钮，单击"⌒线▾"及"⌐圆角▾"按钮，绘制图形，返回操控面板，在"⊏"厚度文本框中输入 1.0，如图 8-66 所示。

图 8-65　新建文件

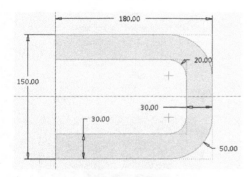

图 8-66　平面壁

（4）内侧法兰壁。在"模型"选项卡中的"形状"区域中单击" 法兰"按钮，系统弹出"凸缘"操控面板，如图 8-67 所示。

图 8-67　"凸缘"操控面板

操控面板方式选择"I"，单击操控面板上的"放置"→"细节"，在绘图区按住〈Ctrl〉键依次选择边线组成选取链，如图 8-68 所示。

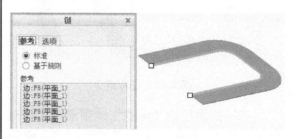

图 8-68　选取链

在操控面板的"形状"选项卡中，修改法兰高度为 10.00，单击" "按钮完成法兰壁的创建，如图 8-69 所示。

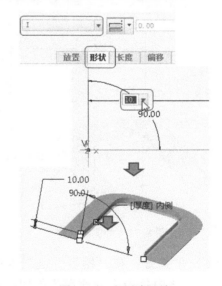

图 8-69　内侧法兰壁

（5）外侧法兰壁。在"模型"选项卡的"形状"区域中单击" 法兰"按钮，系统弹出"凸缘"操控面板，操控面板方式选择"I"，单击操控面板上的"放置"→"细节"，在绘图区按住〈Ctrl〉键依次选择边线组成选取链，如图 8-70 所示。

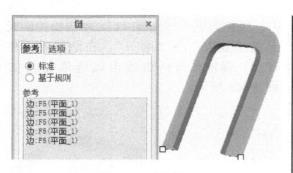

图 8-70　选取链 2

在操控面板的"形状"选项卡中，修改法兰高度为 10.00，单击"✓"按钮完成创建法兰壁，如图 8-71 所示。

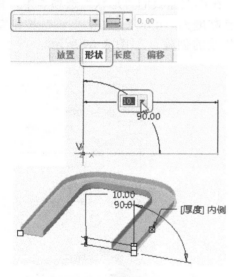

图 8-71　外侧法兰壁

（6）平整壁。在"模型"选项卡中的"形状"区域中单击"🗔平整"按钮，单击"放置"选项卡，在绘图区选择一边，如图 8-72 所示。

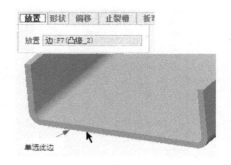

图 8-72　选取放置边

单击操控面板的"形状"选项卡，修改平整壁高度，单击"✓"按钮完成创建平整壁，如图 8-73 所示。

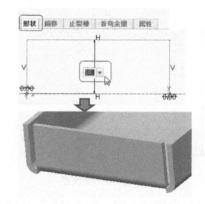

图 8-73　平整壁

同理，创建另外一边的平整壁，如图 8-74 所示。

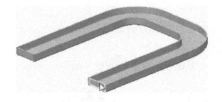

图 8-74　平整壁 2

8.3　能力·提高

本节以若干个典型的案例，进一步深入演示设计的方法。

8.3.1 案例 1——展开板

本节以创建图 8-75 所示展开板模型为例子来讲解钣金设计的方法。

图 8-75　展开板模型

思路·点拨

图 8-75 所示的模型主要由拉伸壁、边折弯、扯裂、展平等特征构成，绘制过程如下：第一步拉伸壁，第二步边折弯，第三步创建扯裂，第四步展平壁。绘制流程如图 8-76 所示。

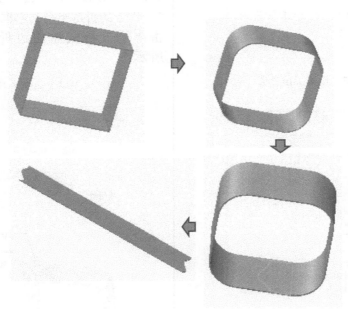

图 8-76　绘制流程

【光盘文件】

结果文件——参见附带光盘中的 "End\ch8\8-4.prt" 文件。

动画演示——参见附带光盘中的 "AVI\ch8\8-4.avi" 文件。

【操作步骤】

（1）设置工作目录。单击 "主页" → "选择工作目录"，系统弹出 "选择工作目录" 对话框，选择 "G:\End\ch8"，单击 "确定" 按钮即可，如图 8-77 所示。

（2）新建文件。单击菜单栏 "文件" → "新建"，或者在快速访问工具栏中单击 "🗋" 按钮，弹出 "新建" 对话框，选择 "零件"类型，在"子类型"栏中选择"钣金件"，输入名称"8-4"，取消勾选"使用默认模板"复选框，然后单击"确定"按钮弹出"新文件选项"，选择"mmns_part_sheetmetal"，单击"确定"按钮进入建模环境，如图 8-78 所示。

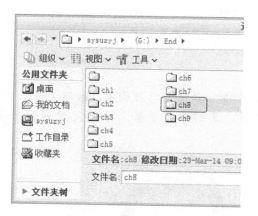

图 8-77 设置工作目录

图 8-78 新建文件

（3）拉伸壁。在"模型"选项卡中的"形状"区域中单击" 拉伸"按钮，系统弹出"拉伸"操控面板，单击操控面板上的"参考"→"定义"，选取 FRONT 基准平面，进入草绘环境，单击菜单栏中的" "和" 线 "按钮，绘制图形，返回操控面板选择" "向两侧拉伸的长度输入 40.0，

" "厚度输入 1.0，如图 8-79 所示。

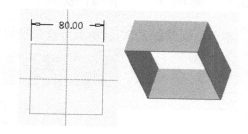

图 8-79 拉伸壁

（4）边折弯。在"模型"选项卡的"折弯"区域中单击" 折弯 "下拉菜单的" 边折弯"按钮，系统弹出"边折弯"操控面板，在绘图区选取拉 4 条边，在操控面板" "中的折弯半径文本框中输入 20.00，单击" "按钮完成边折弯，如图 8-80 所示。

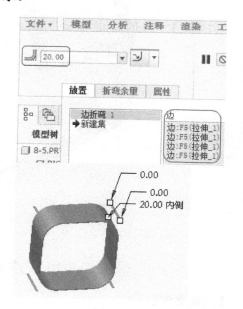

图 8-80 边折弯

（5）草绘扯裂。在"模型"选项卡的"工程"区域中单击" 扯裂"下拉菜单的" 草绘扯裂"按钮，系统进入草绘模式，然后在绘图区选择内底面，单击" 样条"按钮绘制草绘，单击" "按钮完成草绘扯裂，如图 8-81 所示。

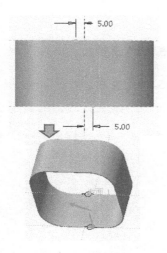

图 8-81　草绘扯裂

（6）展平壁。在"模型"选项卡的"折弯"区域中单击"⤴展平"按钮，选择顶面作为展平参考面，此时系统弹出"展平"操控面板和预览图，单击"✅"按钮完成创建展平壁，如图 8-82 所示。

图 8-82　展平壁

8.3.2　案例 2——夹套

本节以创建图 8-83 所示夹套模型为例子来讲解钣金设计的方法。

图 8-83　夹套模型

思路·点拨 ✍

图 8-83 所示的夹套模型主要由平面壁、折弯、展平、合并壁、折回去等特征构成，绘制过程如下：第一步平面壁，第二步折弯和展平壁，第三步创建平面壁 2 和合并壁，第四步折弯平面壁 2~6。绘制流程如图 8-84 所示。

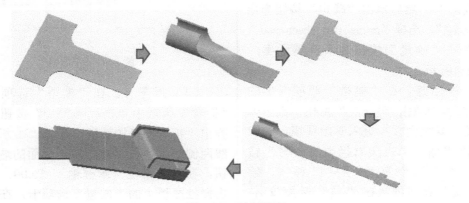

图 8-84　绘制流程

【光盘文件】

 结果文件——参见附带光盘中的"End\ch8\8-5.prt"文件。

 动画演示——参见附带光盘中的"AVI\ch8\8-5.avi"文件。

【操作步骤】

（1）设置工作目录。单击"主页"→"选择工作目录"，系统弹出"选择工作目录"对话框，选择"G:\End\ch8"，单击"确定"按钮即可，如图 8-85 所示。

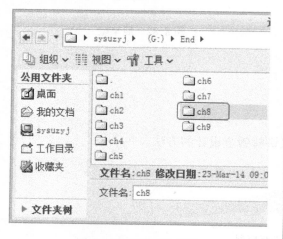

图 8-85 设置工作目录

（2）新建文件。单击菜单栏中的"文件"→"新建"，或者在快速访问工具栏中单击"□"按钮。弹出"新建"对话框，选择"零件"类型，在"子类型"栏中选择"钣金件"，输入名称"8-5"，取消勾选"使用默认模板"复选框，然后单击"确定"按钮弹出"新文件选项"，选择"mmns_part_sheetmetal"选项，单击"确定"按钮进入建模环境，如图 8-86 所示。

（3）平面壁。在"模型"选项卡中的"形状"区域中单击"□平面"按钮，系统弹出"平面"操控面板，进入草绘环境，选取 TOP 基准平面，单击菜单栏中的"□"按钮，单击"∧线▼"及"□圆角▼"按钮，绘制图形，返回操控面板在"□"厚度文本框中输入 1.0，如图 8-87 所示。

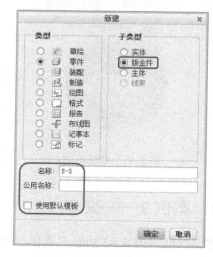

图 8-86 新建文件

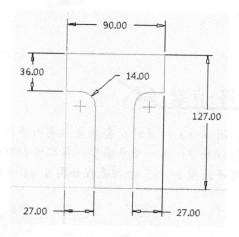

图 8-87 平面壁

（4）折弯 1。在"模型"选项卡中的"折弯"区域中单击"□折弯▼"按钮，系统弹出"折弯"操控面板，单击"□折弯折弯线两侧的材料"、"□折弯至曲面的端部"按钮，在折弯半径文本框输入 16.00，然后单击操控面板上的"放置"选项卡，在绘图区选择顶面作为折弯曲面，如图 8-88 所示。

图 8-88 "折弯"操控面板

单击操控面板上的"折弯线"→"草绘",草绘折弯线,如图 8-89 所示。

图 8-89 草绘折弯线

单击操控面板上的"过渡"→"草绘",草绘过渡线,如图 8-90 所示。

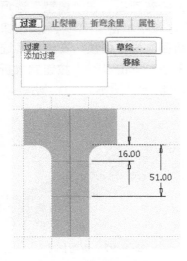

图 8-90 草绘过渡线

单击"✓"按钮完成折弯,如图 8-91

所示。

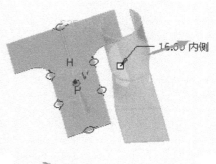

图 8-91 折弯 1

（5）展平壁。在"模型"选项卡中的"折弯"区域中单击"⊥展平"按钮,选择一边作为展平参考,此时系统弹出"展平"操控面板和预览图,单击"✓"按钮完成创建展平壁,如图 8-92 所示。

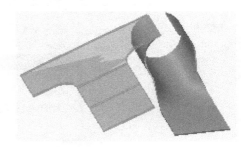

图 8-92 展平壁

（6）平面壁 2。在"模型"选项卡中的"形状"区域中单击"⬚平面"按钮,系统弹出"平面"操控面板,进入草绘环境,选取 FRONT 基准平面,单击菜单栏中"⬚"和"⌐线▾"按钮,绘制图形,单击"✓"按钮完成平面壁,如图 8-93 所示。

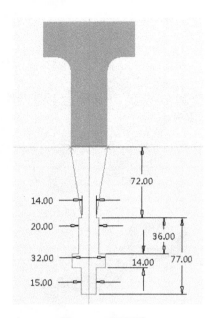

图 8-93　平面壁 2

（7）合并壁。在"模型"选项卡中的"编辑"区域下拉菜单中单击"█合并"按钮，系统弹出"壁选项：合并"对话框，在绘图区选择一面作为基参考，如图 8-94 所示。

图 8-94　基参考

接着在绘图区单选平面壁 2 作为合并到基础曲面的曲面，如图 8-95 所示。

接着选取基础曲面和平面壁 2 的交线作为合并边，最后单击"确定"按钮即可完成合并壁，如图 8-96 所示。

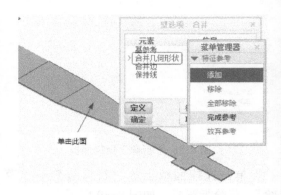

图 8-95　合并面

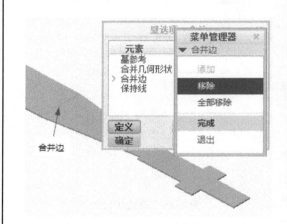

图 8-96　合并边

（8）折弯回去。在"模型"选项卡中的"折弯"区域中单击"█折弯回去"按钮，系统弹出"折回"操控面板，在绘图区选择一边作为参考边，单击"✔"按钮完成折弯回去命令，如图 8-97 所示。

图 8-97　折弯回去

（9）折弯 2。在"模型"选项卡中的"折弯"区域中单击"⚒折弯▾"按钮，系统弹出"折弯"操控面板，单击平面壁 2 的顶面作为折弯放置面，单击操控面板"折弯线"→"草绘"绘制折弯线，然后单击"⬛折弯折弯线另一侧的材料"、"☑使用值来定义折弯角度"按钮，在折弯半径文本框中输入 1.5，单击操控面板的"✔"按钮，完成钣金的折弯命令，如图 8-98 所示。

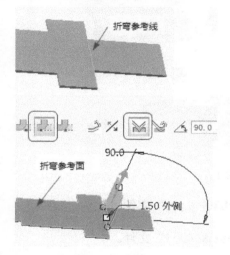

图 8-98　折弯 2

（10）折弯 3。同理，创建折弯 3，如图 8-99 所示。

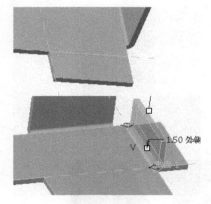

图 8-99　折弯 3

（11）折弯 4。同理，创建折弯 4，如图 8-100 所示。

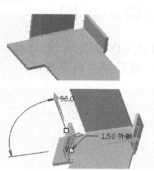

图 8-100　折弯 4

（12）折弯 5。同理，创建折弯 5，如图 8-101 所示。

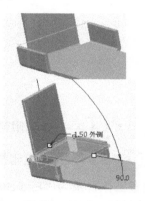

图 8-101　折弯 5

（13）折弯 6。同理，创建折弯 6，如图 8-102 所示。

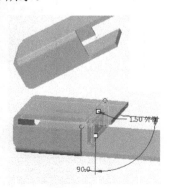

图 8-102　折弯 6

8.4 习题·巩固

1. 设置工作目录为"End\ch8"，按图 8-103 所示，创建厚度为 1.0mm 的板，然后创建折弯特征，最后创建展平特征。

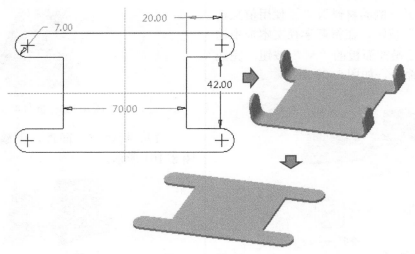

图 8-103 练习 1

结果文件——参见附带光盘中的"**End\ch8\8-6.prt**"文件。

动画演示——参见附带光盘中的"**AVI\ch8\8-6.avi**"文件。

2. 设置工作目录为"End\ch8"，按图 8-104 所示，拉伸创建长度为 20.0mm 的壁，然后去除拉伸材料，接着创建鸭型凸缘特征，最后创建折弯特征。

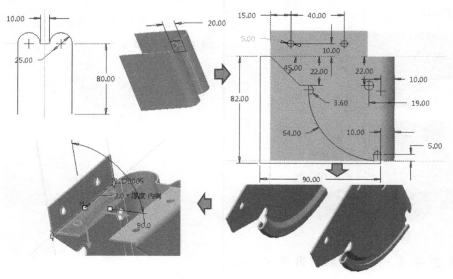

图 8-104 练习 2

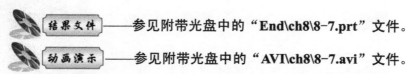
——参见附带光盘中的"End\ch8\8-7.prt"文件。

——参见附带光盘中的"AVI\ch8\8-7.avi"文件。

3. 设置工作目录为"End\ch8",按图 8-105 所示,创建旋转壁,然后去除拉伸材料,最后阵列去除拉伸特征。

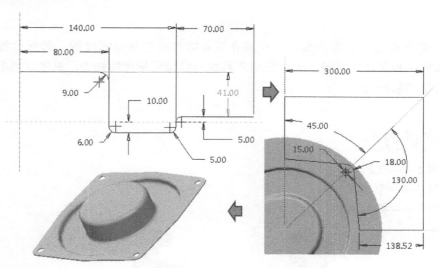

图 8-105　练习 3

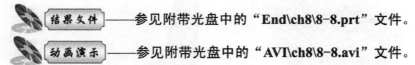
——参见附带光盘中的"End\ch8\8-8.prt"文件。

——参见附带光盘中的"AVI\ch8\8-8.avi"文件。

第 9 章 综合实例

本章以两个典型工程案例为主，详细介绍各零件的三维建模过程、装配过程、重要零件和装配体的工程图绘制过程，可以让用户系统地回顾所学过的知识，熟练掌握各类机械零件的绘制方法和装配技巧。

 ## 本讲内容

- ➤ 案例 1——气阀
- ➤ 案例 2——千斤顶
- ➤ 案例 3——摇柄机构

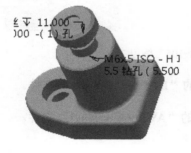 

9.1 案例 1——气阀

9.1.1 零件设计

1. 弹簧

本节以创建图 9-1 所示弹簧模型为例子来讲解零件的绘制方法和装配技巧。

图 9-1 弹簧模型

思路·点拨

图 9-2 所示的弹簧模型主要由螺旋扫描、拉伸、基准轴等特征构成，绘制过程如下：第一步创建螺旋扫描，第二步拉伸去除材料，第三步添加基准轴。绘制流程如图 9-2 所示。

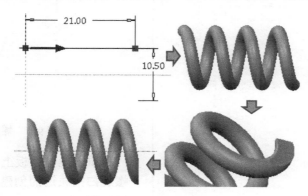

图 9-2　绘制流程

【光盘文件】

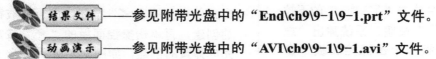

结果文件——参见附带光盘中的"End\ch9\9-1\9-1.prt"文件。

动画演示——参见附带光盘中的"AVI\ch9\9-1\9-1.avi"文件。

【操作步骤】

（1）设置工作目录。单击"主页"→"选择工作目录"，系统弹出"选择工作目录"对话框，选择"G:\End\ch9\9-1"，单击"确定"按钮即可，如图 9-3 所示。

图 9-3　设置工作目录

（2）新建文件。单击菜单栏中的"文件"→"新建"，或者在快速访问工具栏中单击"　"按钮。弹出"新建"

对话框，选择"零件"类型，输入名称"9-1"，取消勾选"使用默认模板"的选项，如图 9-4 所示。

图 9-4　新建文件

单击"确定"按钮，系统弹出"新文件选项"对话框，选择"mmns_part_solid"模板，单击"确定"按钮进入建模环境，如图9-5所示。

图9-5 "新文件选项"对话框

（3）螺旋扫描。在"模型"选项卡中的"形状"区域中单击"⚙扫描▼"的下拉菜单"⚙ 螺旋扫描"按钮，系统弹出"螺旋扫描"操控面板，单击操控面板"参考"→"定义"，系统弹出"草绘"对话框，选取 FRONT 基准平面作为草绘平面，如图9-6所示。

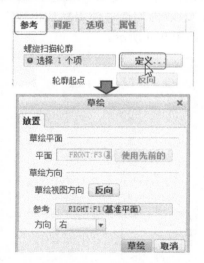

图9-6 "草绘"对话框中的设置

单击"草绘"按钮进入草绘环境，在"草绘"区域中单击" ⁞ 中心线▼"及"〰线▼"

按钮绘制螺旋扫描轨迹，如图9-7所示。

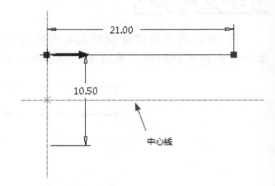

图9-7 螺旋扫描轨迹

单击操控面板上的"✔"按钮，完成螺旋扫描轨迹的创建，退出草绘环境。在操控面板上的"⚙ 10.00 ▼"文本框中输入 6.00，然后单击"☑"按钮，系统进入草绘环境，绘制截面直径为2.50的圆，单击菜单栏上的"✔"按钮，即可完成截面的创建，再单击操控面板的"✔"按钮，完成弹簧的创建，如图9-8所示。

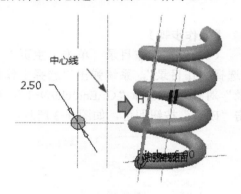

图9-8 弹簧

（4）去除材料。在"模型"选项卡中的"形状"区域中单击"🔲拉伸"按钮，系统弹出操控面板，单击"放置"选项卡→"草绘定义"，弹出对话框，选择弹簧一端面作为草绘平面，单击"🔲"按钮选择草绘参考，再单击"🔲矩形▼"按钮绘制草图，如图9-9所示。

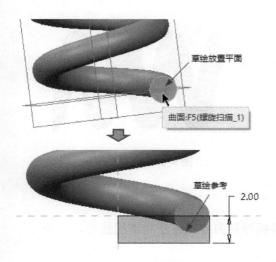

图 9-9　草绘截面

单击"✔"按钮返回操控面板，拉伸类型选择"非拉伸至与所有表面相交"和"☑去除材料"方式，单击"✔"按钮完成命令，如图 9-10 所示。

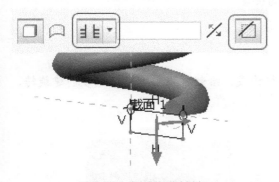

图 9-10　拉伸去除材料

同理，去除弹簧另外一端的材料，效果如图 9-11 所示。

图 9-11　去除另一端的材料

（5）添加基准点。在"模型"选项卡中的"基准"区域中单击"◠草绘"按钮，系统弹出"草绘"对话框，选择弹簧一端面作为草绘放置面，如图 9-12 所示。

图 9-12　"草绘"对话框中的设置

单击"草绘"按钮进入草绘环境，单击"✕点"按钮在绘制基准点，如图 9-13 所示。

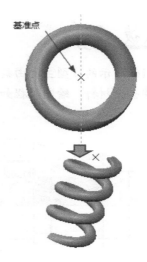

图 9-13　基准点

（6）添加基准轴。在"模型"选项卡中的"基准"区域中单击"／轴"按钮，系统弹出"基准轴"对话框，选择弹簧一端面和基准点作为参考，如图 9-14 所示，系统自动约束，单击"确定"按钮即可，最终效果图如图 9-15 所示。

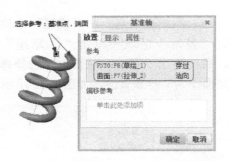

图 9-14　添加基准轴

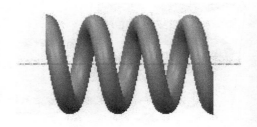

图 9-15　最终效果图

2. 螺母

本节以创建图 9-16 所示螺母模型为例子来讲解零件的绘制方法和装配技巧。

图 9-16　螺母模型

思路·点拨

图 9-16 所示的模型主要由旋转、拉伸等特征构成，绘制过程如下：第一步创建旋转，第二步拉伸去除材料。绘制流程如图 9-17 所示。

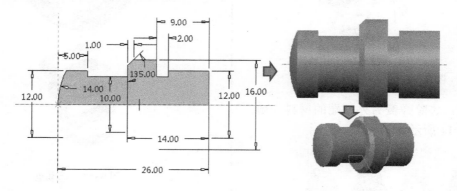

图 9-17　绘制流程

【光盘文件】

结果文件——参见附带光盘中的"End\ch9\9-1\9-2.prt"文件。

动画演示——参见附带光盘中的"AVI\ch9\9-1\9-2.avi"文件。

【操作步骤】

（1）设置工作目录。单击"主页"→"选择工作目录"，系统弹出"选择工作目录"对话框，选择"G:\End\ch9\9-1"，单击"确定"按钮即可，如图 9-18 所示。

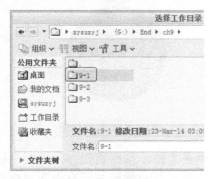

图 9-18　设置工作目录

（2）新建文件。单击菜单栏中的"文件"→"新建"，或者在快速访问工具栏中单击" 🗋 "按钮。弹出"新建"对话框，选择"零件"类型，输入名称"9-2"，取消勾选"使用默认模板"的选项，如图 9-19 所示。

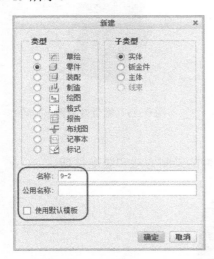

图 9-19　新建文件

单击"确定"按钮，系统弹出"新文件选项"对话框，选择" mmns_part_

solid"模板，单击"确定"按钮进入建模环境，如图 9-20 所示。

图 9-20　"新文件选项"对话框

（3）旋转。在"模型"选项卡中的"形状"区域中单击" 🔷 旋转 "按钮，系统弹出"旋转"操控面板，单击"放置"→"定义"，弹出"草绘"对话框，选取 FRONT 基准平面，如图 9-21 所示。

图 9-21　"草绘"对话框中的设置

单击"草绘"按钮进入草绘环境，在"草绘"区域中单击" ⋮ 中心线 ▼ "和" ⟍ 线 ▼ "按钮绘制旋转截面，如图 9-22 所示。

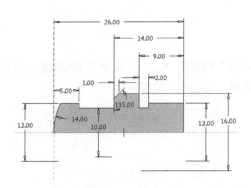

图 9-22　旋转截面

单击"✔"按钮完成旋转命令，如图 9-23 所示。

图 9-23　旋转体

（4）去除材料。在"模型"选项卡中的"形状"区域中单击"🗗拉伸"按钮，系统弹出操控面板，单击"放置"→"草绘定义"，弹出对话框，选择一端面作为草绘平面，单击"🔲"按钮选择草绘参考，单击"ヘ线▾"和"⌒弧▾"按钮绘制草图，如图 9-24 所示。

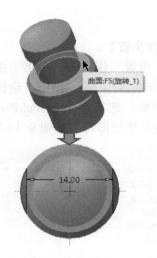

图 9-24　拉伸截面

单击"✔"按钮返回操控面板，拉伸类型选择"⫛拉伸至与所有表面相交"和"⫿去除材料"方式，单击"✔"按钮完成命令，螺母效果图如图 9-25 所示。

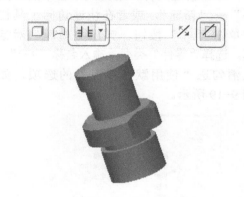

图 9-25　螺母效果图

3. 螺塞

本节以创建图 9-26 所示螺塞模型为例子来讲解零件的绘制方法和装配技巧。

图 9-26　螺塞模型

思路·点拨

图 9-27 所示的模型主要由旋转、拉伸等特征构成，绘制过程如下：第一步创建旋转，第二步拉伸去除材料。绘制流程如图 9-27 所示。

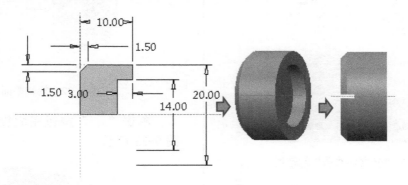

图 9-27　绘制流程

【光盘文件】

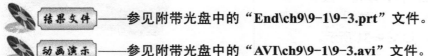

结果文件——参见附带光盘中的"**End\ch9\9-1\9-3.prt**"文件。

动画演示——参见附带光盘中的"**AVI\ch9\9-1\9-3.avi**"文件。

【操作步骤】

（1）设置工作目录。单击"主页"→"选择工作目录"，系统弹出"选择工作目录"对话框，选择"**G:\End\ch9\9-1**"，单击"确定"按钮即可，如图 9-28 所示。

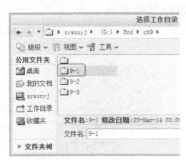

图 9-28　设置工作目录

（2）新建文件。单击菜单栏"文件"→"新建"，或者在快速访问工具栏中单击"□"按钮。弹出"新建"对话框，选择"零件"类型，输入名称"9-3"，取消

勾选"使用默认模板"的选项，如图 9-29 所示。

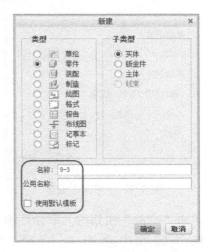

图 9-29　新建文件

单击"确定"按钮后，系统弹出"新文件选项"对话框，选择"mmns_part_

solid"模板，单击"确定"按钮进入建模环境，如图 9-30 所示。

图 9-30 "新文件选项"对话框

（3）旋转。在"模型"选项卡中的"形状"区域中单击"旋转"按钮，系统弹出"旋转"操控面板，单击"放置"→"定义"，弹出"草绘"对话框，选取 FRONT 基准平面，如图 9-31 所示。

图 9-31 "草绘"设置

单击"草绘"按钮进入草绘环境，在"草绘"区域中单击" 中心线▼ "和" 线▼ "按钮，绘制旋转截面，如图 9-32 所示。

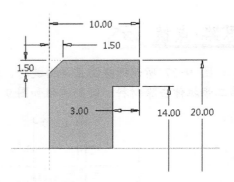

图 9-32 旋转截面

单击" ✓ "按钮完成旋转命令，如图 9-33 所示。

图 9-33 旋转体

（4）拉伸去除材料。在"模型"选项卡中的"形状"区域中单击"拉伸"按钮，系统弹出操控面板，单击"放置"选项卡中的"草绘定义"，弹出对话框，选择 FRONT 面作为草绘平面，单击" 回 "按钮选择草绘参考，单击" 中心线▼ "和" 矩形▼ "按钮绘制草图，如图 9-34 所示。

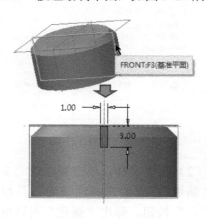

图 9-34 拉伸截面

单击"✔"按钮返回操控面板，在"选项"选项卡中的"深度"栏中的拉伸类型都选择"拉伸至与所有表面相交"，"去除材料"方式，单击"✔"按钮完成命令，螺塞效果图如图 9-35 所示。

图 9-35　螺塞效果图

4. 顶盖

本节以创建图 9-36 所示顶盖模型为例子来讲解零件的绘制方法和装配技巧。

图 9-36　顶盖模型

思路·点拨

图 9-36 所示的模型主要由旋转特征构成，在绘制过程中，直接创建旋转即可。绘制流程如图 9-37 所示。

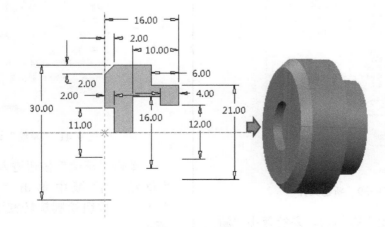

图 9-37　绘制流程

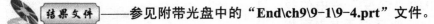

【光盘文件】

结果文件——参见附带光盘中的"End\ch9\9-1\9-4.prt"文件。

动画演示——参见附带光盘中的"AVI\ch9\9-1\9-4.avi"文件。

【操作步骤】

（1）设置工作目录。单击"主页"→"选择工作目录"，系统弹出"选择工作目录"对话框，选择"G:\End\ch9\9-1"，单击"确定"按钮即可，如图9-38所示。

图9-38　设置工作目录

（2）新建文件。单击菜单栏"文件"→"新建"，或者在快速访问工具栏中单击"□"按钮。弹出"新建"对话框，选择"零件"类型，输入名称"9-4"，取消勾选"使用默认模板"的选项，如图9-39所示。

图9-39　新建文件

单击"确定"按钮后，系统弹出"新文件选项"对话框，选择"mmns_part_solid"模板，单击"确定"按钮进入建模环境，如图9-40所示。

图9-40　"新文件选项"对话框

（3）旋转。在"模型"选项卡的"形状"区域中单击"◆旋转"按钮，系统弹出"旋转"操控面板，单击"放置"→"定义"，弹出"草绘"对话框，选取FRONT基准平面，如图9-41所示。

图9-41　"草绘"设置

单击"草绘"按钮进入草绘环境，在"草绘"区域中单击"┆中心线▼"和"✦线▼"按钮绘制旋转截面，如图9-42所示。

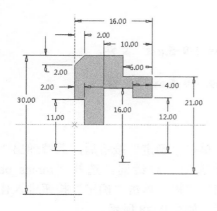

图 9-42　旋转截面

单击"✅"按钮完成旋转命令，顶盖效果图如图 9-43 所示。

图 9-43　顶盖效果图

5. 滑杆

下面以创建图 9-44 所示滑杆模型为例子来讲解零件的绘制方法和装配技巧。

图 9-44　滑杆模型

思路·点拨 ✎

图 9-44 所示的模型主要由旋转、拉伸、孔、倒角等特征构成，绘制过程如下：第一步创建旋转，第二步拉伸去除材料，第三步添加孔，第四步添加倒角。绘制流程如图 9-45 所示。

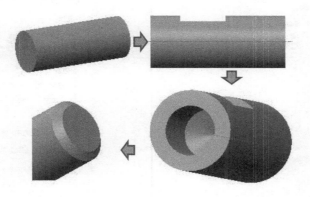

图 9-45　绘制流程

【光盘文件】

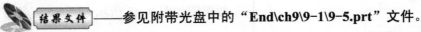
结果文件——参见附带光盘中的"End\ch9\9-1\9-5.prt"文件。

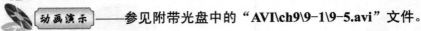
动画演示——参见附带光盘中的"AVI\ch9\9-1\9-5.avi"文件。

【操作步骤】

（1）设置工作目录。单击"主页"→"选择工作目录"，系统弹出"选择工作目录"对话框，选择"G:\End\ch9\9-1"，单击"确定"按钮即可，如图9-46所示。

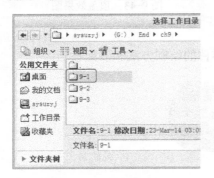

图9-46　设置工作目录

（2）新建文件。单击菜单栏"文件"→"新建"，或者在快速访问工具栏中单击"□"按钮。弹出"新建"对话框，选择"零件"类型，输入名称"9-5"，取消勾选"使用默认模板"的选项，如图9-47所示。

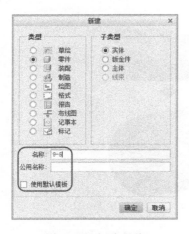

图9-47　新建文件

单击"确定"按钮后，系统弹出"新文件选项"对话框，选择"mmns_part_solid"模板，单击"确定"按钮进入建模环境，如图9-48所示。

图9-48　"新文件选项"对话框

（3）旋转。在"模型"选项卡中的"形状"区域中单击"旋转"按钮，系统弹出"旋转"操控面板，单击"放置"→"定义"，弹出"草绘"对话框，选取FRONT基准平面，如图9-49所示。

图9-49　"草绘"设置

单击"草绘"按钮进入草绘环境，在"草绘"区域中单击"中心线▼"和"线▼"按钮绘制旋转截面，如图 9-50 所示。

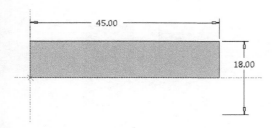

图 9-50　旋转截面

单击"✓"按钮完成旋转命令，如图 9-51 所示。

图 9-51　旋转体

（4）添加基准平面。在"模型"选项卡中的"基准"区域中单击"▱平面"按钮，系统弹出"基准平面"对话框，选择一端面作为参考面，如图 9-52 所示。

图 9-52　"基准平面"对话框

选择"偏移"方式，输入偏移值

10.00，单击"确定"按钮绘制基准面，如图 9-53 所示。

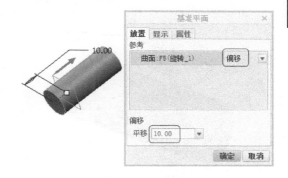

图 9-53　基准平面

（5）拉伸去除材料。在"模型"选项卡中的"形状"区域中单击"▱拉伸"按钮，系统弹出操控面板，单击"放置"选项卡→"草绘定义"，弹出对话框，选择 DTM1 面作为草绘平面，单击"▣"按钮选择草绘参考，单击"线▼"和"弧▼"按钮绘制草图，如图 9-54 所示。

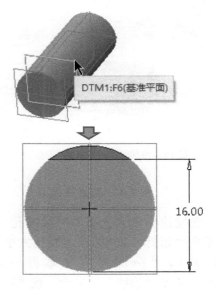

图 9-54　拉伸截面

单击"✓"按钮返回操控面板，选择"以指定深度值拉伸"，"去除材料"方式，单击"✓"按钮完成命令，如图 9-55 所示。

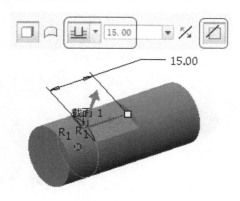

图 9-55　拉伸去除材料

（6）添加孔。在"模型"选项卡中的"工程"区域中单击" 孔"按钮，系统弹出"孔"操控面板，单击"放置"选项卡，在绘图区选择滑杆的中心轴和端面，如图 9-56 所示。

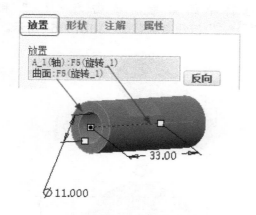

图 9-56　放置参考

在操控面板上选择" 标准孔"，在操控面板选择 ISO 标准，螺孔大小选择 M12×1，" 深度"文本框中输入 14.00，单击"形状"选项卡，设置钻孔的深度值为 11.00，孔头的角度为 118°，如图 9-57 所示。

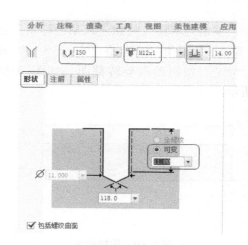

图 9-57　设置孔参数

单击" "按钮完成孔命令，滑杆效果图如图 9-58 所示。

图 9-58　滑杆效果图

（7）添加倒角。在"模型"选项卡中的"工程"区域中单击" 倒角 "按钮，系统弹出"边倒角"操控面板，在绘图区选取需要边倒角的边，设置倒角半径为 2.00，单击" "按钮完成边倒角命令，如图 9-59 所示。

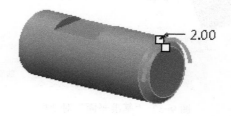

图 9-59　倒角

6. 底座

本节以创建图 9-60 所示底座模型为例子来讲解零件的绘制方法和装配技巧。

图 9-60　底座模型

思路·点拨

图 9-60 所示的模型主要由拉伸、旋转、孔、倒角等特征构成，绘制过程如下：第一步创建拉伸，第二步创建旋转，第三步添加孔，第四步添加倒圆角和倒角。绘制流程如图 9-61 所示。

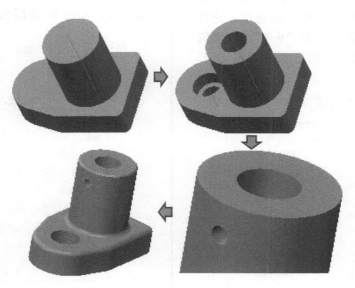

图 9-61　绘制流程

【光盘文件】

结果文件——参见附带光盘中的"End\ch9\9-1\9-6.prt"文件。

动画演示——参见附带光盘中的"AVI\ch9\9-1\9-6.avi"文件。

【操作步骤】

（1）设置工作目录。单击"主页"→"选择工作目录"，系统弹出"选择工作目录"对话框，选择"G:\End\ch9\9-1"，单击"确定"按钮即可，如图 9-62 所示。

图 9-62　设置工作目录

（2）新建文件。单击菜单栏"文件"→"新建",或者在快速访问工具栏中单击"🗋"按钮。弹出"新建"对话框，选择"零件"类型，输入名称"9-6"，取消勾选"使用默认模板"的选项，如图 9-63 所示。

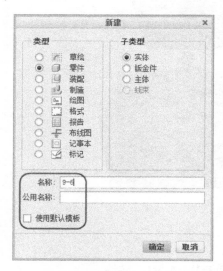

图 9-63　新建文件

单击"确定"按钮后，系统弹出"新文件选项"对话框，选择"mmns_part_

solid"模板，单击"确定"按钮进入建模环境，如图 9-64 所示。

图 9-64　"新文件选项"对话框

（3）拉伸底座。在"模型"选项卡中的"形状"区域中单击"🗗"按钮，系统弹出操控面板，单击"放置"→"定义"，弹出"草绘"对话框，选取 TOP 基准平面，如图 9-65 所示。

图 9-65　"草绘"对话框

单击"草绘"进入草绘环境，在"草绘"区域中单击"┊中心线▾"和"╲线▾"按钮绘制拉伸草图，如图 9-66 所示。

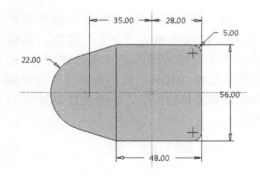

图 9-66　拉伸草图

在操控面板上的"深度"文本框中输入 18.00，单击"✓"按钮完成拉伸命令，如图 9-67 所示。

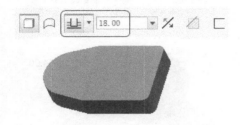

图 9-67　拉伸底座

（4）拉伸圆体。在"模型"选项卡中的"形状"区域中单击"▢"按钮，系统弹出操控面板，单击"放置"→"定义"，弹出"草绘"对话框，选取底座顶面，单击"草绘"按钮进入草绘环境，在"草绘"区域中单击"○圈▾"按钮绘制拉伸草图，如图 9-68 所示。

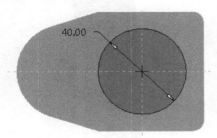

图 9-68　拉伸草图

在操控面板上的"深度"文本框中输入 47.00，单击"✓"按钮完成拉伸命

令，如图 9-69 所示。

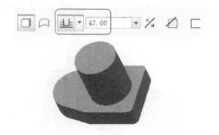

图 9-69　拉伸圆体

（5）旋转。在"模型"选项卡中的"形状"区域中单击"旋转"按钮，系统弹出"旋转"操控面板，单击"放置"→"定义"，弹出"草绘"对话框，选取 FRONT 基准平面，如图 9-70 所示。

图 9-70　"草绘"设置

单击"草绘"进入草绘环境，在"草绘"区域中单击"中心线▾"和"线▾"按钮绘制旋转截面，如图 9-71 所示。

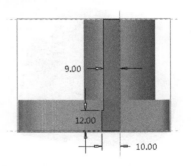

图 9-71　旋转截面

选择"⬜去除材料"方式，单击"✔"按钮完成旋转命令，如图9-72所示。

图9-72　旋转去除材料

同理，选取 FRONT 基准平面，在"草绘"区域中单击"┊中心线"和"〴线▼"按钮绘制旋转截面 2，如图 9-73 所示。

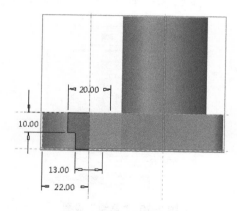

图9-73　旋转截面 2

选择"⬜去除材料"方式，单击"✔"按钮完成旋转命令，如图9-74所示。

图9-74　旋转去除材料 2

（6）添加孔。在"模型"选项卡的"工程"区域中单击"孔"按钮，系统弹出"孔"操控面板，单击"放置"，在绘图区选择 RIGHT 面，偏移参考选择圆体的轴和圆体的顶面，参数设置如图 9-75 所示。

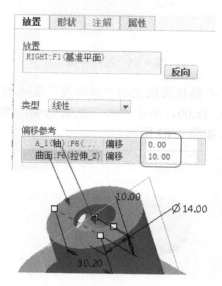

图9-75　放置参考

在操控面板上选择"标准孔"，在操控面板选择 ISO 标准，螺孔大小选择M6×5，选择"拉伸至与所有表面相交"方式，如图9-76所示。

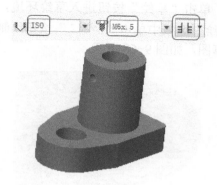

图9-76　孔

（7）添加倒圆角。在"模型"选项卡中的"工程"区域中单击"倒圆角▼"按钮，系统弹出"倒圆角"操控面板，在绘图区选取需要倒圆角的边，圆角半径输入 3.00，单击"✓"按钮完成倒圆角命令，如图 9-77 所示。

所示。

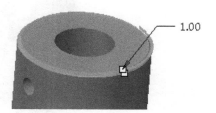

图 9-78　倒角

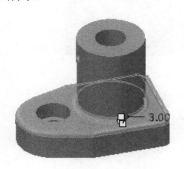

图 9-77　倒圆角

（8）添加倒角。在"模型"选项卡中的"工程"区域中单击"倒角▼"按钮，系统弹出"边倒角"操控面板，在绘图区选取需要边倒角的边，设置倒角半径为 1.00，如图 9-78 所示，单击"✓"按钮完成边倒角命令，底座效果图如图 9-79

图 9-79　底座效果图

9.1.2　装配设计

本节以创建图 9-80 所示的气阀模型的装配作为例子来讲解零件的绘制方法和装配技巧。

图 9-80　气阀模型

思路·点拨

图 9-80 所示的组件主要由弹簧、螺母、螺塞、顶盖、滑杆和底座等零件构成，绘制过程如下：第一步装配底座，第二步装配螺塞，第三步装配弹簧，第四步装配滑杆，第五步装配螺母，第六步装配顶盖，利用到重合、平行约束。绘制流程如图 9-81 所示。

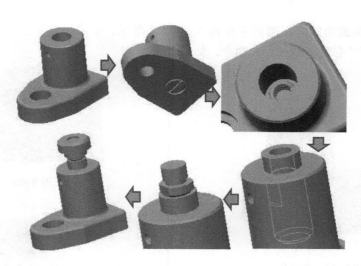

图 9-81 绘制流程

【光盘文件】

结果文件——参见附带光盘中的"End\ch9\9-1\9-7.asm"文件。

动画演示——参见附带光盘中的"AVI\ch9\9-1\9-7.avi"文件。

【操作步骤】

（1）设置工作目录。单击"主页"→"选择工作目录"，系统弹出"选择工作目录"对话框，选择"G:\End\ch9 \9-1"，单击"确定"按钮即可，如图 9-82 所示。

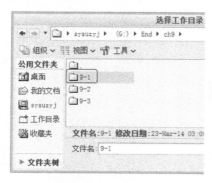

图 9-82 设置工作目录

（2）新建装配文件。单击"主页"→"新建"，弹出"新建"对话框，单击"装配"→"设计"，输入名称"9-7"，取消勾选"使用默认模板"复选框，如图 9-83

所示，然后单击"确定"按钮，弹出"新文件选项"对话框，选择"mmns_asm_design"，单击"确定"按钮即可新建一个装配文件，如图 9-84 所示。

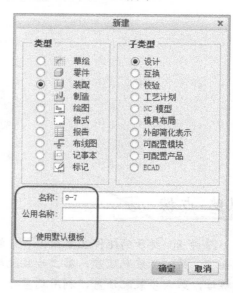

图 9-83 新建装配文件

图 9-84 "新文件选项"对话框

（3）装配底座。在"模型"选项卡中的"元件"区域单击"组装"按钮，系统弹出"打开"对话框，选择打开"G:\End\ch9-1\9-6.prt"，如图 9-85 所示。

图 9-85 "打开"对话框

系统弹出"元件放置"操控面板，选择"默认"，单击操控面板上的"✓"按钮完成装配底座的命令，如图 9-86 所示。

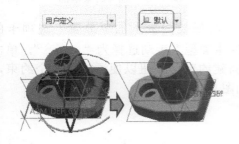

图 9-86 装配底座

（4）装配螺塞。在"模型"选项卡中的"元件"区域单击"组装"按钮，系统弹出"打开"对话框，选择打开"G:\End\ch9-1\9-3.prt"，如图 9-87 所示。

图 9-87 装配螺塞

（5）添加第一个约束。单击操控面板上的"放置"选项卡，在绘图区单击选择螺塞的上端面，然后单击选择底座的下端面，如图 9-88 所示。

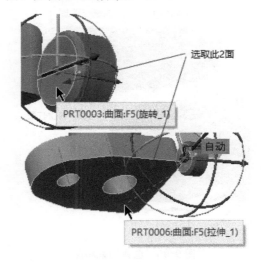

图 9-88 选择约束端面

将操控面板上的"放置"选项卡的"约束类型"手动选择为"平行"，单击"新建约束"按钮以便添加第二个约束，如图 9-89 所示。

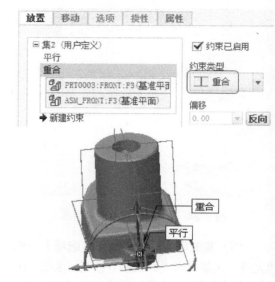

图 9-89　设置约束类型

图 9-91　设置约束类型

（6）添加第二个约束。在绘图区单击选择螺塞的 FRONT 面，然后单击选择底座的 FRONT 面，如图 9-90 所示。

（7）添加第三个约束。在绘图区单击选择螺塞的 RIGHT 面，然后单击选择底座的 RIGHT 面，如图 9-92 所示。

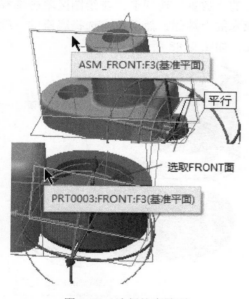

图 9-90　选择约束端面

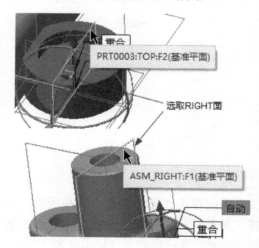

图 9-92　选择约束端面

将操控面板上的"放置"选项卡的"约束类型"手动选择为"⊥ 重合"，单击"新建约束"按钮以便添加第三个约束，如图 9-91 所示。

将操控面板上的"放置"选项卡的"约束类型"手动选择为"⊥ 重合"，单击"新建约束"按钮以便添加第四个约束，如图 9-93 所示。

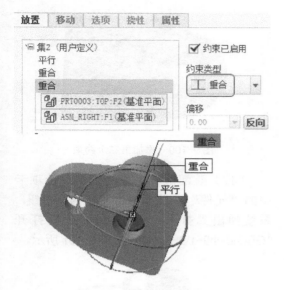

图 9-93　设置约束类型

（8）添加第四个约束。在绘图区单击
选择螺塞的底面，然后单击选择底座的底
面，如图 9-94 所示。

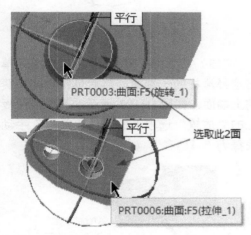

图 9-94　选择约束端面

将操控面板上的"放置"选项卡的
"约束类型"手动选择为"工 重合"，此时
约束状况为"完全约束"，单击操控面板
上的"✔"按钮完成装配螺塞的命令，如
图 9-95 所示。

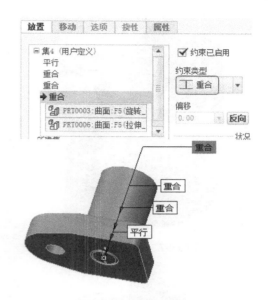

图 9-95　设置约束类型

（9）装配弹簧。在"模型"选项卡中
的"元件"区域单击"组装"按钮，系
统弹出"打开"对话框，选择打开
"G:\End\ch9-1\9-1.prt"，如图 9-96 所示。

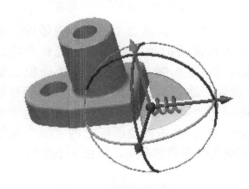

图 9-96　装配弹簧

（10）添加第一个约束。在绘图区单
击选择弹簧的一端面，然后单击选择螺塞
的上端面，如图 9-97 所示，将操控面板
上的"放置"选项卡的"约束类型"手动
选择为"工 重合"，如图 9-98 所示。

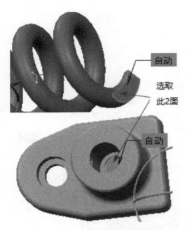

图 9-97　选择约束端面

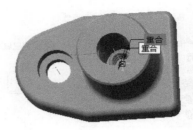

图 9-100　添加第二个约束

（12）装配滑杆。在"模型"选项卡中的"元件"区域单击"组装"按钮，系统弹出"打开"对话框，选择打开"G:\End\ch9-1\9-5.prt"，如图 9-101 所示。

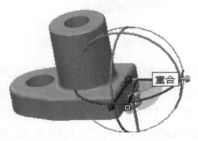

图 9-98　添加第一个约束

（11）添加第二个约束。在绘图区单击选择弹簧的轴，然后单击选择底座的轴，如图 9-99 所示，将操控面板上的"放置"选项卡的"约束类型"系统自动选择为"　重合"，此时约束状况为"完全约束"，单击操控面板上的"　"按钮完成装配弹簧的命令，如图 9-100 所示。

图 9-101　装配滑杆

（13）添加第一个约束。在绘图区单击选择滑杆的一端面，然后单击选择弹簧的上端面，如图 9-102 所示，将操控面板上的"放置"选项卡的"约束类型"手动选择为"　重合"，如图 9-103 所示。

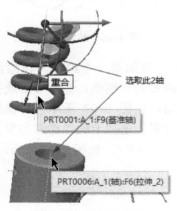

图 9-99　选择约束轴

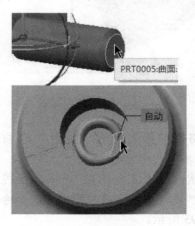

图 9-102　选择约束端面

图 9-103　添加第一个约束

（14）添加第二个约束。在绘图区单击选择滑杆的 TOP 面，然后单击选择底座的 FRONT 面，如图 9-104 所示，将操控面板上的"放置"选项卡的"约束类型"系统自动选择为"工 重合"，如图 9-105 所示。

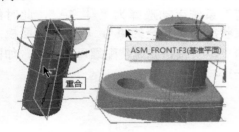

图 9-104　选择约束端面

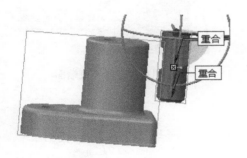

图 9-105　添加第二个约束

（15）添加第三个约束。在绘图区单击选择滑杆的 FRONT 面，然后单击选择底座的 RIGHT 面，如图 9-106 所示，将操控面板上的"放置"选项卡的"约束类型"系统自动选择为"工 重合"，此时约束状况为"完全约束"，单击操控面板上

的"✔"按钮完成装配滑杆的命令，如图 9-107 所示。

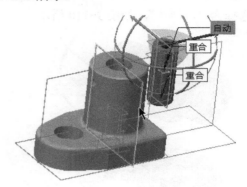

图 9-106　选择约束端面

图 9-107　添加第三个约束

（16）装配螺母。在"模型"选项卡中的"元件"区域单击"组装"按钮，系统弹出"打开"对话框，选择打开"G:\End\ch9-1\9-2.prt"，如图 9-108 所示。

图 9-108　装配螺母

（17）添加第一个约束。在绘图区单击选择螺母的一端面，然后单击选择滑杆

的一端面，如图 9-109 所示，将操控面板上的"放置"选项卡的"约束类型"手动选择为"⊥重合"，如图 9-110 所示。

图 9-109　选择约束端面

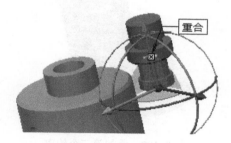

图 9-110　添加第一个约束

（18）添加第二个约束。在绘图区单击选择螺母的 FRONT 面，然后单击选择滑杆的 FRONT 面，如图 9-111 所示，将操控面板上的"放置"选项卡的"约束类型"手动选择为"⊥重合"，如图 9-112所示。

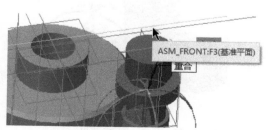

图 9-111　选择约束端面

图 9-112　添加第二个约束

（19）添加第三个约束。在绘图区单击选择螺母的 RIGHT 面，然后单击选择滑杆的 RIGHT 面，如图 9-113 所示，将操控面板上的"放置"选项卡的"约束类型"系统手动选择为"⊥重合"，此时约束状况为"完全约束"，单击操控面板上的"✔"按钮完成装配螺母的命令，如图9-114 所示。

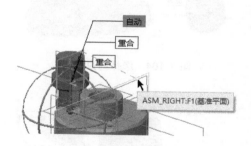

图 9-113　选择约束端面

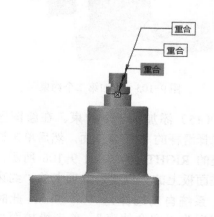

图 9-114　添加第三个约束

（20）装配顶盖。在"模型"选项卡中的"元件"区域单击"组装"按钮，系统弹出"打开"对话框，选择打开"G:\End\ch9-1\9-4.prt"，如图 9-115 所示。

图 9-115　装配下一个零件

（21）添加第一个约束。在绘图区单击选择顶盖的内端面，然后单击选择螺母的上端面，如图 9-116 所示，将操控面板上的"放置"选项卡的"约束类型"手动选择为"工 重合"，如图 9-117 所示。

图 9-116　选择约束端面

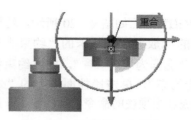

图 9-117　添加第一个约束

（22）添加第二个约束。在绘图区单击选择顶盖的 FRONT 面，然后单击选择螺母的 FRONT 面，如图 9-118 所示，将操控板上的"放置"选项卡的"约束类型"系统自动选择为"工 重合"，如图 9-119 所示。

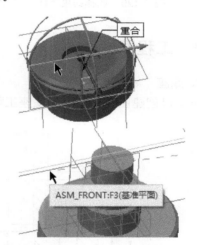

图 9-118　选择约束端面

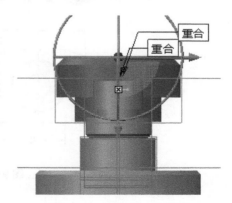

图 9-119　添加第二个约束

（23）添加第三个约束。在绘图区单击选择顶盖的 RIGHT 面，然后单击选择螺母的 RIGHT 面，如图 9-120 所示，将操控面板上的"放置"选项卡的"约束类型"系统自动选择为"⟁ 重合"，此时约束状况为"完全约束"，单击操控面板上的"✔"按钮完成装配顶盖的命令，如图 9-121 所示。

图 9-121　添加第三个约束

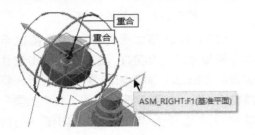

图 9-120　选择约束端面

9.1.3　工程图制作

1. 底座

下面以创建图 9-122 所示底座工程图为例子来讲解零件的绘制方法和装配技巧。

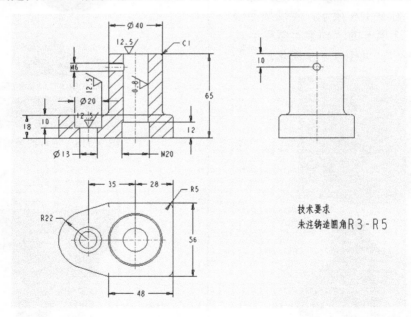

图 9-122　底座工程图

思路·点拨 ✍

图 9-122 所示的工程图是在第一视角环境下绘制的，主要由主视图、左视图、俯视图

构成，绘制过程如下：第一步添加主视图和设置显示样式，第二步添加俯视图和左视图，第三步添加尺寸和设置剖视图，第四步添加粗糙度和注释文本。绘制流程如图 9-123 所示。

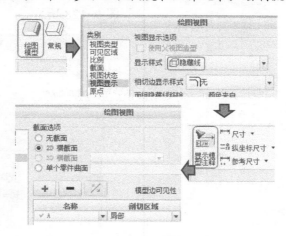

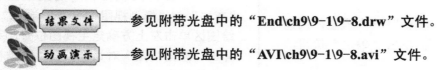

图 9-123　绘制流程

【光盘文件】

结果文件——参见附带光盘中的"End\ch9\9-1\9-8.drw"文件。

动画演示——参见附带光盘中的"AVI\ch9\9-1\9-8.avi"文件。

【操作步骤】

（1）设置工作目录。单击"主页"→"选择工作目录"，系统弹出"选择工作目录"对话框，选择"G:\End\ch9\9-1"，单击"确定"按钮即可，如图 9-124 所示。

图 9-124　设置工作目录

（2）新建绘图。单击"文件"→"新建"或单击主页中的"□新建"按钮，弹出"新建"对话框，选择类型为"绘

图"，名称默认为"9-8"，取消勾选"使用默认模板"复选框，单击"确定"按钮，如图 9-125 所示。

图 9-125　"新建"对话框

弹出"新建绘图"对话框，选择"空"模板，方向设置为"横向"，大小选

择"A3"，如图 9-126 所示。

图 9-126 "新建绘图"对话框

"默认模型"选择"9-6"模型，创建
工程图"9-8.drw"，单击"确定"按钮，
如图 9-127 所示。

图 9-127 导入零件

（3）设置第一视角环境。单击菜单栏
中的" 文件 ▾ "→" 准备(R) "→" 🗎 绘图属
性"，系统弹出"绘图属性"对话框，单击
"详细信息选项"的"更改"按钮，系统弹
出"选项"对话框，然后在"选项"文本
框输入"projection_type"，接着把它的参

数更改为"first_angle"，最后单击"添加\
更改"按钮即可打开"第一视角"，如
图 9-128 所示。

图 9-128 第一视角

（4）添加主视图。单击菜单栏中的
"布局"→"模型视图"→" 🗎 常规"，在
绘图区单击左上方确定主视图位置，系统
弹出"绘图视图"对话框，在"模型视图
名"选择为 FRONT，"默认方向"选择为
"用户定义"，如图 9-129 所示。

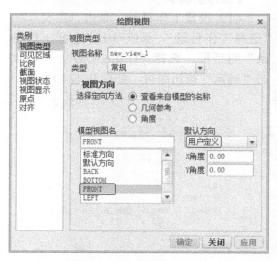

图 9-129 "绘图视图"对话框

将"比例"自定义为 1.0，如图 9-130
所示。

图 9-130　显示比例

（5）设置显示样式。在"类别"栏中选择"视图显示"，在"显示样式"选择"消隐"，在"相切边显示样式"选择"无"，单击"应用"按钮，然后单击"关闭"按钮完成设置，如图 9-131 所示。

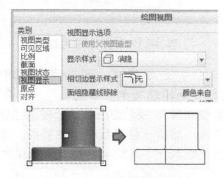

图 9-131　"消隐"样式

（6）添加俯视图。在绘图区单击主视图，单击菜单栏中的"布局"→"模型视图"→"投影"，在绘图区拖动鼠标到主视图的下边获取俯视投影视图，如图 9-132 所示。

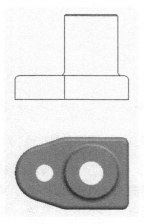

图 9-132　主视图和俯视图

（7）设置显示样式。双击俯视图，系统弹出"绘图视图"对话框，在"类别"栏中选择"视图显示"，在"显示样式"选择"消隐"，在"相切边显示样式"选择"无"，单击"应用"按钮，然后单击"关闭"按钮完成设置，如图 9-133 所示。

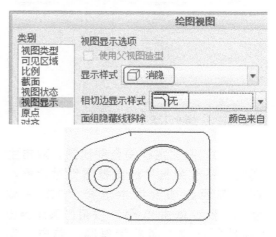

图 9-133　"消隐"样式

（8）添加左视图。在绘图区单击主视图，单击菜单栏中的"布局"→"模型视图"→"投影"，在绘图区拖动鼠标到主视图的右边获取左视投影视图，如图 9-134 所示。

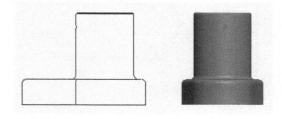

图 9-134　主视图和左视图

（9）设置显示样式。双击左视图，系统弹出"绘图视图"对话框，在"类别"栏中选择"视图显示"，在"显示样式"选择"消隐"，在"相切边显示样式"选择"无"，单击"应用"按钮，然后单击"关闭"按钮完成设置，如图 9-135 所示。

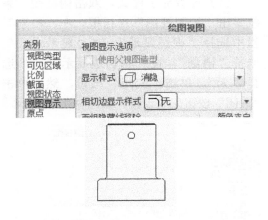

图 9-135 "消隐"样式

（10）添加主视图全剖视图。双击主视图，系统弹出"绘图视图"对话框，在"截面选项"栏中选择"2D 横截面"，然后单击"＋"按钮，系统弹出"横截面创建"菜单管理器，单击"完成"按钮，系统弹出"输入剖面名"，输入 A，按〈ENTER〉键，如图 9-136 所示。

图 9-136 "绘图视图"对话框

然后在俯视图中选择 FRONT 面，在对话框的"剖切区域"下拉列表框中选择"完全"，单击"应用"按钮，然后单击"关闭"按钮即可完成设置，如图 9-137 所示。

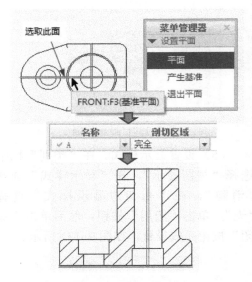

图 9-137 绘制样条曲线

（11）显示尺寸。单击菜单栏中的"注释"功能选项卡→"注释"→"显示模型注释"，系统弹出"显示模型注释"对话框，然后在绘图区单击主视图，单击对话框中的"├─┤"→"❖"→"国"→"❖"，绘图区即可显示尺寸和中心线，如图 9-138 所示。之后针对左视图、俯视图都进行同样的设置以显示尺寸和中心线。

图 9-138 "显示模型注释"对话框

（12）调整尺寸。如需修改尺寸显示，可双击尺寸，弹出"尺寸属性"对话框，可在各项添加修改参数，如图 9-139 所示。如需调整某个尺寸，可直接单击拖

动鼠标即可，或者右键移动尺寸到其他视
图，如图 9-140 所示。如需单独添加某个
尺寸，可单击"尺寸"按钮，系统弹出
"菜单管理器"→"图元上"，再单击两
边，之后单击鼠标中键即可，如图 9-141
所示。

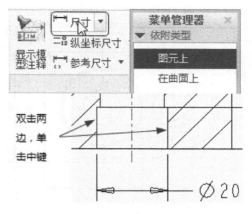

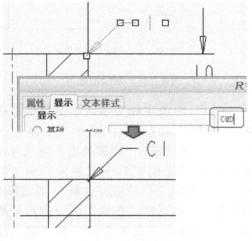

图 9-139　添加倒角符

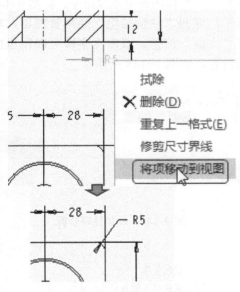

图 9-140　移动尺寸到其他视图

图 9-141　添加尺寸

经过以上修改调整后，各视图的尺寸
如图 9-142、图 9-143、图 9-144 所示。

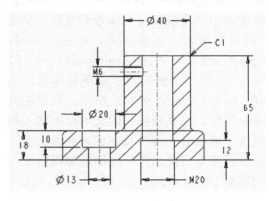

图 9-142　主视图尺寸

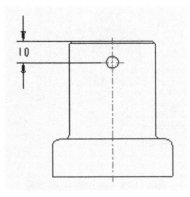

图 9-143　左视图尺寸

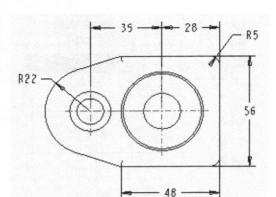

图 9-144　俯视图尺寸

（13）添加粗糙度。单击菜单栏中的"注释"功能选项卡→"注释"→" 表面粗糙度"，系统弹出"得到符号"菜单管理器，单击"检索"按钮，系统弹出"打开"，选择"machined"→"standardl.sym"→"打开"，返回"实例依附"菜单管理器，选择"图元"，如图 9-145 所示，在绘图区单击线段，在系统提示的文本框中输入粗糙度，再单击" "按钮即可完成命令，之后直接单击图元即可连续添加粗糙度，如图 9-146 所示。

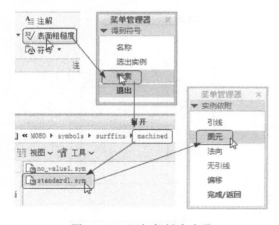

图 9-145　添加粗糙度步骤

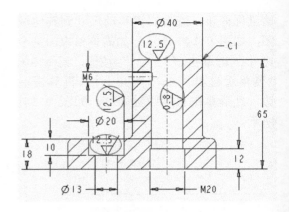

图 9-146　表面粗糙度

（14）添加注释文本。单击菜单栏中的"注释"功能选项卡→"注释"→" 注解"，系统弹出"注解类型"菜单管理器，选择"无引线"→"输入"→"标准"→"默认"→"进行注解"，系统弹出"选择点"对话框，在绘图区一空白处单击，系统弹出"文本符号"和"输入注解"文本框，输入注解"技术要求"后，单击" "按钮即可完成命令，如图 9-147 所示，返回"注解类型"菜单管理器，单击"完成"按钮，双击文字即可编辑里面的内容，如图 9-148 所示。

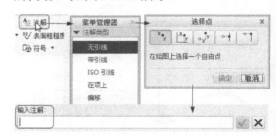

图 9-147　添加注释步骤

技术要求
未注铸造圆角 R3-R5

图 9-148　添加注释

2. 装配体

本节以创建图 9-149 所示的装配体工程图为例子来讲解零件的绘制方法和装配技巧。

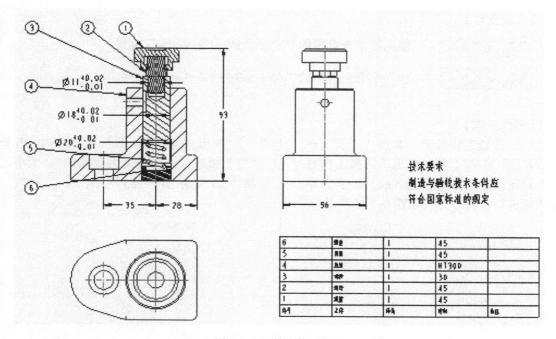

图 9-149　装配体工程图

思路·点拨

图 9-149 所示的工程图是在第一视角环境下绘制的，主要由主视图、左视图、俯视图构成，绘制过程如下：第一步创建各视图和设置显示样式，第二步添加各类尺寸，第三步添加注释和球标，第四步添加表。绘制流程如图 9-150 所示。

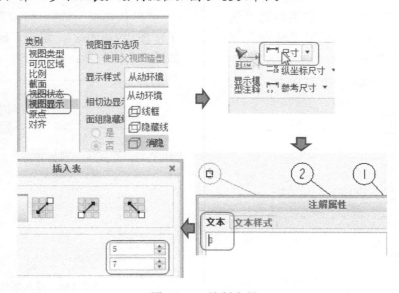

图 9-150　绘制流程

【光盘文件】

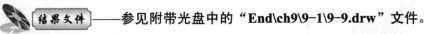
结果文件——参见附带光盘中的"End\ch9\9-1\9-9.drw"文件。

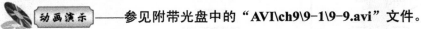
动画演示——参见附带光盘中的"AVI\ch9\9-1\9-9.avi"文件。

【操作步骤】

（1）设置工作目录。单击"主页"→"选择工作目录"，系统弹出"选择工作目录"对话框，选择"G:\End\ch9 \9-1"，单击"确定"按钮即可，如图 9-151 所示。

图 9-151　设置工作目录

（2）新建绘图。单击"文件"→"新建"或单击主页中的"□ 新建"按钮，弹出"新建"对话框，选择类型为"绘图"，名称默认为"9-9"，取消勾选"使用默认模板"复选框，单击"确定"按钮，如图 9-152 所示。

图 9-152　"新建"对话框

弹出"新建绘图"对话框，选择"空"模板，方向设置为"横向"，大小选择"A3"，如图 9-153 所示。

图 9-153　"新建绘图"对话框

"默认模型"选择"9-7"模型，创建工程图"9-9.drw"，单击"确定"按钮，如图 9-154 所示。

图 9-154　导入零件

（3）设置第一视角环境。单击菜单栏中的"文件▾"→"准备(R)"→"绘图属性"，系统弹出"绘图属性"对话框，单击"详细信息选项"栏的"更改"按钮，系统弹出"选项"对话框，然后在"选项"文本框中输入"projection_type"，接着把它的参数更改为"first_angle"，最后单击"添加\更改"按钮即可打开"第一视角"，如图 9-155 所示。

图 9-155　第一视角

同理，在"选项"文本框中输入"tol_display"，接着把它的参数更改为"yes"，最后单击"添加\更改"按钮即可打开"公差"，如图 9-156 所示。

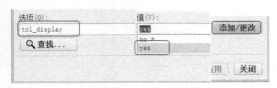

图 9-156　公差

（4）添加主视图。单击菜单栏中的"布局"→"模型视图"→"常规"，在绘图区单击左上方确定主视图位置，系统弹出"绘图视图"对话框，在"模型视图名"选择为 FRONT，"默认方向"选择为用户定义，如图 9-157 所示。

图 9-157　"绘图视图"对话框

（5）设置显示样式。在"类别"栏中选择"视图显示"，在"显示样式"下拉列表框中选择"消隐"，在"相切边显示样式"下拉列表框中选择"无"，单击"应用"按钮，然后单击"关闭"按钮完成设置，如图 9-158 所示。

图 9-158　"消隐"样式

（6）添加俯视图。在绘图区单击主视图，单击菜单栏中的"布局"→"模型视图"→"投影"，在绘图区拖动鼠标到主视图的下边获取俯视投影视图，如图 9-159 所示。

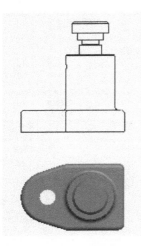

图 9-159　主视图和俯视图

（7）设置显示样式。双击俯视图后，系统弹出"绘图视图"对话框，在"类别"栏中选择"视图显示"，在"显示样式"下拉列表框中选择"消隐"，在"相切边显示样式"下拉列表框中选择"无"，单击"应用"按钮，然后单击"关闭"按钮完成设置，如图 9-160 所示。

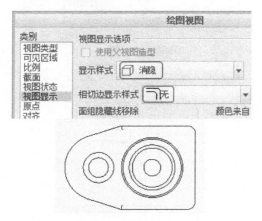

图 9-160　"消隐"样式

（8）添加左视图。在绘图区单击主视图，单击菜单栏中的"布局"→"模型视图"→"投影"，在绘图区拖动鼠标到主视图的右边获取左视投影视图，如图 9-161 所示。

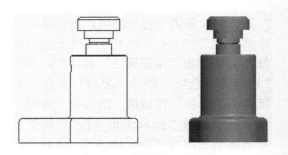

图 9-161　主视图和左视图

（9）设置显示样式。双击俯视图后，系统弹出"绘图视图"对话框，在"类别"栏中选择"视图显示"，在"显示样式"下拉列表框中选择"消隐"，在"相切边显示样式"下拉列表框中选择"无"，单击"应用"按钮，然后单击"关闭"按钮完成设置，如图 9-162 所示。

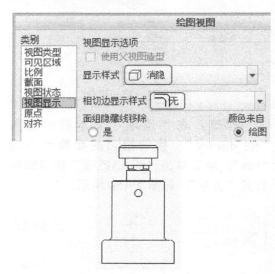

图 9-162　"消隐"样式

（10）添加主视图全剖视图。双击主视图后，系统弹出"绘图视图"对话框，在"截面选项"栏中选择"2D 横截面"，然后单击" + "按钮，系统弹出"横截面创建"菜单管理器，单击"完成"按钮，系统弹出"输入剖面名"文本框，输入A，按〈ENTER〉键，如图 9-163 所示。

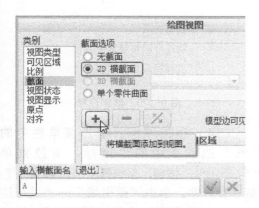

图 9-163 "绘图视图"对话框

然后在俯视图选择 FRONT 面，在对话框的"剖切区域"下拉列表框中选择"完全"，单击"应用"按钮，然后单击"关闭"按钮即可，如图 9-164 所示。

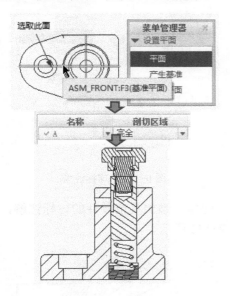

图 9-164 全剖视图

（11）显示中心线。单击菜单栏中的"注释"选项卡中的"注释"→"显示模型注释"，系统弹出"显示模型注释"对话框，然后在绘图区单击主视图，单击对话框的 " " → " "，绘图区即可显示中心线，如图 9-165 所示。之后针对左视图、俯视图都进行同样的设置以显示中心线。

图 9-165 "显示模型注释"对话框

（12）添加尺寸。装配体的工程图需要标注的尺寸有外形尺寸、装配尺寸、安装尺寸等。单击 " 尺寸 " 按钮，系统弹出"菜单管理器"→"图元上"，再单击两边或中心线，之后单击鼠标中键即可，如图 9-166 所示。

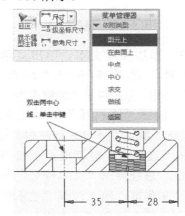

图 9-166 添加尺寸

经过以上添加尺寸的操作后，各类尺寸如图 9-167 所示。

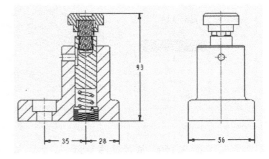

图 9-167 外形尺寸

装配尺寸需添加尺寸公差。双击尺寸，系统弹出"尺寸属性"对话框，在"**属性**"选项卡的"公差模式"栏中选择"**正-负**"，上公差输入"+0.02"，下公差输入"-0.01"，单击"确定"按钮即可，如图 9-168 所示。

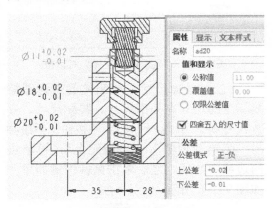

图 9-168　装配尺寸

（13）添加注释文本。单击菜单栏中的"注释"选项卡中的"注释"→"**A≡ 注解**"按钮，系统弹出"注解类型"菜单管理器，选择"无引线"→"输入"→"标准"→"默认"→"进行注解"按钮，系统弹出"选择点"对话框，在绘图区空白处单击，系统弹出"文本符号"和"输入注解"文本框，输入注解"技术要求"后，单击"**✔**"按钮即可完成命令，如图 9-169 所示，返回"注解类型"菜单管理器，单击"完成"按钮，双击文字即可编辑里面的内容，如图 9-170 所示。

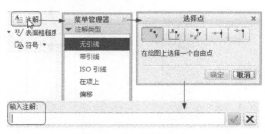

图 9-169　添加注释步骤

技术要求
制造与验收技术条件应
符合国家标准的规定

图 9-170　添加注释

（14）添加球标。单击菜单栏中的"表"选项卡中的"球标"下拉菜单"**-◎球标注解**"按钮，系统弹出"注解类型"菜单管理器，单击"带引线"→"进行注解"，"依附类型"选择"图元上"，然后在绘图区单击一图元并单击鼠标中键，弹出"输入注解"文本框，输入数字 1，单击"**✔**"按钮即可，如图 9-171 所示。

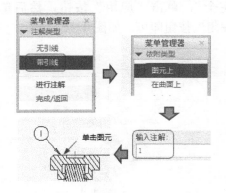

图 9-171　球标注解

同理，添加其余零件的球标注解，如图 9-172 所示。

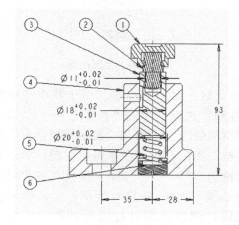

图 9-172　球标

（15）添加表。单击菜单栏中的"表"功能选项卡→"表"→"⊞"下拉菜单"⊞ 插入表..."，系统弹出"插入表"对话框，表尺寸列数输入 5，行数输入 7，如图 9-173 所示。

图 9-173 "插入表"对话框

双击表的一格，弹出"注解属性"对

话框，可在文本框中输入注解，如图 9-174 所示，表的效果如图 9-175 所示。

图 9-174 添加表的注解

6	螺塞	1	45
5	铆钉	1	45
4	底座	1	HT300
3	调杆	1	30
2	螺套	1	45
1	顶盖	1	45
序号	名称	件数	材料

图 9-175 表

9.2 案例 2——千斤顶

9.2.1 零件设计

1. 旋转杆

下面以创建图 9-176 所示旋转杆模型为例子来讲解零件的绘制方法和装配技巧。

图 9-176 旋转杆模型

思路·点拨

图 9-176 所示的模型主要由旋转特征构成，绘制过程如下：直接创建旋转然后添加倒

角即可。绘制流程如图 9-177 所示。

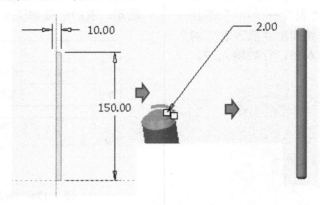

图 9-177　绘制流程

【光盘文件】

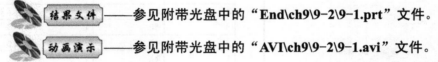

结果文件——参见附带光盘中的 "End\ch9\9-2\9-1.prt" 文件。

动画演示——参见附带光盘中的 "AVI\ch9\9-2\9-1.avi" 文件。

【操作步骤】

（1）设置工作目录。单击 "主页" →
"选择工作目录"，系统弹出 "选择工作目
录" 对话框，选择 "G:\End\ch9\9-2"，单
击 "确定" 按钮即可，如图 9-178 所示。

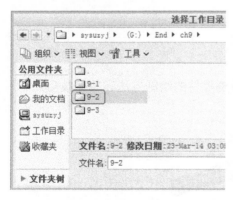

图 9-178　设置工作目录

（2）新建文件。单击菜单栏中的
"文件" → "新建"，或者在快速访问工
具栏中单击 " 🗋 " 按钮。弹出 "新建"
对话框，选择 "零件" 类型，输入名称
"9-1"，取消勾选 "使用默认模板" 的选

项，如图 9-179 所示。

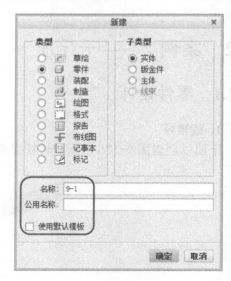

图 9-179　新建文件

单击 "确定" 按钮后，系统弹出 "新
文件选项" 对话框，选择 "mmns_part_
solid" 模板，单击 "确定" 按钮进入建模
环境，如图 9-180 所示。

图 9-180 "新文件选项"对话框

（3）旋转。在"模型"选项卡中的"形状"区域中单击"旋转"按钮，系统弹出"旋转"操控面板，单击"放置"→"定义"，弹出"草绘"对话框，选取 FRONT 基准平面，如图 9-181 所示。

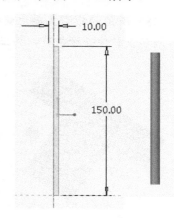

按钮绘制旋转截面，单击"✓"按钮完成旋转命令，如图 9-182 所示。

图 9-182 旋转体

（4）添加倒角。在"模型"选项卡中的"工程"区域中单击"倒角▼"按钮，系统弹出"边倒角"操控面板，在绘图区选取旋转杆的 2 端，倒角半径为输入 2.0，单击"✓"按钮完成边倒角的命令，如图 9-183 所示。

图 9-181 "草绘"设置

单击"草绘"进入草绘环境，在"草绘"区域中单击"中心线▼"和"线▼"

图 9-183 倒角

2. 螺钉

本节以创建图 9-184 所示螺钉模型为例子来讲解零件的绘制方法和装配技巧。

图 9-184 螺钉模型

思路·点拨 ✍

图 9-185 所示的模型主要由旋转、拉伸、倒角等特征构成，绘制过程如下：第一步创建旋转，第二步拉伸去除材料，第三步添加倒角。绘制流程如图 9-185 所示。

图 9-185　绘制流程

【光盘文件】

结果文件——参见附带光盘中的"End\ch9\9-2\9-2.prt"文件。

动画演示——参见附带光盘中的"AVI\ch9\9-2\9-2.avi"文件。

【操作步骤】

（1）设置工作目录。单击"主页"→"选择工作目录"，系统弹出"选择工作目录"对话框，选择"G:\End\ch9\9-2"，单击"确定"按钮即可，如图 9-186 所示。

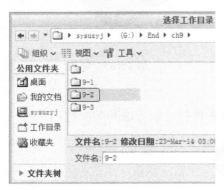

图 9-186　设置工作目录

（2）新建文件。单击菜单栏中的"文件"→"新建"，或者在快速访问工具栏中单击"🗋"按钮，弹出"新建"

对话框，选择"零件"类型，输入名称"9-2"，取消勾选"使用默认模板"的选项，如图 9-187 所示。

图 9-187　新建文件

单击"确定"按钮，系统弹出"新文

件选项"对话框,选择"mmns_part_solid"模板,单击"确定"按钮进入建模环境,如图 9-188 所示。

图 9-188 "新文件选项"对话框

(3)旋转。在"模型"选项卡中的"形状"区域中单击"中 旋转"按钮,系统弹出"旋转"操控面板,单击"放置"→"定义",弹出"草绘"对话框,选取 FRONT 基准平面,如图 9-189 所示。

图 9-189 "草绘"设置

单击"草绘"进入草绘环境,在"草绘"区域中单击" : 中心线▾ "和" ✓线▾ "按钮绘制旋转截面,如图 9-190 所示。

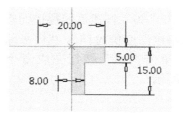

图 9-190 旋转截面

单击" ✔ "按钮完成旋转命令,如图 9-191 所示。

图 9-191 旋转体

(4)拉伸去除材料。在"模型"选项卡中的"形状"区域中单击" ☐ 拉伸"按钮,系统弹出操控面板,单击"放置"选项卡→"草绘定义",弹出对话框,选择 TOP 面作为草绘平面,单击" ▣ "按钮选择草绘参考,单击" ✓线▾ "和" ⌒ 弧▾ "按钮绘制草图,如图 9-192 所示。

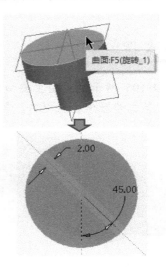

图 9-192 拉伸截面

单击"✓"按钮返回操控面板，选择"⬇以指定深度值拉伸"，"◻去除材料"方式，单击"✓"按钮完成命令，如图9-193所示。

系统弹出"边倒角"操控面板，在绘图区选取螺钉的下端，设置倒角半径为1.0，单击"✓"按钮完成边倒角命令，如图9-194所示。

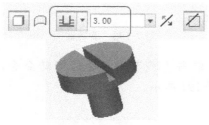

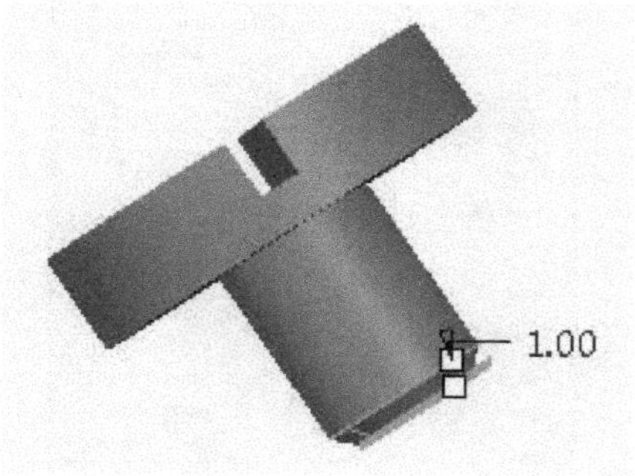

图 9-193　去除材料

（5）添加倒角。在"模型"选项卡中的"工程"区域中单击"🔶倒角 ▾"按钮，

图 9-194　倒角

3. 顶盖

本节以创建图 9-195 所示顶盖模型为例子来讲解零件的绘制方法和装配技巧。

图 9-195　顶盖模型

思路·点拨

图 9-195 所示的模型主要由旋转、拉伸、阵列等特征构成，绘制过程如下：第一步创建旋转，第二步拉伸去除材料，第三步添加阵列。绘制流程如图 9-196 所示。

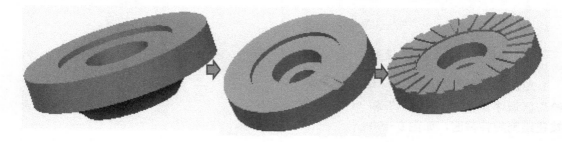

图 9-196　绘制流程

【光盘文件】

结果文件——参见附带光盘中的"End\ch9\9-2\9-3.prt"文件。

动画演示——参见附带光盘中的"AVI\ch9\9-2\9-3.avi"文件。

【操作步骤】

（1）设置工作目录。单击"主页"→"选择工作目录"，系统弹出"选择工作目录"对话框，选择"G:\End\ch9\9-2"，单击"确定"按钮即可，如图 9-197 所示。

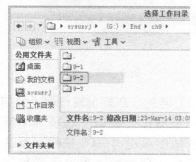

图 9-197　设置工作目录

（2）新建文件。单击菜单栏中的"文件"→"新建"，或者在快速访问工具栏中单击"□"按钮。弹出"新建"对话框，选择"零件"类型，输入名称"9-3"，取消勾选"使用默认模板"的选项，如图 9-198 所示。

图 9-198　新建文件

单击"确定"按钮后，系统弹出"新文件选项"对话框，选择"mmns_part_

solid"模板，单击"确定"按钮进入建模环境，如图 9-199 所示。

图 9-199　"新文件选项"对话框

（3）旋转。在"模型"选项卡中的"形状"区域中单击" 旋转"按钮，系统弹出"旋转"操控面板，单击"放置"→"定义"，弹出"草绘"对话框，选取 FRONT 基准平面，如图 9-200 所示。

图 9-200　"草绘"设置

单击"草绘"按钮进入草绘环境，在"草绘"区域中单击" 中心线 "、" 线 "和" 弧 "绘制旋转截面，如图 9-201 所示。

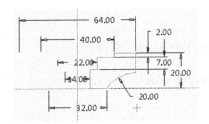

图 9-201　旋转截面

单击"✓"按钮完成旋转命令，如图 9-202 所示。

图 9-202　旋转体

（4）拉伸去除材料。在"模型"选项卡中的"形状"区域中单击"拉伸"按钮，系统弹出操控面板，单击"放置"选项卡→"草绘定义"，弹出对话框，选择TOP 面作为草绘平面，单击"▣"按钮选择草绘参考，单击"中心线▾"、"线▾"和"弧▾"按钮绘制草图，如图 9-203 所示。

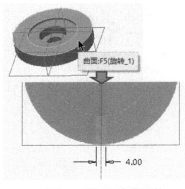

图 9-203　拉伸截面

单击"✓"按钮返回操控面板，选择"以指定深度值拉伸"，"去除材料"方式，单击"✓"按钮完成命令，如图 9-204 所示。

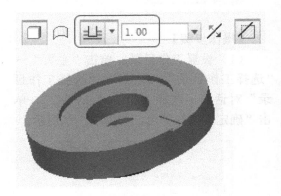

图 9-204　顶盖

（5）阵列。在模型树选取"拉伸 1"特征，然后在"模型"选项卡中的"编辑"区域中单击"⊞"按钮，系统弹出操控面板，在操控面板单击"轴"收集器，然后工作界面选取中心轴，在个数文本框中输入 24，角度文本框中输入 15.0，单击"✓"按钮完成阵列命令，如图 9-205 所示。

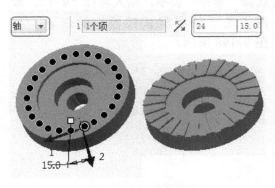

图 9-205　阵列

4. 底座
本节以创建图 9-206 所示底座模型为例子来讲解零件的绘制方法和装配技巧。

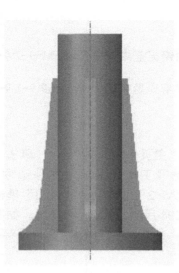

图 9-206　底座模型

思路·点拨

图 9-206 所示的模型主要由旋转、拉伸及阵列、螺旋扫描、倒角等特征构成，绘制过程如下：第一步创建旋转，第二步拉伸及阵列，第三步螺旋扫描，第四步添加倒角。绘制流程如图 9-207 所示。

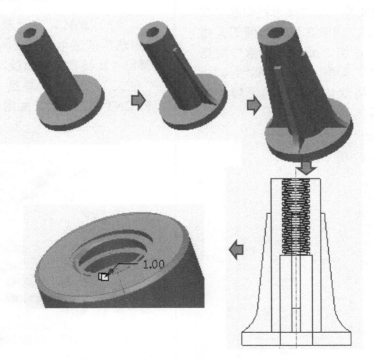

图 9-207　绘制流程

【光盘文件】

结果文件——参见附带光盘中的"End\ch9\9-2\9-4.prt"文件。

动画演示——参见附带光盘中的"AVI\ch9\9-2\9-4.avi"文件。

【操作步骤】

（1）设置工作目录。单击"主页"→"选择工作目录"，系统弹出"选择工作目录"对话框，选择"G:\End\ch9\9-2"，单击"确定"按钮即可，如图9-208所示。

图9-208　设置工作目录

（2）新建文件。单击菜单栏中的"文件"→"新建"，或者在快速访问工具栏中单击"□"按钮，弹出"新建"对话框，选择"零件"类型，输入名称"9-4"，取消勾选"使用默认模板"的选项，如图9-209所示。

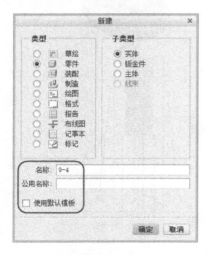

图9-209　新建文件

单击"确定"按钮后，系统弹出"新文件选项"对话框，选择"mmns_part_solid"模板，单击"确定"按钮进入建模环境，如图9-210所示。

图9-210　"新文件选项"对话框

（3）旋转。在"模型"选项卡中的"形状"区域中单击"旋转"按钮，系统弹出"旋转"操控面板，单击"放置"→"定义"，弹出"草绘"对话框，选取FRONT基准平面，如图9-211所示。

图9-211　"草绘"设置

单击"草绘"按钮进入草绘环境，在"草绘"区域中单击"⋮中心线▾"和"〈线▾"按钮绘制旋转截面，如图 9-212 所示。

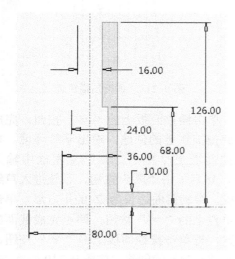

图 9-212　旋转截面

单击"✔"按钮完成旋转命令，如图 9-213 所示。

图 9-213　旋转体

（4）拉伸肋。在"模型"选项卡中的"形状"区域中单击"📦拉伸"按钮，系统弹出操控面板，单击"放置"→"草绘定义"，弹出对话框，选择 FRONT 面作为草绘平面，单击"🔲"按钮选择草绘参考，单击"⋮中心线▾"、"〈线▾"和"⌒弧▾"按钮绘制草图，如图 9-214 所示。

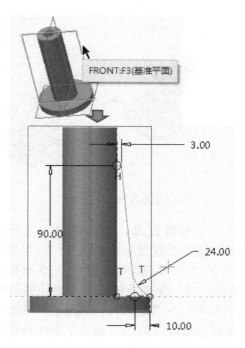

图 9-214　拉伸截面

单击"✔"按钮返回操控面板，选择"⊟向两侧拉伸"，输入长度 6.00，单击"✔"按钮完成命令，如图 9-215 所示。

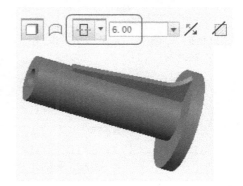

图 9-215　底座

（5）阵列。在模型树选取"拉伸 1"特征，然后在"模型"选项卡中的"编辑"区域中单击"▦"按钮，系统弹出操控面板，在操控面板单击"轴"收集器，然后工作界面选取中心轴，在个数文本框中输入 4，角度文本框中输入 90.0，单击"✔"按钮完成阵列命令，如图 9-216 所示。

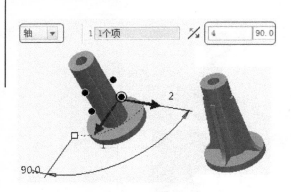

图 9-216　阵列

（6）螺旋扫描。在"模型"选项卡中的"形状"区域中单击"🗗扫描▼"的下拉菜单"𝕸 **螺旋扫描**"按钮，系统弹出"螺旋扫描"操控面板，单击操控面板中的"参考"→"定义"，系统弹出"草绘"对话框，选取 FRONT 基准平面作为草绘平面，如图 9-217 所示。

图 9-217　"草绘"设置

单击"草绘"按钮进入草绘环境，调节显示模式为"🗗线框"，在"草绘"区域中单击"┆中心线▼"和"へ线▼"按钮绘制螺旋扫描轨迹，如图 9-218 所示。

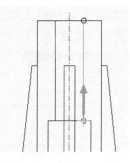

图 9-218　螺旋扫描轨迹

单击操控面板上的"✔"按钮，完成螺旋扫描轨迹的创建，退出草绘环境。在操控面板上"𝕸 4.00 ▼"文本框中输入 4.0，然后单击"🖉"按钮，系统进入草绘环境，绘制截面边长为 2 的正方形，单击菜单栏上的"✔"按钮，即可完成截面的创建，再单击操控面板上的"✔"按钮，完成螺旋扫描的创建，如图 9-219 所示。

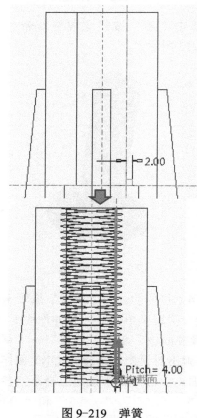

图 9-219　弹簧

（7）添加倒角。在"模型"选项卡的"工程"区域中单击" 倒角 ▾"按钮，系统弹出"边倒角"操控面板，在绘图区选取底座的边，倒角半径输入 1.00，单击" ✔ "按钮完成边倒角的命令，如图 9-220所示。

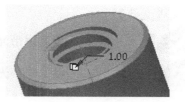

图 9-220　倒角

5. 起重螺杆

本节以创建图 9-221 所示起重螺杆模型为例子来讲解零件的绘制方法和装配技巧。

图 9-221　起重螺杆模型

思路·点拨

图 9-222 所示的模型主要由旋转、孔、螺旋扫描、倒角、拉伸等特征构成，绘制过程如下：第一步创建旋转，第二步添加孔，第三步螺旋扫描，第四步添加倒角及拉伸。绘制流程如图 9-222 所示。

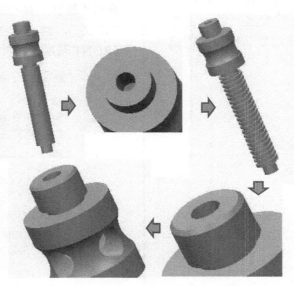

图 9-222　绘制流程

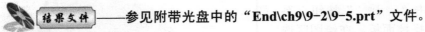
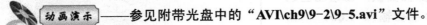
【操作步骤】

（1）设置工作目录。单击"主页"→"选择工作目录"，系统弹出"选择工作目录"对话框，选择"G:\End\ch9\9-2"，单击"确定"按钮即可，如图9-223所示。

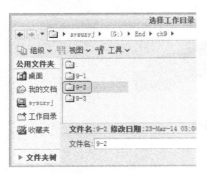

图9-223 设置工作目录

（2）新建文件。单击菜单栏中的"文件"→"新建"，或者在快速访问工具栏中单击"□"按钮，弹出"新建"对话框，选择"零件"类型，输入名称"9-5"，取消勾选"使用默认模板"的选项，如图9-224所示。

图9-224 新建文件

单击"确定"按钮后，系统弹出"新文件选项"对话框，选择"mmns_part_solid"模板，单击"确定"按钮进入建模环境，如图9-225所示。

图9-225 "新文件选项"对话框

（3）旋转。在"模型"选项卡中的"形状"区域中单击" 旋转"按钮，系统弹出"旋转"操控面板，单击"放置"→"定义"，弹出"草绘"对话框，选取FRONT基准平面，如图9-226所示。

图9-226 "草绘"设置

单击"草绘"按钮进入草绘环境，在"草绘"区域中单击"中心线▼"、"线▼"和"弧▼"按钮绘制旋转截面，如图9-227所示。

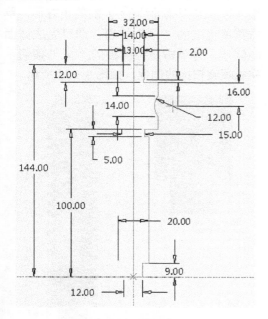

图 9-227 旋转截面

单击"✔"按钮完成旋转命令，如图 9-228 所示。

图 9-228 旋转体

（4）添加孔。在"模型"选项卡中的"工程"区域中单击"孔"按钮，系统弹出"孔"操控面板，单击"放置"选项卡，在绘图区选择起重螺杆的中心轴和上端面，如图9-229所示。

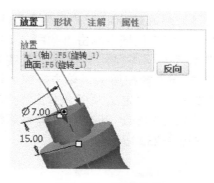

图 9-229 放置参考

在操控面板上选择"标准孔"，在操控面板选择 ISO 标准，螺孔大小选择 M8×1，"深度"文本框中输入 15.00，单击"形状"选项卡，设置钻孔的深度值为 12.00 和孔头的角度为 118°，如图 9-230 所示。

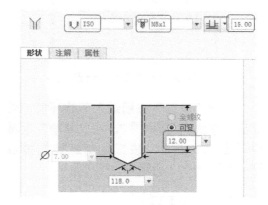

图 9-230 设置孔参数

单击"✔"按钮完成孔命令，如图 9-231 所示。

图 9-231 孔

（5）螺旋扫描。在"模型"选项卡中的"形状"区域中单击"⬗扫描 ▾"的下拉菜单"⬰螺旋扫描"按钮，系统弹出"螺旋扫描"操控面板，单击操控面板上的"参考"→"定义"，系统弹出草绘对话框，选取 FRONT 基准平面作为草绘平面，如图 9-232 所示。

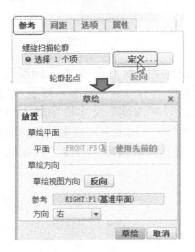

图 9-232 "草绘"设置

单击"草绘"按钮进入草绘环境，调节显示模式为"回线框"，在"草绘"区域中单击"╲线 ▾"按钮绘制螺旋扫描轨迹，如图 9-233 所示。

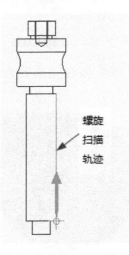

图 9-233 螺旋扫描轨迹

单击操控面板上的"✔"按钮，完成螺旋扫描轨迹的创建，退出草绘环境。在操控面板上的"⬰ 10.00 ▾"文本框中输入 4.0，然后单击"☑"按钮，系统进入草绘环境，绘制截面边长为 2 的正方形，单击菜单栏上的"✔"按钮，即可完成截面的创建，再单击操控面板的"✔"按钮，完成螺旋扫描的创建，如图 9-234 所示。

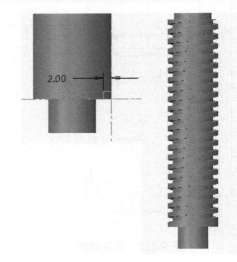

图 9-234 螺旋扫描

（6）添加倒角。在"模型"选项卡的"工程"区域中单击"◇倒角 ▾"按钮，系统弹出"边倒角"操控面板，在绘图区选取螺杆的上端，倒角半径输入 1.00，单击"✔"按钮完成边倒角命令，如图 9-235 所示。

图 9-235 倒角

（7）去除材料。在"模型"选项卡中的"形状"区域中单击"⬀拉伸"按钮，系统弹出操控面板，单击"放置"选项卡 → "草绘定义"，弹出对话框，选择 FRONT 面作为草绘平面，单击"⬚"按钮选择草绘参考，单击"⊙圆▾"按钮绘制草图，如图 9-236 所示。

图 9-237　拉伸 1

同理，在 RIGHT 面同样进行拉伸去除材料的操作，如图 9-238 所示。

图 9-236　拉伸截面

单击"✔"按钮返回操控面板，在"选项"选项卡 → "深度"栏的两侧的拉伸类型都选择"拉伸至与所有表面相交"，"去除材料"方式，单击"✔"按钮完成命令，如图 9-237 所示。

图 9-238　拉伸 2

9.2.2　装配设计

本节以创建图 9-239 所示的千斤顶模型的装配作为例子来讲解零件的绘制方法和装配技巧。

图 9-239　千斤顶模型

思路·点拨

图 9-240 所示的组件主要由旋转杆、螺钉、顶盖、底座、起重螺杆等零件构成，绘制过程如下：第一步装配底座，第二步装配起重螺杆，第三步装配顶盖，第四步装配螺钉，第五步装配旋转杆，利用到重合、距离约束。绘制流程如图 9-240 所示。

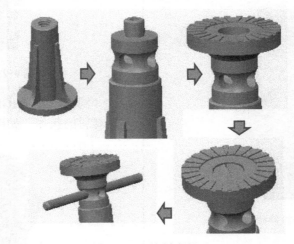

图 9-240　绘制流程

【光盘文件】

结果文件——参见附带光盘中的"**End\ch9\9-2\9-6.asm**"文件。

动画演示——参见附带光盘中的"**AVI\ch9\9-2\9-6.avi**"文件。

【操作步骤】

（1）设置工作目录。单击"主页"→"选择工作目录"，系统弹出"选择工作目录"对话框，选择"G:\End\ch9 \9-2"，单击"确定"按钮即可，如图 9-241 所示。

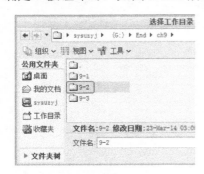

图 9-241　设置工作目录

（2）新建装配文件。单击"主页"→"新建"，弹出"新建"对话框，单击"装配"→"设计"，输入名称"9-6"，取消勾选"使用默认模板"复选框，如图 9-242 所示，然后单击"确定"按钮弹出"新文件选项"对话框，选择"mmns_asm_design"选项，单击"确定"按钮即可新建一个装配文件，如图 9-243 所示。

（3）装配底座。在"模型"选项卡的"元件"区域单击"组装"按钮，系统弹出"打开"对话框，选择打开"G:\End\ch9-2\9-4.prt"，如图 9-244 所示。

图 9-242　新建装配文件

图 9-243　"新文件选项"对话框

图 9-244　"打开"对话框

系统弹出"元件放置"操控面板，选择"　默认"选项，单击操控面板上的"　"按钮完成装配底座的命令，如图 9-245 所示

图 9-245　装配底座

（4）装配起重螺杆。在"模型"选项卡中的"元件"区域单击"　组装"按钮，系统弹出"打开"对话框，选择打开"G:\End\ch9-2\9-5.prt"，如图 9-246 所示。

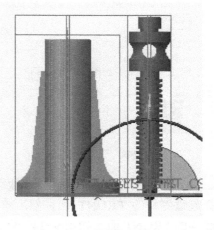

图 9-246　装配起重螺杆

（5）添加第一个约束。单击操控面板上的"放置"选项卡，在绘图区单击选择起重螺杆的下端面，然后单击选择底座的上端面，如图 9-247 所示。

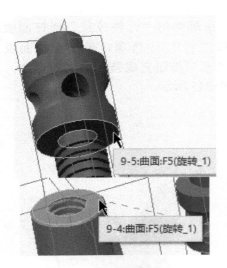

图 9-247　选择约束端面

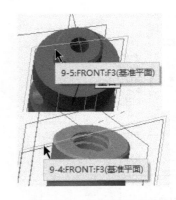

图 9-249　选择约束端面

将操控面板上的"放置"选项卡的"约束类型"手动选择为"⊥重合"，单击"新建约束"按钮以便添加第二个约束，如图 9-248 所示。

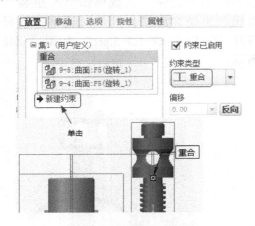

图 9-248　设置约束类型

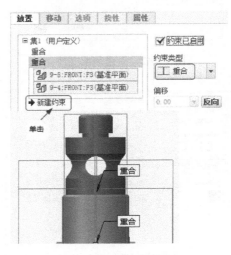

图 9-250　设置约束类型

（7）添加第三个约束。在绘图区单击选择起重螺杆的 RIGHT 面，然后单击选择底座的 RIGHT 面，如图 9-251 所示。

（6）添加第二个约束。在绘图区单击选择起重螺杆的 FRONT 面，然后单击选择底座的 FRONT 面，如图 9-249 所示。

将操控面板上的"放置"选项卡的"约束类型"手动选择为"⊥重合"，单击"新建约束"按钮以便添加第三个约束，如图 9-250 所示。

图 9-251　选择约束端面

将操控面板上的"放置"选项卡的"约束类型"手动选择为"⊥ 重合"，此时约束状况为"完全约束"，单击操控面板上的"✓"按钮完成装配起重螺杆命令，如图 9-252 所示。

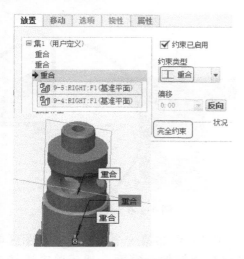

图 9-252　设置约束类型

（8）装配顶盖。在"模型"选项卡中的"元件"区域单击"组装"按钮，系统弹出"打开"对话框，选择打开"G:\End\ch9-2\9-3.prt"，如图 9-253 所示。

图 9-253　装配顶盖

（9）添加第一个约束。在绘图区单击选择顶盖的下端面，然后单击选择起重螺杆的一上端面，如图 9-254 所示，将操控面板上的"放置"选项卡的"约束类型"手动选择为"⊥ 重合"，如图 9-255 所示。

示。

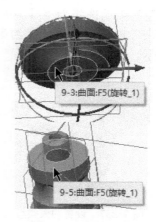

图 9-254　选择约束端面

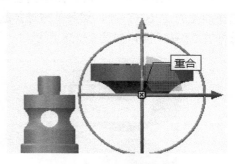

图 9-255　添加第一个约束

（10）添加第二个约束。在绘图区单击选择顶盖的 FRONT 面，然后单击选择起重螺杆的 FRONT 面，如图 9-256 所示。

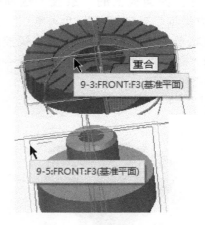

图 9-256　选择约束端面

将操控面板上的"放置"选项卡的"约束类型"手动选择为"重合"，单击"新建约束"以便添加第三个约束，如图9-257所示。

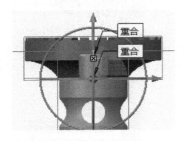

图 9-257　设置约束类型

（11）添加第三个约束。在绘图区单击选择顶盖的 RIGHT 面，然后单击选择起重螺杆的 RIGHT 面，如图9-258所示。

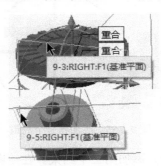

图 9-258　选择约束端面

将操控面板上的"放置"选项卡的"约束类型"手动选择为"重合"，此时约束状况为"完全约束"，单击操控面板上的"✔"按钮完成装配顶盖的命令，如图9-259所示。

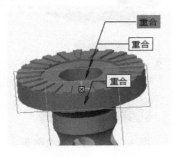

图 9-259　设置约束类型

（12）装配螺钉。在"模型"选项卡中的"元件"区域单击"组装"按钮，系统弹出"打开"对话框，选择打开"G:\End\ch9-2\9-2.prt"，如图9-260所示。

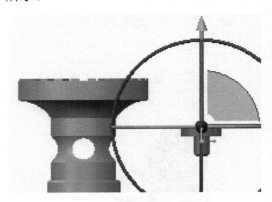

图 9-260　装配螺钉

（13）添加第一个约束。在绘图区单击选择螺钉的一端面，然后单击选择起重螺杆的上端面，如图9-261所示，将操控面板上的"放置"选项卡的"约束类型"手动选择为"重合"，如图9-262所示。

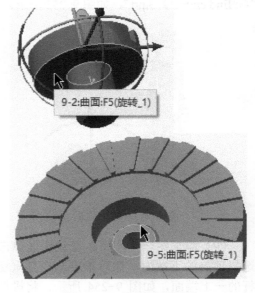

图 9-261　选择约束端面

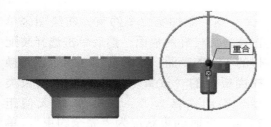

图 9-262　添加第一个约束

（14）添加第二个约束。在绘图区单击选择螺钉的 FRONT 面，然后单击选择起重螺杆的 FRONT 面，如图 9-263 所示，将操控面板上的"放置"选项卡的"约束类型"系统自动选择为"⊥ 重合"，如图 9-264 所示。

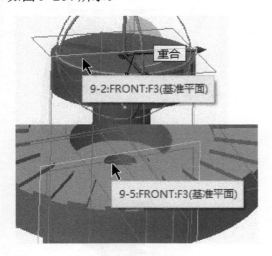

图 9-263　选择约束端面

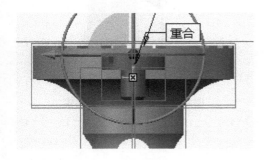

图 9-264　添加第二个约束

（15）添加第三个约束。在绘图区单击选择螺钉的 RIGHT 面，然后单击选择起重螺杆的 RIGHT 面，如图 9-265 所示，将操控面板上的"放置"选项卡的"约束类型"系统自动选择为"⊥ 重合"，此时约束状况为"完全约束"，单击操控面板上的"✓"按钮完成装配螺钉的命令，如图 9-266 所示。

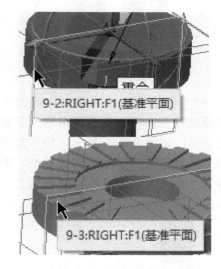

图 9-265　选择约束端面

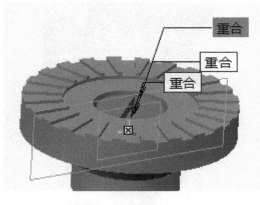

图 9-266　添加第三个约束

（16）装配旋转杆。在"模型"选项卡中的"元件"区域单击"组装"按钮，系统弹出"打开"对话框，选择打开"G:\End\ch9-2\9-1.prt"，如图 9-267 所示。

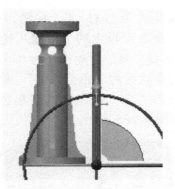

图 9-267　装配旋转杆

（17）添加第一个约束。在绘图区单击选择旋转杆的轴，然后单击选择起重螺杆的一轴，如图 9-268 所示，将操控面板上的"放置"选项卡的"约束类型"手动选择为"⊥ 重合"，如图 9-269 所示。

图 9-268　选择约束端面

图 9-269　添加第一个约束

（18）添加第二个约束。在绘图区单击选择旋转杆的端面，然后单击选择装配体的 FRONT 面，如图 9-270 所示，将操控面板上的"放置"选项卡的"约束类型"手动选择为"⊤ 距离"，输入偏距 75.00，此时约束状况为"完全约束"，单击操控面板上的"✓"按钮完成装配旋转杆的命令，如图 9-271 所示。

图 9-270　选择约束端面

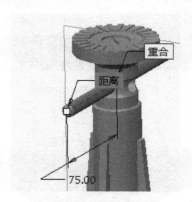

图 9-271　添加第二个约束

9.2.3　工程图制作

1. 底座

本节以创建图 9-272 所示的底座工程图为例子来讲解零件的绘制方法和装配技巧。

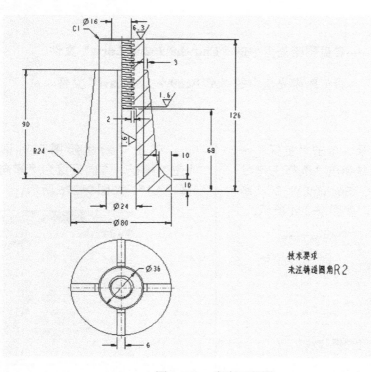

图 9-272 底座工程图

思路·点拨

图 9-272 所示的工程图是在第一视角环境下绘制的，主要由主视图、俯视图构成，绘制过程如下：第一步添加主视图和设置显示样式，第二步添加俯视图，第三步添加尺寸和设置剖视图，第四步添加粗糙度和注释。绘制流程如图 9-273 所示。

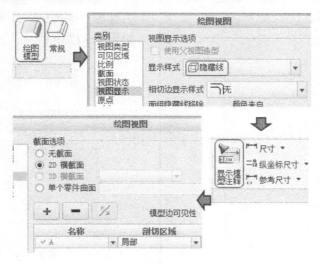

图 9-273 绘制流程

【光盘文件】

 结果文件 ——参见附带光盘中的"End\ch9\9-2\9-7.drw"文件。

 动画演示 ——参见附带光盘中的"AVI\ch9\9-2\9-7.avi"文件。

【操作步骤】

（1）设置工作目录。单击"主页"→"选择工作目录"，系统弹出"选择工作目录"对话框，选择"G:\End\ch9 \9-2"，单击"确定"按钮即可，如图 9-274 所示。

图 9-274　设置工作目录

（2）新建绘图。单击"文件"→"新建"或单击主页中的"新建"按钮，弹出"新建"对话框，选择类型为"绘图"，名称默认为"9-7"，取消勾选"使用默认模板"复选框，单击"确定"按钮，如图 9-275 所示。

图 9-275　"新建"对话框

弹出"新建绘图"对话框，选择"空"模板，方向设置为"横向"，大小选择"A3"，如图 9-276 所示。

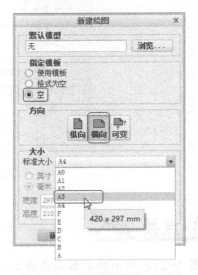

图 9-276　"新建绘图"对话框

"默认模型"选择"9-4"模型，创建工程图"9-7.drw"，单击"确定"按钮，如图 9-277 所示。

图 9-277　导入零件

（3）设置第一视角环境。单击菜单栏中的"文件"→"准备(R)"→"绘图属性"，系统弹出"绘图属性"对话框，单击"详细信息选项"的"更改"按钮，系统弹出"选项"对话框，然后在"选项"文本框中输入"projection_type"，接着把它的参数更改为"first_angle"，最后单击"添加\更改"按钮即可打开"第一视角"，如图 9-278 所示。

图 9-278　第一视角

（4）添加主视图。单击菜单栏中的"布局"选项卡→"模型视图"→"常规"，在绘图区单击左上方确定主视图位置，系统弹出"绘图视图"对话框，在"模型视图名"选择为 FRONT，"默认方向"选择为"用户定义"，如图 9-279 所示。

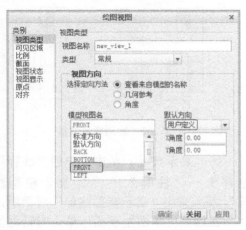

图 9-279　"绘图视图"对话框

将"比例"自定义为 1.0，如图 9-280 所示。

图 9-280　显示比例

（5）设置显示样式。在"类别"栏中选择"视图显示"，在"显示样式"下拉列表框中选择"消隐"，在"相切边显示样式"下拉列表框中选择"无"，单击"应用"按钮，然后单击"关闭"按钮完成设置，如图 9-281 所示。

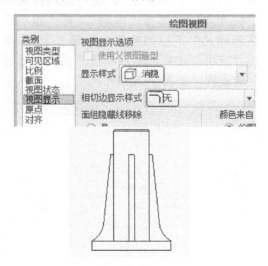

图 9-281　"消隐"样式

（6）添加俯视图。在绘图区单击主视图，单击菜单栏中的"布局"选项卡→"模型视图"→"投影"，在绘图区拖动鼠标到主视图的下边获取俯视投影视图，如图 9-282 所示。

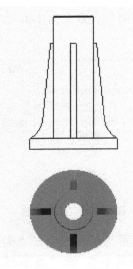

图 9-282　主视图和俯视图

（7）设置显示样式。双击俯视图，系统弹出"绘图视图"对话框，在"类别"栏中选择"视图显示"，在"显示样式"下拉列表框中选择"消隐"，在"相切边显示样式"下拉列表框中选择"无"，单击"应用"按钮，然后单击"关闭"按钮完成设置，如图 9-283 所示。

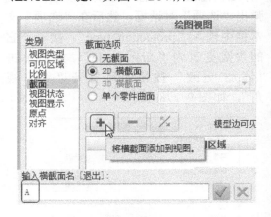

图 9-283　"消隐"样式

（8）添加主视图半剖视图。双击主视图，系统弹出"绘图视图"对话框，在"截面"选项栏中选择"2D 横截面"，然

后单击"➕"按钮，系统弹出"横截面创建"菜单管理器，单击"完成"按钮，系统弹出"输入剖面名"，输入 A，按〈ENTER〉键，如图 9-284 所示。

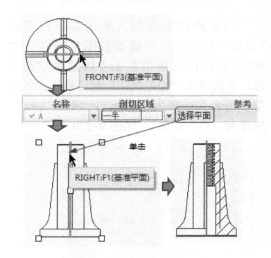

图 9-284　"绘图视图"对话框

然后在俯视图选择 FRONT 面，在对话框的"剖切区域"下拉列表框中选择"一半"，单击"应用"按钮，然后单击"关闭"按钮即可，如图 9-285 所示。

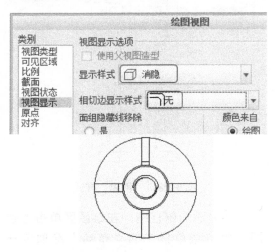

图 9-285　绘制样条曲线

（9）显示尺寸。单击菜单栏"注释"选项卡→"注释"→"📇 显示模型注释"，系统弹出"显示模型注释"对话框，然后在绘图区单击主视图，单击对话框的"⟼"→"📑"→"🏛"→"📑"，绘图

区即可显示尺寸和中心线，如图 9-286 所示。之后针对左视图、俯视图都进行同样的设置以显示尺寸和中心线。

图 9-286 "显示模型注释"对话框

（10）调整尺寸。如需修改尺寸显示，可双击尺寸，弹出"尺寸属性"对话框，可在各项添加修改参数；如需调整某个尺寸，可直接单击拖动鼠标即可，或者右键移动尺寸到其他视图；如需单独添加某个尺寸，可单击" 尺寸"按钮，系统弹出"菜单管理器"→"图元上"，再单击两边，之后单击鼠标中键即可，经过以上修改调整后，各视图的尺寸如图 9-287、图 9-288 所示。

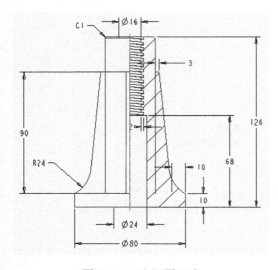

图 9-287 主视图尺寸

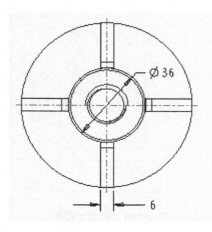

图 9-288 俯视图尺寸

（11）添加粗糙度。单击菜单栏中的"注释"选项卡中的"注释"→"表面粗糙度"按钮，系统弹出"得到符号"菜单管理器，单击"检索"按钮，系统弹出"打开"，选择"machined"→"standardl.sym"→"打开"，返回"实例依附"菜单管理器，选择"图元"，在绘图区单击线段，在系统提示的文本框中输入粗糙度，再单击" "按钮即可完成命令，如图 9-289 所示，之后直接单击图元即可连续添加粗糙度，如图 9-290 所示。

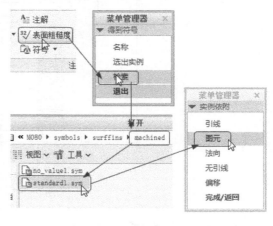

图 9-289 添加粗糙度

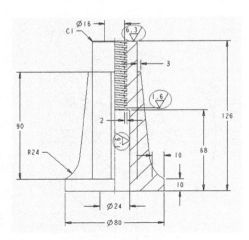

图 9-290　表面粗糙度

（12）添加注释文本。单击菜单栏中的 "注释" 选项卡中的 "注释" → " 注解" 按钮，系统弹出 "注解类型" 菜单管理器，选择 "无引线" → "输入" → "标准" → "默认" → "进行注解" 按钮，系统弹出 "选择点" 对话框，在绘图区一

空白处单击，系统弹出 "文本符号" 和 "输入注解" 文本框，输入注解 "技术要求" 后，单击 " ✓ " 按钮即可完成命令，如图 9-291 所示，返回 "注解类型" 菜单管理器，单击 "完成" 按钮，双击文字即可编辑里面的内容，如图 9-292 所示。

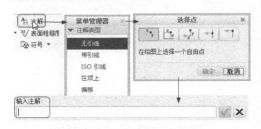

图 9-291　添加注释步骤

技术要求
未注铸造圆角R2

图 9-292　添加注释

2. 起重螺杆

本节以创建图 9-293 所示起重螺杆工程图为例子来讲解零件的绘制方法和装配技巧。

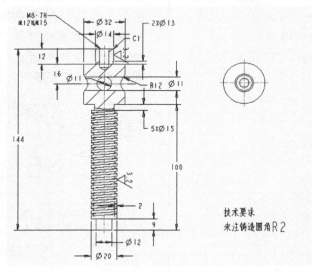

图 9-293　起重螺杆工程图

思路·点拨 ✍

图 9-293 所示的工程图是在第一视角环境下绘制的，主要由主视图、俯视图构成，绘

制过程如下：第一步创建主视图和设置显示样式，第二步创建俯视图，第三步添加尺寸和设置剖视图，第四步添加粗糙度和注释。绘制流程如图 9-294 所示。

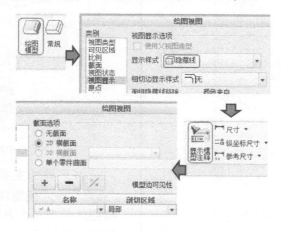

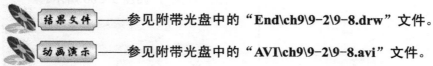

图 9-294　绘制流程

【光盘文件】

结果文件——参见附带光盘中的"End\ch9\9-2\9-8.drw"文件。

动画演示——参见附带光盘中的"AVI\ch9\9-2\9-8.avi"文件。

【操作步骤】

（1）设置工作目录。单击"主页"→"选择工作目录"，系统弹出"选择工作目录"对话框，选择"G:\End\ch9 \9-2"，单击"确定"按钮即可，如图 9-295 所示。

图 9-295　设置工作目录

（2）新建绘图。单击"文件"→"新建"或单击主页中的" 新建"按钮，弹出"新建"对话框，选择类型为"绘图"，名称默认为"9-8"，取消勾选"使用默认模板"复选框，单击"确定"按钮，如图 9-296 所示。

图 9-296　"新建"对话框

弹出"新建绘图"对话框，选择"空"模板，方向设置为"横向"，大小选择"A3"，如图 9-297 所示。

图 9-297 "新建绘图"对话框

"默认模型"选择"9-5"模型，创建工程图"9-8.drw"，单击"确定"按钮，如图 9-298 所示。

图 9-298 导入零件

（3）设置第一视角环境。单击菜单栏中的"文件▼"→"准备(R)"→"绘图属性"，系统弹出"绘图属性"对话框，单击"详细信息选项"的"更改"按钮，系统弹出"选项"对话框，然后在"选项"文本框中输入"projection_type"，接着把它的参数更改为"first_angle"，最后单击"添加\更改"按钮即可打开"第一视角"，如图 9-299 所示。

图 9-299 第一视角

（4）添加主视图。单击菜单栏中的"布局"→"模型视图"→"常规"，在绘图区单击左上方确定主视图位置，系统弹出"绘图视图"对话框，在"模型视图名"选择为 FRONT，"默认方向"选择为"用户定义"，如图 9-300 所示。

图 9-300 "绘图视图"对话框

将"比例"自定义为 1.0，如图 9-301 所示。

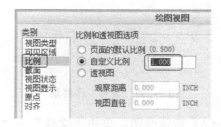

图 9-301 显示比例

（5）设置显示样式。在"类别"栏中选择"视图显示"，在"显示样式"下拉列表框中选择"消隐"，在"相切边显示样式"下拉列表框中选择"无"，单击"应用"按钮，然后单击"关闭"按钮完成设置，如图 9-302 所示。

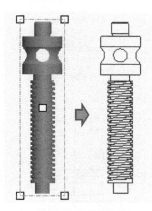

图 9-302 "消隐"样式

（6）添加俯视图。在绘图区单击主视图，单击菜单栏中的"布局"→"模型视图"→" 投影"，在绘图区拖动鼠标到主视图的下边获取俯视投影视图，如图 9-303 所示。

图 9-303 主视图和俯视图

（7）设置显示样式。双击俯视图，系统弹出"绘图视图"对话框，在"类别"栏中选择"视图显示"，在"显示样式"下拉列表框中选择"消隐"，在"相切边显示样式"下拉列表框中选择"无"，单击"应用"按钮，然后单击"关闭"按钮完成设置，如图 9-304 所示。

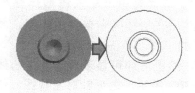

图 9-304 "消隐"样式

（8）添加主视图局部剖视图。双击主视图，系统弹出"绘图视图"对话框，在"截面选项"栏中选择"2D 横截面"，然后单击" "按钮，系统弹出"横截面创建"菜单管理器，单击"完成"按钮，系统弹出"输入剖面名"，输入 A，按〈ENTER〉键，如图 9-305 所示。

图 9-305 "绘图视图"对话框

然后在俯视图中选择 FRONT 面，在对话框的"剖切区域"选择"局部"，首先在边上单选边的一点，之后绘制样条曲线，单击鼠标中键封闭样条曲线，如图 9-306 所示。

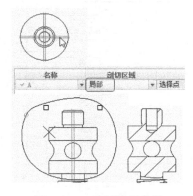

图 9-306 绘制样条曲线

（9）显示尺寸。单击菜单栏中的"注释"选项卡中的"注释"→"显示模型注释"，系统弹出"显示模型注释"对话框，然后在绘图区中单击主视图，单击对话框的"└┤"→"┊┼"→"┖"→"┊┼"，绘图区即可显示尺寸和中心线，如图 9-307 所示。之后针对左视图、俯视图都进行同样的设置以显示尺寸和中心线。

图 9-307　"显示模型注释"对话框

（10）调整尺寸。如需修改尺寸显示，可双击尺寸，弹出"尺寸属性"对话框，可在各项添加修改参数；如需调整某个尺寸，可直接单击拖动鼠标即可，或者右键移动尺寸到其他视图；如需单独添加某个尺寸，可单击"┊尺寸┊"按钮，系统弹出"菜单管理器"→"图元上"，再单击两边，之后单击鼠标中键即可，经过以上修改调整后，主视图的尺寸如图 9-308 所示。

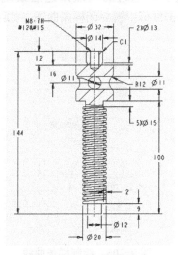

图 9-308　主视图尺寸

移动俯视图到主视图右边，双击俯视图，弹出"尺寸属性"对话框，单击"对齐"按钮，取消勾选"视图对齐项"即可，如图 9-309 所示。

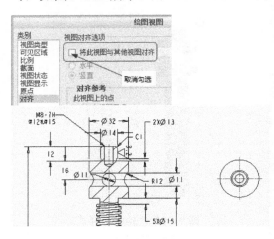

图 9-309　俯视图显示

（11）添加粗糙度。单击菜单栏中的"注释"选项卡中的"注释"→"表面粗糙度"按钮，系统弹出"得到符号"菜单管理器，单击"检索"按钮，系统弹出"打开"，选择"machined"→"standardl.sym"→"打开"，返回"实例依附"菜单管理器，选择"图元"，在绘图区单击线段，在系统提示的文本框中输入粗糙度，再单击"✓"按钮即可完成命令，如图 9-310 所示，之后直接单击图元即可连续添加粗糙度，如图 9-311 所示。

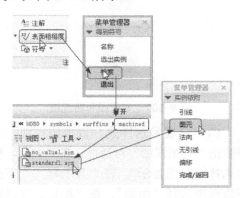

图 9-310　添加粗糙度

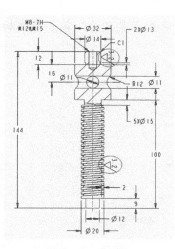

图 9-311 表面粗糙度

（12）添加注释文本。单击菜单栏中的"注释"选项卡中的"注释"→"注解"按钮，系统弹出"注解类型"菜单管理器，选择"无引线"→"输入"→"标准"→"默认"→"进行注解"按钮，

系统弹出"选择点"对话框，在绘图区一空白处单击，系统弹出"文本符号"和"输入注解"文本框，输入注解"技术要求"后，单击"✓"按钮即可完成命令，如图 9-312 所示，返回"注解类型"菜单管理器，单击"完成"按钮，双击文字即可编辑里面的内容，如图 9-313 所示。

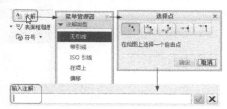

图 9-312 添加注释步骤

技术要求
未注铸造圆角R2

图 9-313 添加注释

3. 装配体

下面以创建图 9-314 所示装配体工程图为例子来讲解零件的绘制方法和装配技巧。

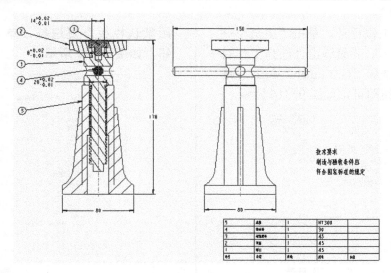

图 9-314 装配体工程图

思路·点拨

图 9-314 所示的工程图是在第一视角环境下绘制的，主要由主视图、左视图构成，绘

制过程如下：第一步创建各视图和设置显示样式，第二步添加各类尺寸，第三步添加注释和球标，第四步添加表。绘制流程如图 9-315 所示。

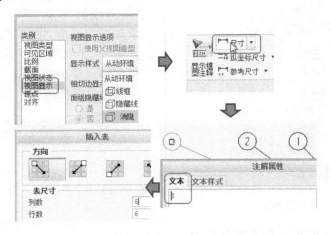

图 9-315　绘制流程

【光盘文件】

結果文件──参见附带光盘中的"End\ch9\9-2\9-9.drw"文件。

動画演示──参见附带光盘中的"AVI\ch9\9-2\9-9.avi"文件。

【操作步骤】

（1）设置工作目录。单击"主页"→"选择工作目录"，系统弹出"选择工作目录"对话框，选择"G:\End\ch9 \9-2"，单击"确定"按钮即可，如图 9-316 所示。

图 9-316　设置工作目录

（2）新建绘图。单击"文件"→"新建"或单击主页中的"□新建"按钮，弹出"新建"对话框，选择类型为"绘图"，名称默认为"9-9"，取消勾选"使用默认模板"复选框，单击"确定"按钮，如图 9-317 所示。

图 9-317　"新建"对话框

弹出"新建绘图"对话框，选择"空"模板，方向设置为"横向"，大小选择"A3"，如图 9-318 所示。

图 9-318 "新建绘图"对话框

"默认模型"选择"9-6"模型,创建工程图"9-9.drw",单击"确定"按钮完,如图 9-319 所示。

图 9-319 导入零件

(3) 设置第一视角环境。单击菜单栏中的"文件"→"准备(R)"→"绘图属性",系统弹出"绘图属性"对话框,单击"详细信息选项"栏中的"更改"按钮,系统弹出"选项"对话框,然后在"选项"文本框中输入"projection_type",接着把它的参数更改为"first_angle",最后单击"添加\更改"按钮即可打开"第一视角",如图 9-320 所示。

图 9-320 第一视角

同理,在"选项"文本框中输入"tol_display",接着把它的参数更改为"yes",最后单击"添加\更改"按钮即可打开"公差",如图 9-321 所示。

图 9-321 公差

(4) 添加主视图。单击菜单栏中的"布局"→"模型视图"→"常规",在绘图区单击左上方确定主视图位置,系统弹出"绘图视图"对话框,在"模型视图名"选择为 FRONT,"默认方向"选择为"用户定义",如图 9-322 所示。

图 9-322 "绘图视图"对话框

将"比例"自定义为1.0，如图9-323所示。

图9-323　显示比例

（5）设置显示样式。在"类别"栏中选择"视图显示"，在"显示样式"下拉列表框中选择"消隐"，在"相切边显示样式"下拉列表框中选择"无"，单击"应用"按钮，然后单击"关闭"按钮完成设置，如图9-324所示。

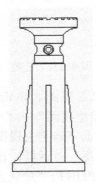

图9-324　"消隐"样式

（6）添加左视图。在绘图区单击主视图，单击菜单栏中的"布局"→"模型视图"→"投影"，在绘图区拉动鼠标到主视图的右边获取左视图，如图9-325所示。

图9-325　主视图和左视图

（7）设置显示样式。双击左视图，系统弹出"绘图视图"对话框，在"类别"栏中选择"视图显示"，在"显示样式"下拉列表框中选择"消隐"，在"相切边显示样式"下拉列表框中选择"无"，单击"应用"按钮，然后单击"关闭"按钮完成设置，如图9-326所示。

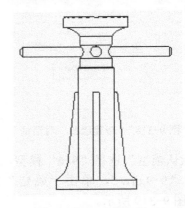

图9-326　"消隐"样式

（8）添加主视图全剖视图。双击主视图，系统弹出"绘图视图"对话框，在"截面选项"选择"2D 横截面"，然后单击"＋"按钮，系统弹出"横截面创建"菜单管理器，单击"完成"按钮，系统弹出"输入剖面名"文本框，输入 A，按〈Enter〉键，如图9-327所示。

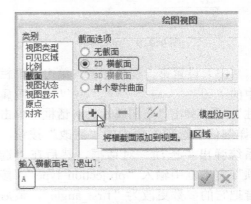

图9-327　"绘图视图"对话框

然后在左视图选择 FRONT 面，在对话框的"剖切区域"下拉列表框中选择

"完全",单击"应用"→"关闭"即可,如图 9-328 所示。

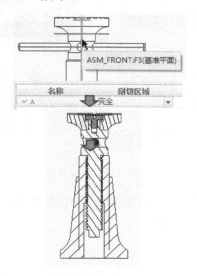

图 9-328　全剖视图

（9）显示中心线。单击菜单栏中的"注释"选项卡中的"注释"→""，系统弹出"显示模型注释"对话框，然后在绘图区单击主视图，单击对话框的"![]"→"![]"，绘图区即可显示中心线，如图 9-329 所示。之后针对左视图都进行同样的设置以显示中心线。

图 9-329　"显示模型注释"对话框

（10）添加尺寸。装配体的工程图需要标注的尺寸有外形尺寸、装配尺寸、安装尺寸等。单击"![尺寸 ▼]"按钮，系统弹出"菜单管理器"→"图元上"，再单击

两边或中心线，之后单击鼠标中键即可，如图 9-330 所示。

图 9-330　添加尺寸

经过以上添加尺寸操作后，各类尺寸如图 9-331 所示。

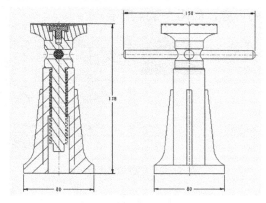

图 9-331　外形尺寸

装配尺寸需添加尺寸公差。双击尺寸，系统弹出"尺寸属性"对话框，在"![属性]"选项卡的"公差模式"栏中选择"![正-负]"，上公差输入"+0.02"，下公差输入"-0.01"，单击"确定"按钮即可，如图 9-332 所示。

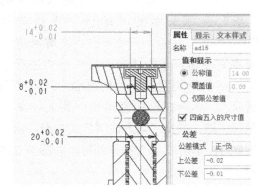

图 9-332　装配尺寸

（11）添加注释文本。单击菜单栏中的"注释"功能选项卡→"注释"→"注解"，系统弹出"注解类型"菜单管理器，选择"无引线"→"输入"→"标准"→"默认"→"进行注解"按钮，系统弹出"选择点"对话框，在绘图区一空白处单击，系统弹出"文本符号"和"输入注解"文本框，输入注解"技术要求"后，单击"✓"按钮即可完成命令，如图 9-333 所示，返回"注解类型"菜单管理器，单击"完成"按钮，双击文字即可编辑里面的内容，如图 9-334 所示。

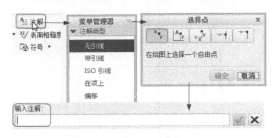

图 9-333　添加注释步骤

技术要求
制造与验收技术条件应
符合国家标准的规定

图 9-334　添加注释

（12）添加球标。单击菜单栏中的"表"选项卡中的"球标"下拉菜单"球标注解"按钮，系统弹出"注解类型"菜单管理器，单击"带引线"→"进行注解"，"依附类型"下拉列表框中选择"图元上"，然后在绘图区单击一图元，单击鼠标中键，弹出"输入注解"文本框，输入数字 1，单击"✓"按钮即可，如图 9-335 所示。

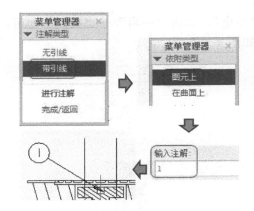

图 9-335　球标注解

同理，添加其余零件的球标，如图 9-336 所示。

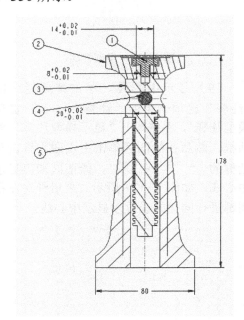

图 9-336　球标

（13）添加表。单击菜单栏中的"表"功能选项卡→"表"→"▦"下拉菜单"插入表…"，系统弹出"插入表"对话框，表尺寸列数输入 5，行数输入 6，如图 9-337 所示。

图 9-337 "插入表"对话框

双击表的一格，弹出"注解属性"，可在文本框中输入注解，如图 9-338 所示，效果如图 9-339 所示。

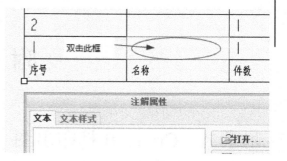

图 9-338 添加表的注解

5	底座	1	HT300
4	旋转杆	1	30
3	定重螺杆	1	45
2	跟盖	1	45
1	螺钉	1	45
序号	名称	件数	材料

图 9-339 表

附　　录

附录 A　Creo 3.0 打印出图

Creo 的所有设置都是通过配置文件（映射文件）来完成的，配置文件是 Creo 的一大特色，熟练使用各种配置文件可以提高工作效率并减少不必要的麻烦，也有利于标准化制图及团队合作等，这是初学者进阶提高的必经之路。

常用的配置文件有如下几种：

1）config.pro——系统配置文件，配置整个 Creo 系统。

2）gb.dtl——工程图配置文件，如设置箭头大小、文字等标注样式。

3）format.dtl——工程图格式文件，如图框的配置文件。

4）table.pnt——打印配置文件，主要设置工程图打印时的线条粗细、颜色等。

需要注意，table.pnt 文件可以控制工程图打印时的线宽和颜色，它的配置选项为 pen_table_file，用户必须在 config.pro 中对其进行设置，table.pnt 文件才能生效。

A.1　打印办法

Creo parametric 提供了以下两种打印工程图的方法：

1）在"文件"(File) 菜单中，可用下列选项进行打印：在屏幕上缩放、修剪和显示图形或把图形直接送到打印机。也可从文件菜单中打印着色图像。可创建当前对象的出图文件（草绘、零件、绘图、装配或布局）并把它们送到绘图仪的打印队列。HPGL 和 PostScript 格式是标准的出图界面。

2）使用 Pro/BATCH 实用工具可创建打印或出图文件的命令文件，而不必从交互菜单中选取。命令文件包含一系列要打印的对象，例如可在下班时提交作业，创建出图文件并脱机打印。

A.2　配置文件

工程图是通过 table.pnt 文件控制打印的线型、厚度（线宽）或颜色。

table.pnt 文件中的语法格式如下：

pen # pattern values units; thickness value units; color values; <color_name>

说明：

1）pen——笔号，对于每个笔定义，必须首先输入笔号 (pen #)，最后输入颜色名称 (color_name)。其他属性次序任意。

2）pattern——指定出图图线种类定义（按给定单位的定义值绘制）。这些值将依照下列顺序进行创建：第一个线段长度，第一个间距长度，第二个线段长度，第二个间距长度等。例如：pen 3 pattern .1 .05 .025.05。

3）thickness——指定出图线宽，以给定单位表示。

4）color——指定用于出图的颜色；以 0 到 1 的比例范围使用红、绿、蓝比例来定义颜色。仅适用于彩色绘图仪。

5）<color_name>——对应于系统为特定图元类型分配的默认 Creo Parametric 颜色（要访问默认系统颜色，单击"文件"(File)→"选项"(Options)→"系统颜色"(System Colors)，然后在"系统颜色"(System Colors) 选项卡的"颜色配置"(Color scheme) 列表中选择"默认"(Default)）。

在更改绘图仪笔的属性时，要考虑以下问题：

1）所有单位必须设置为英寸（in）或厘米（cm）。使用毫米（mm）会导致语法错误。

2）可以在 table.pnt 文件中为同一支笔分配多种颜色。使用空格或逗号将多种颜色的名称分隔开。

3）使用分号可将属性分隔开。

4）每个笔可包括任意或所有属性。

A.3 示例

table.pnt 文件示例：

pen 1 thickness .03 cm; color 0.0 0.0 0.0

pen 2 thickness .018 cm; color 0.0 0.0 0.0

pen 3 pattern 0.2 0.1 0.2 0.1 cm ; thickness .02 cm; color 0.0 0.0 0.0

pen 4 thickness .018 cm; color 0.0 0.0 0.0

pen 5 thickness .03 cm; color 0.0 0.0 0.0

pen 6 thickness .018 cm; color 0.0 0.0 0.0

pen 7 thickness .018 cm; color 0.6 0.6 0.6; magenta_color

pen 8 thickness .018 cm; color 0.0 0.0 0.0

pen 9 thickness .018 cm; color 255 255 0.0

备注：以上定义了 1～9 号笔的线宽和颜色。如 1 号笔线宽为 0.03cm，颜色为黑色。以上设置可以直接使用。

当创建 table.pnt 文件时，可以使用单位英寸（in）或厘米（cm）并在字体定义时混合使用。例如可用英寸定义字体阵列并用厘米定义厚度。

在一行结束时用反斜杠"\"继续下一行的输入。

在文件的某行行首使用一个惊叹号"!"，使该行成为备注行。

以下是另一个 table.pnt 文件示例：

!Exclamation points denote comment lines in the file

!

!Change yellow entities to plot w/ pen 1

pen 1 thickness 0.1 cm; letter_color

!

Change hidden lines to plot w/ pen 2

pen 2 pattern 0.1, 0.1 in; thickness 0.1 cm; half_tone_color

!change geometry lines to pen 3

pen 3 drawing_color

!

Green sheetmetal lines to pen 5

pen 5 thickness 0.1 in; attention_color

A.4　注意事项

工程图打印是需注意的事项如下：

1）隐藏线在屏幕上显示为灰色，但打印后在纸上为虚线。

2）当在"环境"(Environment) 对话框内选中"使用快速 HLR"(Use Fast HLR) 选项时，不能进行打印。

3）Creo Parametric 在打印系统图线种类时，将它们缩放为页面大小。不用缩放为用户定义的图线种类（它们不按定义打印）。

4）可使用配置文件选项 use_software_linefonts，以确保绘图仪完全按 Creo Parametric 中出现的形式打印用户定义线型。

5）当"横截面"（CROSS SEC）菜单激活时，可从"零件"或"装配"模式打印横截面。

6）如果用户安装了 Pro/PLOT 模块，可以难过 Calcomp、Gerber、HPGL2 和 Versatec 格式写出图文件。Pro/PLOT 是 Foundation II 许可证的一部分。

7）用 HPGL2 驱动程序打印 OLE 对象的屏幕捕捉时，打印机必须支持 HP RTL 扩展名。

附录 B　Creo 3.0 命令集及系统变量

用户可在 Creo 安装目录下的 text 文件夹（C:\Program Files\PTC\Creo 3.0\B000\Common Files \text）内找到 config.pro 文件。

在 Creo 中依次单击"文件"→"选项"→"配置编辑器"即可打开"配置编辑器"，用户可自行添加修改设置，如图 B-1 所示。

图 B-1　配置文件

B.1　命令集

命令集（快捷键）是 Creo 的一大特色和亮点，可以将几个连续的步骤集合成一个命令，保存在 config.pro 文件。

在 Creo 中依次单击"文件"→"选项"→"环境"，单击"映射键设置"按钮，系统弹出"映射键"对话框，如图 B-2 所示。单击"新建"按钮，系统弹出"录制映射键"对话框，如图 B-3 所示，即可定义一个新映射键。

图 B-2　新建映射键

图 B-3　录制映射键

　　单击对话框中的"确定"按钮即可完成映射键的定义。回到"映射键"对话框中，系统已经记录了刚才的所有操作，单击对话框中的"保存"按钮，将映射键定义信息保存到系统的 config.pro 文件中。

　　快捷键在 config.pro 中是以 mapkey 为开头的语句，是一些命令的记录，常用的快捷键设置如表 B-1 所示。

表 B-1　Creo3.0 快捷键

$F2	打开文件	S8	草绘同心圆
$F3	侧面影像曲线	S9	草绘相切线
$F4	拔模检测	S0	草绘导入
$F5	增加绘图模型	D`	几何点
$F6	增加一般视图	D1	构造点
$F7	增加投影视图	D2	几何中心线
$F8	增加剖面视图	D3	构造中心线
$F9	视图管理器	D4	分割段
$F10	分解元件	D5	删除段
$F11	特征操作	D6	拐角修剪
$F12	元件操作	D7	圆角修剪
F1	新建零件	D8	倒角修剪
F2	新建组件	D9	旋转调整大小
F3	新建模具型腔	D0	调色板
F4	新建 NC 装配	JH	草绘镜像
F5	新建绘图	JJ	特征镜像
F6	另存为 DWG 文件	JK	几何镜像
F7	另存为 STP 文件	GD	设定当前的视图方向为 DEFAULT
F8	另存为 IGS 文件	GT	设定当前的视图方向为 TOP
F9	另存为 NEU 文件	GM	设定当前的视图方向为 BOTTOM
F0	另存为 PDF 文件	GR	设定当前的视图方向为 RIGHT
0	草绘设置	GL	设定当前的视图方向为 LEFT
1	草绘参照	GF	设定当前的视图方向为 FRONT
2	草绘视图	GB	设定当前的视图方向为 BACK
3	草绘完成	GO	视图重定向
4	草绘标注尺寸	G1	使用默认系统颜色
5	草绘参考尺寸	G2	使用深色系统颜色
61	竖直约束	G3	使用自定义系统颜色
62	水平约束	`	重画
63	垂直约束	GH	隐藏线
64	相切约束	GN	消隐
65	中点约束	GG	着色
66	重合约束	GY	带边着色
67	对称约束	GC	设置旋转中心
68	相等约束	ZA	基准平面显示开关
69	平行约束	ZS	基准轴显示开关
7	设置过滤器为几何	ZX	基准点显示开关
8	设置过滤器为面组	ZC	坐标系显示开关
9	设置过滤器为特征	ZD	旋转中心开关
S`	草绘文本	KM	Creo 选项

（续）

S1	草绘直线	KN	模型属性
S2	草绘圆	KJ	快捷键设置
S3	草绘圆弧	KT	模型树设置
S4	草绘拐角矩形	KL	切换模型树的显示
S5	草绘投影	KK	显示模型树
S6	草绘偏移	LL	显示层树
S7	草绘中心距形	RF	编辑定义
LP	层属性	RD	编辑选定的特征
LO	创建新图层并命名为 PL	RG	重新生成
I8	激活插入模式	RE	只读特征
I9	取消插入模式	PP	按方向阵列
IU	插入 UDF	PI	按轴阵列
IP	发布几何	DR	定义草绘平面
IG	复制几何	DW	定义草绘方向为 TOP
IM	插入合并/继承	DE	定义草绘方向为 BOTTOM
IF	复制自零件/模板	FC	特征创建
ID	独立几何	FX	特征复制
IO	插入偏移平面	FV	特征复制→平移
YJ	计算器	FT	扭曲特征
YH	拔模增量计算工具	FG	创建组
SD	保存并删除旧版本	XC	拉伸→贯通
EC	拭除当前文件	XD	拉伸→反转方向
ED	拭除未显示的文件	XX	拉伸→对称
EE	清理旧版本和垃圾文件	XF	拉伸→到平面
SW	设置工作目录	XZ	拉伸→双侧到平面
FN	文件重命名	CC	拉伸→选项
FF	文件重命名(组件下选择零件)	XV	加材料→高级
DA	基准平面工具	CV	去材料→高级
DS	基准轴工具	SV	曲面→高级
DX	基准点工具	XS	加材料→扫描
DC	基准座标系工具	CS	去材料→扫描
UJ	经过点创建曲线	SS	曲面→扫描
UU	草绘曲线	XE	加材料→拉伸
UP	投影曲线	CE	去材料→拉伸
UI	相交曲线	SE	曲面→拉伸
ZZ	孔放置线性参照	XR	加材料→旋转
HB	标准轮廓孔	CR	去材料→旋转
HH	螺纹孔	SR	曲面→旋转
H3	M3 沉头孔	FD	曲面填充
H4	M4 沉头孔	FB	边界混合

（续）

H5	M5 沉头孔	SF	自由曲面
H6	M6 沉头孔	SH	加厚片体
H8	M8 沉头孔	ES	实体化
H10	M10 沉头孔	ER	移除
H12	M12 沉头孔	EX	曲面延伸
H14	M14 沉头孔	ET	曲面延伸到平面
H16	M16 沉头孔	SZ	曲面合并
H18	M18 沉头孔	ZQ	曲面合并（不用选择曲面，先进入曲面合并对话框）
H20	M20 沉头孔	SX	曲面修剪
H22	M22 沉头孔	O	偏距
H24	M24 沉头孔	TY	替换面→保留替换面组
CX	复制曲面	TT	替换面→不保留替换面组
CD	复制→粘贴	VS	绘图属性
CF	选择性粘贴	VF	工程图标注尺寸
DD	倒角	RR	倒圆角
VD	插入默认视图	MP	装配参照零件
VG	绘图模型设置	MB	自动创建工件
VH	视图显示隐藏线	MF	模具模型特征操作
VN	视图显示消隐	MM	模具模型创建
-	剖面线间距减半	MN	模具元件分割
=	剖面线间距加倍	MT	抽取模具元件
HY	参考零件剖面线	RU	创建流道
HJ	剖面线间距设置	WA	创建水路
HG	剖面线角度设置	A1	移动
VV	动态剖切	A2	偏移几何
VB	截面激活	A3	修改解析曲面
VC	截面取消激活	A4	编辑倒圆角
AS	装配零件	AT	替代
AX	创建零件	AC	陈列识别
AD	零件按默认装配	AV	对称识别
AQ	在单独窗口中显示装配元件	AB	连接
AZ	在组件窗口中显示装配元件	HM	手动修复菜单
AW	激活选中的零件	C1	间隙→自动缝合
B	打开选中的零件	C2	间隙→手动选取链
N	关闭窗口	C3	间隙→接受
,	隐藏	C4	编辑边界
.	取消隐藏	C5	选取围线→选取全部
/	全部取消隐藏	C6	投影边
;	遮蔽	C7	组合
'	取消遮蔽	C8	合并边

（续）

HI	遮蔽对话框	C9	移动顶点
HU	取消遮蔽对话框	C0	收缩几何
[	线框显示选定的零件	E1	新建 EMX 项目
]	着色显示选定的零件	E2	EMX 项目分类
\	透明显示选定的零件	E3	EMX 装配定义
SM	设置零件密度为 1.0g/cm³	E4	EMX 元件状态
CM	测量零件质量	E5	EMX 定义螺钉
CH	厚度检查	E6	EMX 定义顶杆
CP	塑料顾问	E7	EMX 定义冷却元件
CQ	分型面检查	E8	EMX 装配库元件
FE	查找单侧边	E9	EMX 定义顶出限位柱
QQ	测量距离	E0	EMX 定义垃圾盘
QA	测量角度	QW	EMX 模型轮廓
Q1	测量直径	W1	模型窗口
Q2	测量半径	W2	模具窗口
DF	拔模	W3	添加元件到定模
SC	按比例收缩	W4	添加元件到动模
PL	创建分型面	WW	视图窗口
PO	分型面关闭	WQ	显示定模
PK	创建虎口	WE	显示动模
SQ	裙边曲面	WS	显示主视图
M1	从体积块中分割出新的体积块	WX	产品最大边界盒(UDF)
M2	把工件分割为两个体积块	TR	替换面(UDF)
ML	定位参照零件	UB	创建基准符号(UDF)

B.2　系统变量

config.pro 文件有很多选项，下面列出一些常用的系统变量。

!***!

!A 关于 Creo 界面

!A1 退出 Creo 界面时，确认是否需要退出

allow_confirm_window yes

!A2 退出 Creo 界面时，提示保存对象

prompt_on_exit yes

!A3 退出 Creo 界面时，提示保存模型的当前显示

retain_display_memory yes

!A4 打开和退出 Creo 界面时均响铃

bell yes

!A5 设置 Creo 的信息区域的默认行数

visible_message_lines 2

!A6 设置 Creo 的动态窗口显示的系数

windows_scale 1

!A7 设置 Creo 的动态窗口显示的系数将覆盖前一项

reserved_menu_space 2

!A8 设置 Creo 的弹出菜单宽度单位

set_menu_width 14

!A9 设置 Creo 的软体的所有字体大小

menu_font 10

!A10 设置 Creo 弹出菜单为中英双语

menu_translation both

!A11 Creo 模型树始终不允许分离使用

enable_tree_indep yes

!A12 Creo 屏蔽 IE8 的警告页面

display_ie8_warning_dialog yes

!A13 设置 Creo 默认单位为毫米

pro_unit_length UNIT_MM

!A14 设置 Creo 质量单位为 牛顿

pro_unit_mass UNIT_KILOGRAM

!A15 Creo 打开时直接全屏

open_window_maximized yes

graphics win32_gdi

!***!

!B 关于 Creo 的数据交换

!B1 导出数据使用绘图中的比例

!B2 导出 DXF 时默认的版本号

dxf_export_format 2000

!B3 导出 DXF 时，生成注释

dxf_out_comments yes

!B4 导出 DXF 时，为保全图元而打断尺寸界线

dxf_out_sep_dim_w_breaks no

!B5 导出 DXF 时，将多行文本改为单行文本

intf2d_out_acad_mtext yes

!B6 将注解对齐原始图元导入 DXF

intf2d_out_acad_text_align as_is

!B7 将图元转入时自动识别 DXF 的默认图元

intf2d_out_enhanced_ents spline_and_hatch

!B8 导出日志不显示在导出文件夹中
intf2d_out_open_log_windcreoow no
!B9 导出图元时，将图层做成块
intf_out_layer none
!B10 导出和嵌入图片，导出时候将图片同时导出
save_drawing_picture_file embed
!B11 导出 DXF 时，是否将点作为图元保存
intf2d_out_pnt_ent yes
!B12 导出 DXF 时，是否缩放绘图到实际比例
dxf_out_scale_views no
!***!
!C 关于 Creo 的绘图
!C1 为没有绘图比例的视图添加 1：1 比例
creodefault_draw_scale 1.0
!C2 将 Creo 的绘图日期显示为年/月/日
todays_date_note_format %yy-%mm-%dd
!C3 可以在绘图中移动绘图视图位置
allow_move_view_with_move yes
!C4 用红色显示设计修改的尺寸
highlight_new_dims YES
!C5 将参照尺寸放在括号中
parenthesize_ref_dim yes
!C6 检索绘图选项参数
format_setup_file D:\Creo 研发部参数配置\00 Prject congfig\draw_yutianweidi.dtl
!C7 指定绘图选项参数默认配置
drawing_setup_file D:\Creo 研发部参数配置\00 Prject congfig\draw_yutianweidi.dtl
!C8 指定绘图默认格式及图框的位置
pro_format_dir D:\Creo 研发部参数配置\02 Format
!***!
!D 关于 Creo 标准件库
!D1 指定 Creo 外部工具包位置
!toolkit_registry_file D:\Creo 研发部参数配置\08 Frt\frt.dat
!D2 指定钣金刀具库的默认位置
pro_group_dir D:\Creo 研发部参数配置\05 Prolibs\Udf
!D3 指定钣金默认折弯表选用的位置
pro_creosheet_met_dir D:\Creo 研发部参数配置\03 Bend Table
!D4 指定绘图中各种符号默认的存储位置

pro_symbol_dir D:\Creo 研发部参数配置\05 Prolibs\Symbol
!D5 指定行业标准件标准库的位置
pro_library_dir D:\Creo 研发部参数配置\05 Prolibs
!D6 指定行业标准件标准库菜单的位置
pro_catalog_dir D:\Creo 研发部参数配置\05 Prolibs
!D7 指定默认材料库的位置
pro_material_dir D:\Creo 研发部参数配置\05 Prolibs\Materials
!D8 指定默认钣金设计参数的位置
pro_smt_params_dir D:\Creo 研发部参数配置\07 Smd
!***!
!E 关于 Creo 公差管理
!E1 不显示有公差的尺寸
tol_display no
!E2 绘图中创建新尺寸将不显示公差
tolcreo_mode nominal
!E2 设置创建模型时的公差执行国际标准
tolerance_standard ISO
!***!
!F 关于 Creo 图层管理
!creoF1 基准平面默认图层的名称
def_layer layer_DATUM BASE
!F2 基准轴默认图层的名称
def_layer layer_AXIS CENTER
!F3 零件坐标系默认图层的名称
def_layer layer_CSYS CSYS
!F4 基准点默认图层的名称
def_layer layer_POINT MARK
!F4 样条曲线默认图层的名称
def_layer layer_CURVE LASER
!***!
!G 关于 Creo 打印服务器
!G1 使用系统默认的打印机出图
plotter_command WINDOWS_PRINT_MANAGER
!G2 指定打印设置默认设置文件位置
pro_plot_config_dir D:\Creo 研发部参数配置\06 Printout\print_manager.pcf
!G3 指定默认图层线宽设置文件的位置
pen_table_file D:\Creo 研发部参数配置\06 Printout\table.pnt

```
!***************************************************************************!
!I 关于 Creo 的系统环境
!I1 设置 Creo 模型的默认单位
pro_unit_sys mmns
!I1 Creo 打开默认界面时，零件将以着色显示
display shade
!I2 Creo 打开默认界面时，零件将显示 3D 注释
display_annotations yes
!I1 Creo 打开默认界面时，基准轴将不显示
display_axes no
!I2 Creo 打开默认界面时，基准轴标签将不显示
display_axis_tags no
!I3 Creo 打开零件时，将零件数据读入内存
display_comps_to_assemble yes
!I4 Creo 打开默认界面时，基准坐标系将不显示
display_planes no
!I5 Creo 打开默认界面时，基准面将不显示
display_coord_sys no
!I6 Creo 在绘图中不显示折弯注释
smt_bend_notes_dflt_display no
!I7 Creo 使用完整的路径
display_full_object_path no
!I7 Creo 中着色显示边线框
show_shaded_edges YES
!I8 将 Creo 的数据相互关联，当 3D 模型改变时，其他数据具有从属关系
save_objects changed
!I9 控制模型加亮边的显示颜色
system_edge_high_color 100 100 0
!I10 定义 Creo 轨迹文件位置
trail_dir D:\Creo 研发部参数配置\04 Trail
!I11 定义 Creo 颜色库文件位置
pro_colormap_path D:\Creo 研发部参数配置\00 Prject congfig
!I12 指定 Creo 绘图选项的位置
pro_dtl_setup_dir D:\Creo 研发部参数配置\00 Prject congfig
!I13 定义 Creo 系统界面颜色
system_colors_file D:\Creo 研发部参数配置\00 Prject congfig\syscol.scl
!I14 质量计算先恢复隐含特征
```

smt_mp_method cg

!I15 再生后立即计算重量

mass_property_calculate by_request

!I16 自动检测标准件库进程

!PRO_LIBRARY_DIR D:\Creo 研发部参数配置\05 Prolibs

!**!

!K 关于 Creo 的草绘

!K1 显示草绘中的约束

sketcher_disp_constraints Yes

!K2 隐藏草绘中的尺寸

sketcher_disp_dimensions Yes

!K3 不使用 Creo 的 3D 绘图背景

sketcher_blended_background no

!K4 当一个 3D 草绘到另一个界面时自动提示关闭当前界面

auto_regen_views yes

!**!

!K 关于 Creo 的设计

!K1 使用孔表驱动标准直径的孔

hole_diameter_override no

!K2 允许组件设计时候有多个骨架模型

multiple_skeletons_allowed no

!K3 用于 Creo 去除材料处理

nccheck_type nccheck

!K4 NC 后置处理器

ncpost_type gpost

!**!

!L 关于 Creo 全套文件模板指定

!L1 默认组装模板

template_designasm D:\Creo 研发部参数配置\01 Templates\mmns_asm_design_PZS.asm

!L2 默认钣金模板

template_sheetmetalpart D:\Creo 研发部参数配置\01 Templates\mmns_part_sheetmetal_PZS.prt

!L3 默认零件模板

template_solidpart D:\Creo 研发部参数配置\01 Templates\mmns_part_solid_PZS.prt

!L4 默认绘图模板

template_drawing D:\Creo 研发部参数配置\01 Templates

!L5 默认铸件模板

template_mfgcast D:\Creo 研发部参数配置\01 Templates

!L6 默认制造模具模板

template_mfgmold D:\Creo 研发部参数配置\01 Templates

!L7 指定定制 BOM 的格式已经屏蔽

!bom_format D:\Creo 研发部参数配置\BOM

!L8 如果检测不到组装零件，则自动搜索以下路径

!search_path D:\My Documents

!search_path C:\Documents and Settings\Administrator\桌面

!start_model_dir D:\My Documents

!**!